"十二五"国家重点图书出版规划项目

第一次全国水利普查成果丛书

水利工程基本情况普查报告

《第一次全国水利普查成果丛书》编委会　编

中国水利水电出版社
www.waterpub.com.cn
·北京·

内 容 提 要

本书系《第一次全国水利普查成果丛书》之一，系统全面地介绍了第一次全国水利普查关于水利工程基本情况普查的主要内容，普查方法与技术路线，以及水库、堤防、水电站、水闸、泵站、农村供水、塘坝和窖池等工程的主要普查成果。

本书综合集成了水利基础设施情况普查基础信息和相关资料，全面分析了我国水库、水电站、水闸、泵站、堤防、农村供水以及塘坝和窖池等水利工程基本情况与分布特征，客观评价了我国水利基础设施建设方面取得的成就，真实反映了我国水利基础设施的总体情况。

本书内容及数据权威、准确、客观，可供水利、农业、国土资源、环境、气象、交通等行业从事规划设计、建设管理、科研生产的各级政府人士、专家、学者和技术人员阅读使用，也可供相关专业大专院校师生及其他社会公众参考使用。

图书在版编目（CIP）数据

水利工程基本情况普查报告 / 《第一次全国水利普查成果丛书》编委会编. -- 北京：中国水利水电出版社，2017.1

（第一次全国水利普查成果丛书）

ISBN 978-7-5170-4632-5

Ⅰ．①水… Ⅱ．①第… Ⅲ．①水利工程－水利调查－调查报告－中国 Ⅳ．①TV211

中国版本图书馆CIP数据核字（2016）第200384号

审图号：GS（2016）2553号

地图制作：国信司南（北京）地理信息技术有限公司

国家基础地理信息中心

书　　名	第一次全国水利普查成果丛书 水利工程基本情况普查报告 SHUILI GONGCHENG JIBEN QINGKUANG PUCHA BAOGAO
作　　者	《第一次全国水利普查成果丛书》编委会　编
出版发行	中国水利水电出版社 （北京市海淀区玉渊潭南路1号D座　100038） 网址：www.waterpub.com.cn E-mail：sales@waterpub.com.cn 电话：（010）68367658（营销中心）
经　　售	北京科水图书销售中心（零售） 电话：（010）88383994、63202643、68545874 全国各地新华书店和相关出版物销售网点
排　　版	中国水利水电出版社微机排版中心
印　　刷	北京博图彩色印刷有限公司
规　　格	184mm×260mm　16开本　20.75印张　384千字
版　　次	2017年1月第1版　2017年1月第1次印刷
印　　数	0001—2300册
定　　价	**130.00元**

本书编委会

主　　编　　庞进武　李原园

副主编　　黄火键　孙振刚　张继昌　张　岚　张玉欣

编写人员　　段中德　关传弢　陈宝中　王　辉　丁晓阳
　　　　　　　徐忠民　秦守田　程文辉　曲小兴　王谨谨
　　　　　　　国书龙　臧永顺　沈　洁　洪文彬　蒋　攀
　　　　　　　王相波　刘玉清　徐　震　康立芸　宋　博
　　　　　　　张俊海　张彦东　胡太娟　李　权　杨悦奉
　　　　　　　刘权斌　毕望舒　曲钧浦　徐　佳

前　言

　　遵照《国务院关于开展第一次全国水利普查的通知》（国发〔2010〕4号）的要求，2010—2012年我国开展了第一次全国水利普查（以下简称"普查"）。普查的标准时点为2011年12月31日，时期资料为2011年度；普查的对象是我国境内（未含香港特别行政区、澳门特别行政区和台湾省）所有河流湖泊、水利工程、水利机构以及重点社会经济取用水户。

　　第一次全国水利普查是一项重大的国情国力调查，是国家资源环境调查的重要组成部分。普查基于最新的国家基础测绘信息和遥感影像数据，综合运用社会经济调查和资源环境调查的先进技术与方法，系统开展了水利领域的各项具体工作，全面查清了我国河湖水系和水土流失的基本情况，查明了水利基础设施的数量、规模和行业能力状况，摸清了我国水资源开发、利用、治理、保护等方面的情况，掌握了水利行业能力建设的状况，形成了基于空间地理信息系统、客观反映我国水情特点、全面系统描述我国水治理状况的国家基础水信息平台。通过普查，摸清了我国水利家底，填补了重大国情国力信息空白，完善了国家资源环境和基础设施等方面的基础信息体系。普查成果为客观评价我国水情及其演变形势，准确判断水利发展状况，科学分析江河湖泊开发治理和保护状况，客观评价我国的水问题，深入研究我国水安全保障程度等提供了翔实、全面、系统的资料，为社会各界了解我国基本水情特点提供了丰富的信息，为完善治水方略、全面谋划水利改革发展、科学制定国民经济和社会发展规划、推进生态文明建设等工作提供了科学可靠的决策依据。

　　为实现普查成果共享，更好地方便全社会查阅、使用和应用普查成果，水利部、国家统计局组织编制了《第一次全国水利普查成果丛书》。本套丛书包括《全国水利普查综合报告》《河湖基本情况普查报告》《水利工程基本情况普查报告》《经济社会用水情况调查报告》《河湖开发治理保护情况普查报告》《水土保持情况普查报告》《水利行业能力情况普查报告》《灌区基本情况普查报告》《地下水取水井基本情况普查报告》和《全国水利普查数据汇编》，共10册。

本书是《第一次全国水利普查成果丛书》之一，是对第一次全国水利普查水利工程基本情况普查主要成果的系统提炼与综合分析。全书共分八章：第一章为概述，主要介绍本次水利工程基本情况普查的目标与任务、普查内容和普查技术路线等；第二章为水库工程，主要介绍我国水库工程的数量与分布、功能与作用、水库调控能力及供水能力等情况；第三章为堤防工程，主要介绍堤防建设规模与类型、堤防分布与达标情况等；第四章为水电站工程，主要介绍水电站数量与分布、水电站类型与发电情况等；第五章为水闸工程，主要介绍水闸数量与分布、水闸类型及作用等；第六章为泵站工程，主要介绍泵站数量与分布、泵站类型等；第七章为农村供水工程，主要介绍农村供水工程的类型、数量与分布、供水情况等；第八章为塘坝和窖池工程，主要介绍塘坝和窖池工程的数量、容积、分布以及供水情况等。本书所使用的计量单位，主要采用国际单位制单位和我国法定计量单位，小部分沿用水利统计惯用单位。部分因单位取舍不同而产生的数据合计数或相对数计算误差未进行机械调整。

本书在编写过程中得到了许多专家和普查人员的指导与帮助，在此表示衷心的感谢！由于作者水平有限，书中难免存在疏漏，敬请批评指正。

编者

2015 年 10 月

目 录

第一章 概　　述

第一次全国水利普查水利工程基本情况普查主要包括水库、水电站、水闸、泵站、堤防、农村供水、塘坝、窖池、跨流域调水工程和灌区及地下水取水井等11类工程。鉴于灌区和地下水取水井普查等成果已在专门书稿中论述，本书涉及的普查成果仅包括前8类工程普查的主要内容。本章主要介绍水利工程基本情况普查的目标与任务、对象范围与内容、普查方法与技术路线、普查组织与实施，以及普查主要成果等内容。

第一节　普查目标与任务

水利工程基本情况普查的目标是查清中华人民共和国境内（未含香港特别行政区、澳门特别行政区和台湾省）水利工程的数量、分布等基础信息，重点查清一定规模以上各类水利工程的特性、规模与能力、效益及管理等基本情况，为加强水利基础设施建设与管理、推进水资源合理配置和高效利用与管理提供基础支撑。

普查任务包括：一是查清水库的数量、库容、主要任务与作用、建设与管理等情况；二是查清水电站数量、装机容量、主要效益、建设与管理等情况；三是查清水闸的数量、类型、工程能力、建设与管理等情况；四是查清泵站的数量、工程任务与规模、建设与管理等情况；五是查清堤防长度、级别、类型、建设与管理等情况；六是查清农村供水工程的数量、类型、受益人口、管理等情况；七是查清塘坝工程的数量、容积等情况；八是查清窖池工程的数量、容积等情况。

第二节　普查对象范围与内容

一、普查对象与范围

1. 水库工程

水库是指在河道、山谷或低洼地带修建挡水坝或堤堰形成的具有拦洪蓄水和调节水流功能的水利工程。本次重点对总库容 10 万 m³ 及以上的水库工程进行调查，以工程为单位填写清查表和普查表。本次普查不包括地下水库。

2. 水电站工程

水电站是指为开发利用水力资源，将水能转换为电能而修建的工程建筑物和机械、电气设备以及金属结构的综合体。本次普查将装机容量 500kW 及以上的水电站作为规模以上水电站，进行重点调查，以工程为单位填写清查表和普查表；将装机容量 500kW 以下的水电站作为规模以下水电站，进行简单调查，以工程为单位填写清查表。本次普查不包括潮汐电站。

3. 水闸工程

水闸是指建在河道、湖泊、渠道、海堤上或水库岸边，具有挡水和泄（引）水功能的调节水位、控制流量的低水头水工建筑物，不包括船闸、冲砂闸、检修闸及挡水坝枢纽上的泄洪闸。本次普查将过闸流量 5m³/s 及以上的水闸作为规模以上水闸，进行重点调查，以工程为单位填写清查表和普查表；将过闸流量 1（含）～5m³/s 的水闸作为规模以下水闸，进行简单调查，以工程为单位填写清查表；对过闸流量 1m³/s 以下的水闸不普查。本次普查将橡胶坝工程归为水闸类进行普查，全部进行调查，以工程为单位填写清查表和普查表。

4. 泵站工程

泵站是指由泵和其他机电设备、泵房以及进出水建筑物组成，建在河道、湖泊、渠道上或水库岸边，可以将低处的水提升到所需的高度，用于排水、灌溉、城镇生活和工业供水等的水利工程，包括引泉泵站。本次普查将装机流量 1m³/s 及以上或装机功率 50kW 及以上的泵站作为规模以上泵站，进行重点调查，以工程为单位填写清查表和普查表；将装机流量 1m³/s 以下且装机功率 50kW 以下的泵站作为规模以下泵站，进行简单调查，以工程为单位填写清查表。

5. 堤防工程

堤防是指沿江、河、湖、海等岸边或行洪区、分蓄洪区、围垦区边缘修筑的挡水建筑物，不包括生产堤、渠堤和排涝堤。本次普查将堤防级别 5 级及以上的堤防作为规模以上堤防，进行重点调查，以工程为单位填写清查表和普查表；将 5 级以下的堤防作为规模以下堤防，进行简单调查，以工程为单位填写清查表。

6. 农村供水工程

农村供水工程又称村镇供水工程，指向广大农村的镇区、村庄等居民点和分散农户供给生活和生产等用水，以满足村镇居民和企事业单位日常用水需要为主的供水工程，包括集中式供水工程和分散式供水工程两大类。

集中式供水工程指以村镇为单位，从水源集中取水、输水、净水，通过输配水管网送到用户或者集中供水点的供水系统，包括自建设施供水。本次普查对集中式供水工程的定义为集中供水人口大于等于 20 人，且有输配水管网的供水工程，包括城镇管网延伸工程、联村工程和单村工程三种类型。城镇管网延伸工程指依靠城市或乡镇供水管网向周边村镇通过管网延伸的供水工程；联村工程指在村庄（含居民点）、乡（集）镇、建制镇修建的永久性供水工程，包括跨乡镇的集中式供水工程和跨行政村的集中式供水工程；单村工程指单个行政村或自然村的集中式供水工程。分散式供水工程是指除集中式供水工程以外的，无输配水管网，以单户或联户为单元的供水工程，包括分散供水井工程、引泉供水工程、雨水集蓄供水工程和无供水设施。

本次普查的农村供水工程范围指县城（不含县城城区）以下的乡镇、村庄、学校，以及国有农（林）场、新疆生产建设兵团团场和连队的农村供水工程。其中：对设计供水规模 200m³/d 及以上或设计供水人口 2000 人及以上的集中式供水工程进行重点调查，以工程为单位填写清查表和普查表；对设计供水规模 200m³/d 以下且设计供水人口 2000 人以下的集中式供水工程和分散式供水工程，进行简单调查，以行政村为单位填写普查表。

7. 塘坝工程

塘坝工程指在地面开挖修建或在洼地上形成的拦截和贮存当地地表径流，用于农业灌溉、农村供水的蓄水设施。不包括：①不进行农业灌溉或农村供水的鱼塘；②不进行农业灌溉或农村供水的荷塘；③因水毁、淤积等原因而报废的塘坝工程。本次普查容积 500m³ 及以上的塘坝工程，以村为单位填写普查表。

8. 窖池工程

窖池工程指采取防渗措施拦蓄、收集天然来水，用于农业灌溉、农村供水的蓄水工程。一般包括水窖、水窑、水池和水柜等形式。不包括水毁、淤积等原因而报废的窖池工程。本次普查容积在 10m³ 及以上、500m³ 以下的窖池工程，以村为单位填写普查表。

二、主要普查内容

水利工程基本情况普查根据各类普查对象的特点，分别设置清查表和普查表。清查表包括水库工程清查表、水电站工程清查表、水闸工程清查表、泵站工程清查表、堤防工程清查表和农村供水工程清查表；普查表包括水库工程普查表、规模以上水电站工程普查表、规模以上水闸工程普查表、规模以上泵站工程普查表、规模以上堤防工程普查表、200m³/d 及以上或 2000 人及以上农村供水工程普查表、200m³/d 以下且 2000 人以下农村供水工程普查表、塘坝及窖池工程普查表。各类水利工程主要普查内容如下所述。

1. 水库工程

水库普查主要内容包括水库名称、位置、所在河流名称、类型、主要挡水建筑物类型、主要泄洪建筑物型式、坝址控制流域面积、工程建设情况、调节性能、工程等别、主坝级别、主坝尺寸、泄流能力、防洪标准、特征水位及库容、工程任务、重要保护对象、供水情况、灌溉情况、管理单位名称、归口管理部门和确权划界情况等。

2. 水电站工程

规模以上水电站普查主要内容包括水电站名称、位置、所在河流名称、类型、工程建设情况、工程等别、主要建筑物级别、装机容量、保证出力、额定水头、年发电量、管理单位名称及登记注册类型、归口管理部门和确权划界情况等。规模以下水电站普查主要内容包括水电站名称、位置、装机容量和管理单位名称等。

3. 水闸工程

规模以上水闸普查主要内容包括水闸名称、位置、所在河流名称、类型、工程建设情况、工程等别、主要建筑物级别、闸孔尺寸、过闸流量、洪（潮）水标准、引水闸的引水用途及引水能力、管理单位名称、归口管理部门和确权划界情况等。橡胶坝工程普查主要内容包括橡胶坝名称、位置、所在河流名称、坝高和坝长等。规模以下水闸普查主要内容包括水闸名称、位置、过闸流量和管理单位名称等。

4. 泵站工程

规模以上泵站普查主要内容包括泵站名称、位置、所在河流名称、类型、工程建设情况、工程任务、工程等别、主要建筑物级别、装机流量、装机功率、设计扬程、管理单位名称、归口管理部门和确权划界情况等。规模以下泵站普查主要内容包括泵站名称、位置、装机流量、装机功率和管理单位名称等。

5. 堤防工程

规模以上堤防普查主要内容包括堤防名称、位置、所在河流名称、类型、工程建设情况、工程任务、堤防级别、规划防洪（潮）标准、堤防长度、达标长度、堤防尺寸、堤顶高程、设计水（高潮）位、管理单位名称、归口管理部门和确权划界情况等。规模以下堤防普查主要内容包括堤防名称、位置、堤防级别、堤防长度和管理单位名称等。

6. 农村供水工程

设计供水规模 200m³/d 及以上或设计供水人口 2000 人及以上的农村集中式供水工程普查主要内容包括工程基本情况、工程规模、水质与处理工艺、归口管理情况；设计供水规模 200m³/d 以下且设计供水人口 2000 人以下的农村供水工程普查主要内容包括工程基本情况和工程规模。

7. 塘坝工程

塘坝工程普查主要内容包括塘坝的数量、总容积、2011 年实际灌溉面积和供水人口等。

8. 窖池工程

窖池工程普查主要内容包括窖池的数量、总容积、2011 年实际抗旱补水面积和供水人口等。

第三节　普查方法与技术路线

一、普查组织实施

水利工程基本情况普查是在第一次全国水利普查领导小组及办公室的统一组织领导下，通过国家、流域、省、地、县等 5 级水利普查机构的努力共同完成。普查工作主要历经了前期准备、清查登记、填表上报和成果发布四个阶段。

前期准备：主要包括成立普查机构、对水利工程特性指标进行分析摸底、设计普查试点方案、开展试点工作，编制水利工程基本情况普查表及相关普查内容的实施方案与细则等。

清查登记：主要包括开展各类水利工程普查对象的清查，建立水利工程基础名录，获取普查动态指标台账，全面获取普查数据等工作。

填表上报：在对各地水利工程普查进行督导检查、技术指导等的基础上，指导县级普查机构对普查数据进行填报、审核、录入及成果汇总协调平衡等工作。

成果发布：主要工作是对各类水利工程的普查数据进行汇总协调平衡、普查成果逐级抽查验收、普查资料分析整理汇编、普查数据管理和空间数据库建设、普查成果验收和发布等。

二、普查单元与分区

本次普查以县级行政区为组织工作单元，普查表以县级行政区为基本单元进行组织填报、汇总和上报。按"在地原则"，由县级水利普查机构组织开展对象清查及普查工作。县级普查机构根据县域内清查对象的特点、数量及分布情况划分最小普查单元。一般情况下，对于水库、水电站、堤防工程以县级行政区为最小普查单元；对于数量较多的规模以下农村供水工程、塘坝和窖池工程，以行政村为最小普查单元；对于水闸、泵站和规模以上农村供水工程，一般按乡镇为最小普查单元进行调查。

三、总体技术路线

水利工程基本情况普查总体技术路线为通过档案查阅、实地访问、现场查勘等方法，按照"在地原则"，以县级行政区为组织工作单元，对普查对象进行清查登记，编制普查对象名录，确定普查表的填报单位；对规模以上的普查对象详细调查，进行数据获取后，逐项填报清查表与普查表；对规模以下的普查对象简化指标调查，逐项填报清查表。逐级进行普查数据审核、汇总、平衡、上报，形成全国水利工程基本情况普查成果。水利工程基本情况普查技术路线见图 1-3-1。

四、普查方法

（一）对象清查

对象清查重点是对各类水利工程进行清查登记，摸清工程数量、分布、规模以及管理单位等基本信息，目的是为了建立各类水利工程的基础名录，确定填报方式，保证普查对象不重不漏。

本次普查以县级行政区为组织工作单元，按照"在地原则"，采取档案查阅、实地访问和现场查勘等方法，由工程所在的县级普查机构组织进行本县域内的清查工作。按照"不重不漏"的原则，对清查范围内的水库、水电站、水闸、泵站、堤防和设计供水规模 200m³/d 及以上或设计供水人口 2000 人以上的农村集中式供水工程进行调查，逐个工程填写清查表。目的是查清各类水利工程的位置、数量、规模和隶属关系等基本信息，确定普查表的填表单位。同时形成各类水利工程分规模的普查对象名录。量大面广的塘坝和窖池工程不单独进行清查，清查与普查工作一次完成。具体要求如下：①水库工程：以挡水主坝所在的位置进行清查；②水电站工程：以厂房所在的位置清查；③水闸工程：以闸址所在的位置进行清查；④泵站工程：以泵房所在的位置进行清查；⑤堤防工程：以堤防（段）所在的位置进行清查；⑥农村供水工程：以净水厂所在的位置进行清查。

（二）填表上报

以"在地原则"为主，以县级行政区为组织单元，对规模以上的水库、水

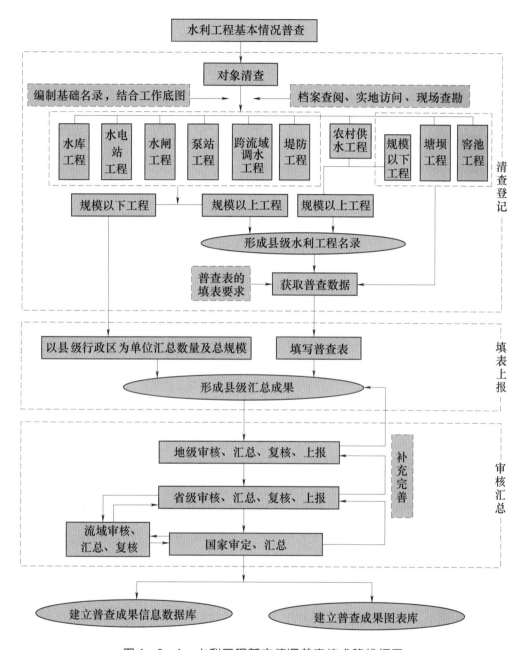

图 1-3-1　水利工程基本情况普查技术路线框图

电站、水闸、泵站、堤防和农村供水工程逐个调查，一个工程填写一张普查表，按照数据获取方法及普查表填表要求填写普查表中的各项指标；规模以下农村供水工程以及塘坝和窖池工程，以行政村为单位填写普查表；对规模以下的水电站、水闸、泵站和堤防工程，则根据清查成果，以县级行政区为单元进行数据汇总后，再与规模以上工程进行数据汇总。将审核验收后的普查表及汇总成果报地级普查机构。

（三）数据获取

按照"谁管理，谁填报"的原则，由普查对象所在的县级普查机构组织工程管理单位进行数据采集并填写普查表。水利工程基本情况普查指标分为静态指标和动态指标两类。静态指标是指在普查时段内一般不会发生变化的指标，主要包括各类普查对象的基本情况、特性指标、功能作用以及归口管理情况等。动态指标是指在普查时段内随时间发生变化的指标，主要包括各类普查对象的效益指标，如水库2011年供水量、农村供水工程2011年实际供水量等。

1. 静态指标获取方法

静态指标主要采取档案查阅与实地调查相结合的方法获取，档案查阅要求以最新批复的设计文件为准，包括上级主管部门的批复文件、工程调度运行文件、工程复核报告、工程改扩建报告、工程补充设计报告、原设计报告等。对于资料完整的大中型水利工程，采用档案查阅的方式采集；对于资料不完整或无设计资料的小型水利工程，结合实地访问、现场测量和综合分析的方式获取。

2. 动态指标获取方法

动态指标主要包括水库工程2011年供水量，水电站2011年发电量，农村供水工程2011年实际供水量、2011年实际供水人口和年实收水费。水库工程2011年供水量主要根据工程管理单位的供（引）水记录填写，若没有供（引）水记录，根据取水口所建台账及下游用水量确定。水电站工程2011年发电量根据工程管理单位的发电记录填写。农村供水工程的动态指标主要根据工程管理单位的水表计量记录填写，对无水表计量的农村供水工程，通过该工程的水泵流量、日供水时间和供水天数计算。

（四）数据审核

由县、地、省、流域和全国各级普查机构，按照"五步审验法"（即数据接收审验、计算机审验、分专业详审、跨专业联审和数据终验等五个步骤）组织开展数据审验工作，对普查数据的全面性、完整性、规范性、一致性、合理性、准确性进行审核。采用计算机审核与人工审核相结合、全面审核与重点审核相结合、内业审核与外业抽查相结合、属性数据与空间属性相结合的方式对全国水利工程普查对象逐个进行审核。主要包括以下几个方面。

1. 清查数据审核

清查数据审核是对普查对象名录以及清查表中的各项指标进行审核，主要包括清查指标审核、数据对比审核和重复填报审核。

（1）清查指标审核。主要对清查表中各项指标的完整性、合理性、规范性和一致性进行审核，重点检查清查表中是否存在漏填指标，以检查其完整性，并根据各类工程清查表中相关指标的关联关系判断指标填报的合理性，对各项指标复核填表是否规范进行审核，根据数据关联关系，审核相关指标填报是否一致。

（2）数据对比审核。将水利工程清查数据与相关的水利统计数据、其他相关专业的清查成果以及清查取得的空间数据和属性数据进行对比分析，分析差别原因，避免错报、漏报。

（3）重复填报审核。审核有无重复填报的清查对象，包括省内重复填报审核和省间重复填报审核，重点审核跨县级以上行政区界的工程，确保清查对象不重不漏。

2. 普查数据审核

普查数据审核是对普查对象以及普查表中的各项指标进行审核，主要包括普查指标审核、数据对比审核和重复填报审核。

（1）普查指标审核。重点对大中型工程进行审核，主要审核普查表中的全部指标，对小型工程重点审核规模指标。审核内容主要包括数据完整性、合理性、规范性和一致性审核。完整性审核主要检查普查表中是否有漏填指标；合理性审核主要根据各类工程普查表中相关指标的关联关系判断指标填报的合理性；规范性审核主要审核普查表中各项指标是否按照水利工程基本情况普查填表要求填报；一致性审核主要对普查表间的一致性审核，审核关联对象之间，相关指标填报是否一致。

（2）数据对比审核。将各类水利工程普查数据与相关的水利统计数据，其他相关普查成果进行对比，包括数量和规模指标以及功能作用指标对比等，分析差别原因，避免错报、漏报。

（3）重复填报审核。重点审核有无重复填报的普查对象，包括省内重复填报审核和省间重复填报审核，重点审核跨县级以上行政区界的工程，确保普查对象不重不漏。

3. 汇总数据审核

汇总数据审核是各级普查机构审核的重点，主要包括汇总指标审核、工程归并审核、跨专业审核和流域数据协调审核。

（1）汇总指标审核。主要审核各类水利工程汇总表中主要汇总指标，审核各地区间的工程数量、规模和效益指标分布是否合理。

（2）工程归并审核。主要审核分段填报的堤防工程普查信息，审核归并汇总是否准确，重点审核归并后的工程范围、名称、数量和规模指标的变化情况。

（3）跨专业审核。与河湖基本情况普查、河湖开发治理保护情况普查、灌区专项普查等相关专业进行关联性审核，检查相关指标的普查数据和汇总数据是否合理，检查有无漏报、多报或重报的普查对象。

（4）流域数据协调审核。与各流域的汇总数据进行一致性审核，检查各流域的汇总数据与国家汇总数据是否一致，并进行跨省界工程的归并。

（五）数据汇总

1. 汇总方式

普查数据汇总包括按水资源分区汇总、按行政分区汇总、按重点区域汇总和按河流水系汇总4种方式。按水资源分区汇总是以水资源三级区套县级行政区为基本单元，逐级汇总形成水资源三级区、二级区和一级区的普查成果；按行政分区汇总是以县级普查区为基本单元，逐级汇总形成县级行政区、地级行政区、省级行政区的普查成果；按重点区域汇总是以县级普查区为基本单元，汇总形成重要经济区和粮食主产区的普查成果；按河流水系汇总是以流域面积50km² 及以上河流为基本单元，基于流域水系的树状结构进行流域汇总和河流河道的汇总。

依据各类水利工程普查表中的基础数据，根据各类普查对象的特点、结合行政管理需要进行分类汇总。对水库工程按规模、类型、工程任务、坝高、坝型、建设情况等分类汇总水库数量、总库容、兴利库容、防洪库容、设计年供水量等指标；对水电站工程按规模、类型、效益、建设情况等分类汇总水电站数量、装机容量、2011 年发电量等指标；对水闸工程按规模、类型、作用、建设情况等分类汇总水闸数量、过闸流量、引水能力等指标；对泵站工程按规模、类型、设计扬程、建设情况等分类汇总泵站数量、装机流量、装机功率等指标；对堤防工程按级别、类型、建设情况等分类汇总堤防长度、达标长度等指标；对农村供水工程按水源类型、工程类型、供水方式等分类汇总农村供水工程的数量、受益人口等指标；对塘坝和窖池工程按规模汇总数量、总容积等指标。

2. 汇总分区

本次汇总分区包括水资源分区、行政分区、《全国主体功能区划》中确定的重要经济区和粮食主产区及河流水系等。根据各类水利工程的特点，分别按照不同的汇总分区进行汇总，对水库、水电站、水闸、泵站按水资源分区、行政分区、重点区域以及河流水系进行汇总，对堤防按照行政分区和河流水系进行汇总，对农村供水、塘坝和窖池工程按行政分区进行汇总。具体分区如下所述。

（1）水资源分区。本次水利普查以县级行政区为基本工作单元进行普查数据的采集、录入和汇总，为了满足普查成果按照行政分区和水资源分区汇总要求，利用全国水资源综合规划基于1∶25万地图制作的地级行政区套水资源三级区成果，根据最新的1∶5万国家基础地理信息图，制作形成了1∶5万县级行政区套水资源三级区成果，形成县级行政区套水资源三级区共4188单元。全国水资源一、二级分区情况详见表1-3-1，全国水资源三级区划分情况详见附录B。

表1-3-1　　　　　　　　全国水资源一、二级分区情况

水资源一级区	水 资 源 二 级 区
松花江区	额尔古纳河、嫩江、第二松花江、松花江（三岔河口以下）、黑龙江干流、乌苏里江、绥芬河、图们江
辽河区	西辽河、东辽河、辽河干流、浑太河、鸭绿江、东北沿黄渤海诸河
海河区	滦河及冀东沿海、海河北系、海河南系、徒骇马颊河
黄河区	龙羊峡以上、龙羊峡至兰州、兰州至河口镇、河口镇至龙门、龙门至三门峡、三门峡至花园口、花园口以下、内流区
淮河区	淮河上游、淮河中游、淮河下游、沂沭泗河、山东半岛沿海诸河
长江区	金沙江石鼓以上、金沙江石鼓以下、岷沱江、嘉陵江、乌江、宜宾至宜昌、洞庭湖水系、汉江、鄱阳湖水系、宜昌至湖口、湖口以下干流、太湖流域
东南诸河区	钱塘江、浙东诸河、浙南诸河、闽东诸河、闽江、闽南诸河、台澎金马诸河
珠江区	南北盘江、红柳江、郁江、西江、北江、东江、珠江三角洲、韩江及粤东诸河、粤西桂南沿海诸河、海南岛及南海各岛诸河
西南诸河区	红河、澜沧江、怒江及伊洛瓦底江、雅鲁藏布江、藏南诸河、藏西诸河
西北诸河区	内蒙古内陆河、河西内陆河、青海湖水系、柴达木盆地、吐哈盆地小河、阿尔泰山南麓诸河、中亚西亚内陆河区、古尔班通古特荒漠区、天山北麓诸河、塔里木河源、昆仑山北麓小河、塔里木河干流、塔里木盆地荒漠区、羌塘高原内陆区

为便于表述我国南北方水利基础设施的分布特点，按照水资源一级区统一划分南北方地区，其中北方地区包括：松花江区、辽河区、海河区、黄河区、淮河区、西北诸河区，南方地区包括：长江区（含太湖流域）、东南诸河区、珠江区、西南诸河区。

（2）行政分区。本次普查数据按照31个省级行政分区进行汇总，对于跨省界的水库其总库容以管理单位所在的省为单元进行汇总，其中跨云南与四川2省的向家坝和溪洛渡水库，两省各计一半。同时，按自然地理状况、经济社

会条件，对东、中、西部地区的水利工程进行汇总分析。东、中、西部省区划分如下：东部省区包括北京、天津、河北、辽宁、上海、江苏、浙江、福建、山东、广东、海南共 11 省（直辖市）；中部省区包括山西、吉林、黑龙江、安徽、江西、河南、湖北、湖南共 8 省；西部省区包括内蒙古、广西、重庆、四川、贵州、云南、西藏、陕西、甘肃、青海、宁夏、新疆（含生产建设兵团）共 12 省（自治区、直辖市）。

（3）重点区域。依据《全国主体功能区规划》，根据全国水中长期供求规划，考虑各类水利工程的特点，对水库、水电站、水闸和泵站工程的主要指标，汇总形成了重要经济区和粮食主产区的普查成果。

1）重要经济区。《全国主体功能区规划》确定了我国"两横三纵"的城市化战略格局，包括环渤海地区、长三角地区、珠三角地区 3 个国家级优化开发区和冀中南地区、太原城市群等 18 个国家层面重点开发区。3 大国家级优化开发区域和 18 个国家层面重点开发区简称为重要经济区，共 21 个重要经济区，涉及 31 个省级行政区、212 个地级行政区和 1754 个县级行政区。全国重要经济区国土面积 284.1 万 km²，占全国总面积的 29.6%；常住人口 9.8 亿，占全国总人口的 73%；地区生产总值 41.9 万亿元，占全国地区生产总值的 80%。全国重要经济区划分情况详见附录 C。

2）粮食主产区。根据《全国主体功能区规划》确定的"七区二十三带"为主体的农产品主产区中涉及的粮食主产区，结合黑龙江、辽宁、吉林、内蒙古、河北、江苏、安徽、江西、山东、河南、湖北、湖南、四川等 13 个粮食主产省和《全国新增 1000 亿斤粮食生产能力规划（2009—2020 年）》所确定的 800 个粮食增产县，以及《现代农业发展规划（2011—2015 年）》所确定的重要粮食主产区等，并考虑人均粮食产量等因素，综合分析确定全国粮食主产区范围为"七区十七带"，涉及 26 个省级行政区，220 个地级行政区，共计 898 个粮食主产县。粮食主产区划分情况详见附录 C。粮食主产区是我国粮食生产的重点区域，担负着我国大部分的粮食生产任务。全国粮食主产区国土面积 273 万 km²，占全国国土总面积的 28%；总耕地面积 10.2 亿亩（1 亩≈0.67hm²），约占全国耕地总面积的 56%；总灌溉面积 6.10 亿亩，占全国总灌溉面积的 61%。粮食总产量 4.05 亿 t，占全国粮食总产量的 74.1%。

（4）河流水系。我国河流水系众多，根据本次河湖基本情况普查成果，全国流域面积 50km² 及以上的河流共 45203 条，其中流域面积 1000km² 及以上的河流 2221 条，流域面积 10000km² 及以上的河流 228 条。本次对所有河流上的水库、水电站、水闸、泵站和堤防工程进行汇总，形成了按河流水系汇总成果。根据河流特点和重要程度，本书主要选取了 97 条主要河流❶进行重点分析。在主要河流汇总成果中，若无特殊说明，均指河流干流汇总成果。我国主要河流名录详见附表 A1。

第四节 主要普查成果

本次普查涉及的 8 类水利工程普查对象数量共计 7127 万个，其中，水库 97985 座、水电站 46696 座、水闸 268370 座、泵站 424293 处、堤防 107282 段（总长度 413713km）、农村供水工程 5887 万处以及塘坝 456.3 万处、窖池工程 689.3 万处，共 20888 万项指标。通过对全国 31 个省（自治区、直辖市）和水资源分区各类水利工程主要指标的汇总，形成了全国各类水利工程主要普查成果。省级行政区水利工程主要普查成果见附表 A2。

1. 水库工程

全国共有 10 万 m³ 及以上的水库 97985 座（其中已建水库 97229 座，在建水库 756 座），总库容 9323.77 亿 m³（其中已建水库总库容 8104.35 亿 m³，在建水库总库容 1219.42 亿 m³），兴利库容 4699.01 亿 m³，防洪库容 1778.01 亿 m³。

全国共有大型水库 756 座，总库容 7499.34 亿 m³，分别占全国水库数量和总库容的 0.8% 和 80.5%；中型水库 3941 座，总库容 1121.23 亿 m³，分别占全国水库数量和总库容的 4.0% 和 12.0%；小型水库 93288 座，总库容 703.20 亿 m³，分别占全国水库数量和总库容的 95.2% 和 7.5%。

全国共有山丘水库 70536 座，总库容 8588.25 亿 m³，分别占全国水库数量和总库容的 72.0% 和 92.1%；平原水库 27449 座，总库容 735.52 亿 m³，分别占全国水库数量和总库容的 28.0% 和 7.9%。

全国有坝水库（主要挡水建筑物为挡水坝的水库）共 97671 座，总库容 9248.26 亿 m³，分别占全国水库数量与总库容的 99.7% 和 99.2%。按水库坝高统计，共有高坝水库 506 座，总库容为 5309.40 亿 m³，分别占全国有坝水库数量和总库容的 0.5% 和 57.4%；中坝水库 5979 座，总库容 2203.75 亿 m³，分别占全国有坝水库数量和总库容的 6.1% 和 23.8%；低坝水库 91186 座，总库容 1735.11 亿 m³，分别占全国有坝水库数量和总库容的 93.4% 和 18.8%。按水

---

❶ 主要河流选取原则包括：①流域面积 5 万 km² 以上所有河流；②对流域或区域防洪减灾、水资源开发利用保护中具有重要作用的部分河流，流域面积多在 1 万～5 万 km² 之间；③部分重要的省际河流；④流域机构管理的重要河流。

库主要坝型统计，全国共有混凝土坝水库 2440 座，总库容 4719.14 亿 m³，分别占全国有坝水库数量和总库容的 2.5% 和 51.0%；土坝水库 87900 座，总库容 2949.25 亿 m³，分别占有坝水库数量和总库容的 90.0% 和 31.9%；重力坝水库 4364 座，总库容 4055.92 亿 m³，分别占有坝水库数量和总库容的 4.5% 和 43.9%；拱坝水库 3954 座，总库容 872.39 亿 m³，分别占有坝水库数量和总库容的 4.1% 和 9.4%。

从水库功能看，我国有防洪任务的水库数量和总库容分别占全国的 50.9% 和 75.2%；有发电任务的水库数量和总库容分别占全国的 7.7% 和 77.0%；有供水任务的水库数量和总库容分别占全国的 70.9% 和 46.2%；有灌溉任务的水库数量和总库容分别占全国的 90.2% 和 44.7%。

我国南方地区水库数量和总库容分别为 78194 座和 6281.14 亿 m³，占全国的 79.8% 和 67.4%；北方地区水库数量和总库容分别为 19791 座和 3042.63 亿 m³，占全国的 20.2% 和 32.6%。北方地区水库总库容与河川径流量的比值为 57.9%，南方地区为 28%。

我国中部地区水库数量较多，占全国水库数量的 44.2%，总库容 3539.72 亿 m³，占全国水库总库容的 38%；东部和西部地区水库数量为 27161 座和 27504 座，分别占全国水库数量的 27.7% 和 28.1%，总库容为 2131.45 亿 m³ 和 3652.61 亿 m³，分别占全国水库总库容的 22.8% 和 39.2%。

2. 堤防工程

全国共有堤防总长度为 413713km，其中 5 级及以上堤防长度 275531km（其中已建堤防长度 267568km，在建堤防长度 7963km），达标长度 169773km；5 级以下堤防长度为 138182km。

在全国 5 级及以上堤防工程中，按堤防级别分，1 级堤防 10792km，占全国 5 级及以上堤防长度的 3.9%，达标率 81.6%；2 级堤防 27267km，占 9.9%，达标率 74.8%；3 级堤防 32671km，占 11.9%，达标率 65.1%；4 级堤防 95524km，占 34.6%，达标率 60.8%；5 级堤防 109277km，占 39.7%，达标率 56.0%。

按堤防类型分，共有河（江）堤 229378km，占全国 5 级及以上堤防长度 83.3%，达标率 59.9%；湖堤 5631km，占 2.0%，达标率 41.9%；海堤 10124km，占 3.7%，达标率 67.8%；围（圩、圈）堤 30398km，占 11.0%，达标率 75.0%。

我国东部和中部地区堤防较多，其长度分别为 144166km 和 101542km，占全国的 52.3% 和 36.9%。

3. 水电站工程

全国共有水电站 46696 座，总装机容量 33286.1 万 kW，其中 500kW 及以上的水电站 22179 座（其中已建水电站 20855 座，在建水电站 1324 座），装机容量 32728.1 万 kW（其中已建水电站装机容量 21735.8 万 kW，在建水电站装机容量 10992.2 万 kW）；500kW 以下的水电站 24517 座，装机容量 558.2 万 kW。

在全国 500kW 及以上的水电站中，按水电站规模统计，共有大型水电站 142 座，装机容量 20664.0 万 kW；中型水电站 477 座，装机容量 5242.0 万 kW；小型水电站 21560 座，装机容量 6822.1 万 kW。按水电站开发方式统计，共有闸坝式水电站 3310 座，装机容量 18086.6 万 kW，分别占全国水电站数量和装机容量的 14.9% 和 55.3%；引水式水电站 16403 座，装机容量 8198 万 kW，分别占全国水电站数量和装机容量的 74.0% 和 25.1%；混合式水电站 2438 座，装机容量 3911 万 kW，分别占全国水电站数量和装机容量的 11.0% 和 11.9%；抽水蓄能电站 28 座，装机容量 2532.5 万 kW，分别占全国水电站数量和装机容量的 0.1% 和 7.7%。

按水电站的额定水头统计，全国共有高水头电站 3258 座，装机容量 6866.5 万 kW，分别占全国水电站数量和装机容量的 14.7% 和 21.0%；中水头电站 10293 座，装机容量 20306.2 万 kW，分别占全国水电站数量和装机容量的 46.4% 和 62.1%；低水头电站 8628 座，装机容量 5535.3 万 kW，分别占全国水电站数量和装机容量的 38.9% 和 16.9%。

从全国 500kW 及以上水电站分布上看，南方地区水电站数量和装机容量远大于北方地区，分别为 20266 座和 27768.0 万 kW，占全国水电站数量和装机容量的 91.4% 和 84.8%；北方地区水电站数量和装机容量分别为 1913 座和 4960.1 万 kW，占全国的 8.6% 和 15.2%。我国西部地区水电站数量较多且装机容量较大，分别为 8925 座和 21118.6 万 kW，占全国水电站数量和装机容量的 40.2% 和 64.5%；中部和东部地区水电站数量分别为 5427 座和 7827 座，占全国的 24.5% 和 35.3%，装机容量分别为 7136.5 万 kW 和 4472.9 万 kW，占全国的 21.8% 和 13.7%。

全国 500kW 及以上的水电站多年平均年发电量（设计值）为 11566.35 亿 kW·h（其中已建水电站多年平均年发电量为 7544.08 亿 kW·h，占全国的 65.2%），2011 年发电量为 6572.96 亿 kW·h，为已建水电站多年平均年发电量（设计值）的 82.7%。

4. 水闸工程

全国共有过闸流量 1m³/s 及以上的水闸 268370 座，其中 5m³/s 及以上的水闸 97022 座（其中已建水闸 96228 座，在建水闸 794 座），$5m^3/s$ 以下的水闸 171348 座。全国共有橡胶坝 2685 座，总坝长为 249.27km。

在全国 $5m^3/s$ 及以上的水闸中，按水闸规模统计，共有大型水闸 860 座，占全国 $5m^3/s$ 及以上水闸数量的 0.9%；中型水闸 6334 座，占 6.5%；小型水闸 89828 座，占 92.6%。按水闸类型统计，共有引（进）水闸 10968 座，占全国 $5m^3/s$ 及以上水闸数量的 11.3%；节制闸 55133 座，占 56.8%；排水闸 17197 座，占的 17.7%；分（泄）洪闸 7920 座，占 8.2%；挡潮闸 5804 座，占 6%。其中，建在江（河）、湖泊和水库岸边的引（进）水闸占全国引（进）水闸数量的 33.1%，总过闸流量 10.66 万 m^3/s，引水能力 3841.38 亿 m^3。

我国南方地区共有水闸 56765 座，占全国 $5m^3/s$ 及以上水闸数量的 58.5%；北方地区共有水闸 40257 座，占全国的 41.5%。我国东部、中部和西部地区水闸数量分别为 50520 座、33368 座和 13134 座，占全国的 52.1%、34.4% 和 13.5%。

5. 泵站工程

全国共有各类泵站 424293 处，其中装机流量 $1m^3/s$ 及以上或装机功率 50kW 及以上的泵站 88970 处（其中已建泵站 88272 处，在建泵站 698 处），占全国泵站数量的 21.0%；装机流量 $1m^3/s$ 以下且装机功率 50kW 以下的泵站 335323 处，占全国泵站总数的 79.0%。

在全国装机流量 $1m^3/s$ 及以上或装机功率 50kW 及以上的泵站中，按泵站规模统计，共有大型泵站 299 处，占全国装机流量 $1m^3/s$ 及以上或装机功率 50kW 及以上泵站数量的 0.33%；中型泵站 3714 处、占 4.17%；小型泵站 84957 处，占 95.5%。按泵站类型统计，共有供水泵站 51708 处，占全国装机流量 $1m^3/s$ 及以上或装机功率 50kW 及以上泵站数量的 58.1%；排水泵站 28342 处，占 31.9%；供排结合泵站 8920 处，占 10%。按设计扬程统计，设计扬程 50m 及以上的泵站共 13311 处，占全国装机流量 $1m^3/s$ 及以上或装机功率 50kW 及以上泵站数量的 15.0%；设计扬程 10（含）～50m 的泵站共 26893 处，占 30.2%；设计扬程 10m 以下的泵站共 48766 处，占 54.8%。

我国南、北方地区的泵站数量分别为 54477 处和 34493 处，占全国装机流量 $1m^3/s$ 及以上或装机功率 50kW 及以上泵站数量的 61.2% 和 38.8%。我国东部、中部和西部地区泵站数量分别为 35754 处、32032 处和 21184 处，占全国的 40.2%、36.0% 和 23.8%。

6. 农村供水工程

全国共有农村供水工程 5887.1 万处，其中，集中式供水工程 91.8 万处，分散式供水工程 5795.2 万处。全国农村供水工程受益人口❶共 8.09 亿人，其中，集中式供水工程受益人口 5.46 亿人，分散式供水工程受益人口 2.63 亿人。

我国东部地区的农村供水工程共有 1271.9 万处，受益人口 3.10 亿人，分别占全国的 21.6％和 38.3％；中部地区农村供水工程共 3016.9 万处，受益人口 2.64 亿人，分别占全国的 51.2％和 32.7％；西部地区农村供水工程共 1598.2 万处，受益人口 2.35 亿人，分别占全国的 27.2％和 29.0％。

在全国集中式供水工程中，200m³/d（或 2000 人）及以上集中式供水工程共 56510 处，受益人口 3.32 亿人，分别占 6.2％和 60.8％。在全国分散式供水工程中，共有分散供水井工程 5338.5 万处，占 92.1％；引泉供水工程 169.2 万处，占 2.9％；雨水集蓄供水工程 287.5 万处，占 5.0％。

7. 塘坝和窖池工程

全国有塘坝工程的行政村共 221411 个，共有塘坝工程 456.3 万处，总容积 300.89 亿 m³，2011 年灌溉面积 7583.3 万亩，供水人口 2236.3 万人。全国共有窖池工程 689.3 万处，总容积 2.51 亿 m³，2011 年实际抗旱补水面积 872.2 万亩，供水人口 2426.0 万人。

我国中部地区塘坝工程数量较多，共有 351.8 万处，总容积 209.1 亿 m³，2011 年灌溉面积 4388.0 万亩，供水人口 1205.9 万人，分别占全国的 77.1％、69.5％、57.9％和 53.9％。

我国西部地区窖池工程数量较多，共有 575.2 万处，总容积 20893.3 万 m³，2011 年实际抗旱补水面积 731.1 万亩，供水人口 1835.8 万人，分别占全国的 83.4％、83.1％、83.8％和 75.7％。

---

❶　受益人口：2011 年农村供水工程实际供水人口。范围为县城（不含县城城区）以下的乡镇、村庄、学校，以及国有农（林）场、新疆生产建设兵团团场和连队的供水工程覆盖的受益人口。

第二章　水　库　工　程

　　水库是重要的水利基础设施，在江河治理、调节径流、防洪减灾、城乡供水、农业灌溉等水资源开发利用中具有重要作用。本章主要对我国水库工程的数量、规模、坝型、功能与作用、设计年供水量以及工程建设情况等进行了综合分析。

第一节　水库数量与分布

一、水库数量与规模

　　全国共有总库容 10 万 m^3 及以上水库 97985 座，总库容 9323.77 亿 m^3，其中，兴利库容 4699.01 亿 m^3，防洪库容 1778.01 亿 m^3。我国水库总体呈现南方多、北方少，山丘区多、平原区少的特点，南方地区共有水库 78194 座，占全国水库数量的 79.8%，水库总库容 6281.14 亿 m^3，占全国水库总库容的 67.4%；北方地区共有水库 19791 座，占全国水库数量的 20.2%，水库总库容 3042.63 亿 m^3，占全国水库总库容的 32.6%。

　　按水库规模分类，我国共有大型水库 756 座，总库容 7499.34 亿 m^3；中型水库 3941 座，总库容 1121.23 亿 m^3；小型水库 93288 座，总库容 703.20 亿 m^3。全国不同规模水库数量与库容见表 2-1-1，全国不同规模水库数量与总库容比例见图 2-1-1 和图 2-1-2。全国大型水库分布示意图见附图 E1。

表 2-1-1　　　　　　　全国不同规模水库数量与库容

项　　　目	合计	大型水库			中型水库	小型水库		
		小计	大（1）型	大（2）型		小计	小（1）型	小（2）型
水库数量/座	97985	756	127	629	3941	93288	17947	75341
总库容/亿 m^3	9323.77	7499.34	5665.07	1834.27	1121.23	703.2	496.35	206.85
兴利库容/亿 m^3	4699.01	3602.35	2749.02	853.33	648.3	448.36	310.08	138.28
防洪库容/亿 m^3	1778.01	1490.27	1196.07	294.2	190.59	97.15	72.22	24.93

18

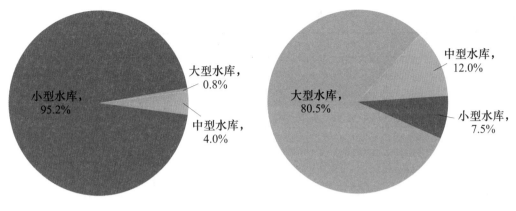

图 2-1-1 全国不同规模
水库数量比例

图 2-1-2 全国不同规模
水库总库容比例

按水库所处地形分类，全国共有山丘水库 70536 座，总库容 8588.25 亿 m³，分别占全国水库数量和总库容的 72% 和 92.1%；平原水库 27449 座，总库容 735.52 亿 m³，分别占全国水库数量和总库容的 28% 和 7.9%。

按水库建设情况分类，全国共有已建水库 97229 座，总库容 8104.35 亿 m³，分别占全国水库数量和总库容的 99.2% 和 86.9%；共有在建水库 756 座，总库容 1219.42 亿 m³，分别占全国水库数量和总库容的 0.8% 和 13.1%。

二、水库区域分布

(一) 水资源一级区

按水资源一级区划分，长江区和珠江区的水库数量为 51655 座和 16588 座，分别占全国水库数量的 52.7% 和 16.9%；辽河区和西北诸河区的水库数量为 1276 座和 1026 座，分别占全国水库数量的 1.3% 和 1.0%。水资源一级区水库数量与总库容见表 2-1-2。从水库库容看，长江区和珠江区水库总库容较大，分别为 3608.69 亿 m³ 和 1507.85 亿 m³，分别占全国水库总库容的 38.7% 和 16.2%；海河区和西北诸河区水库总库容分别为 332.7 亿 m³ 和 229.33 亿 m³，占全国水库总库容的 3.6% 和 2.5%。

从水库规模看，南方地区大型水库的数量明显多于北方地区，是北方地区大型水库数量的 1.73 倍。南方地区共有大型水库 479 座，占全国大型水库数量的 63.4%，北方地区共有大型水库 277 座，占全国大型水库数量的 36.6%。水资源一级区中，长江区和珠江区大型水库数量较多，分别为 283 座和 119 座，占全国大型水库数量的 37.4% 和 15.7%；海河区和西南诸河区大型水库数量较少，分别为 36 座和 29 座，占全国大型水库数量的 4.8% 和 3.8%。

表 2-1-2　　　　　　　　　　水资源一级区水库数量与总库容

水资源一级区	合　计		大型水库		中型水库		小型水库	
	数量/座	总库容/亿 m³	数量/座	总库容/亿 m³	数量/座	总库容/亿 m³	数量/座	总库容/亿 m³
全国	97985	9323.77	756	7499.34	3941	1121.23	93288	703.20
北方地区	19791	3042.63	277	2494.73	1213	370.66	18301	177.24
南方地区	78194	6281.14	479	5004.61	2728	750.57	74987	525.96
松花江区	2710	572.24	50	475.52	202	65.95	2458	30.77
辽河区	1276	494.44	48	439.58	134	40.05	1094	14.81
海河区	1854	332.70	36	271.44	155	44.27	1663	16.99
黄河区	3339	906.34	47	788.39	247	77.42	3045	40.53
淮河区	9586	507.58	58	370.55	292	80.57	9236	56.45
长江区	51655	3608.69	283	2882.24	1541	414.67	49831	311.78
其中：太湖流域	447	19.14	8	11.36	20	4.67	419	3.11
东南诸河区	7581	608.34	48	464.52	319	89.46	7214	54.36
珠江区	16588	1507.85	119	1149.78	753	214.98	15716	143.09
西南诸河区	2370	556.27	29	508.07	115	31.47	2226	16.73
西北诸河区	1026	229.33	38	149.25	183	62.40	805	17.68

（二）省级行政区

我国水库数量分布呈现中部地区较多，东西部地区较少的特点。中部地区共有水库43320座，占全国水库数量的44.2%；东部和西部地区水库数量分别为27161座和27504座，占全国水库数量的27.7%和28.1%。从省级行政区看，湖南、江西、广东、四川、湖北、山东和云南7省水库较多，分别占全国水库数量的14.4%、11.0%、8.6%、8.3%、6.6%、6.6%和6.2%。省级行政区水库数量与总库容见附表A3，省级行政区水库数量与总库容分布见图2-1-3和图2-1-4。

我国水库总库容分布呈现中西部地区较大，东部地区较小的特点。中部和西部地区水库总库容分别为3539.72亿 m³ 和3652.61亿 m³，占全国水库总库容的38.0%和39.2%；东部地区水库总库容为2131.45亿 m³，占全国水库总库容的22.8%。从省级行政区看，湖北❶、云南、广西、四川、湖南、贵州和

---

❶　根据《实施方案》，对于跨行政区界的水利工程，由工程的基层管理单位所在的县级普查机构负责填报普查表，分省汇总时则计入该县级普查机构所在的省级行政区。如三峡水库虽地跨湖北和重庆，但由于基层管理单位在湖北省宜昌市夷陵区，汇总时三峡水库有关指标计入湖北省统计。

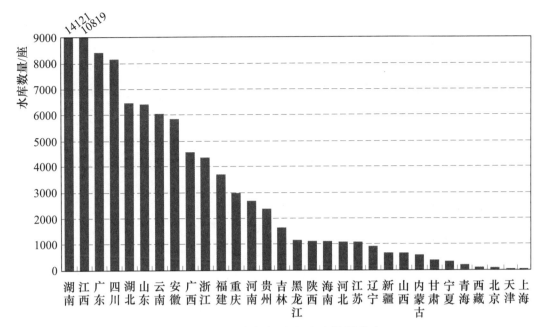

图 2-1-3 省级行政区水库数量分布

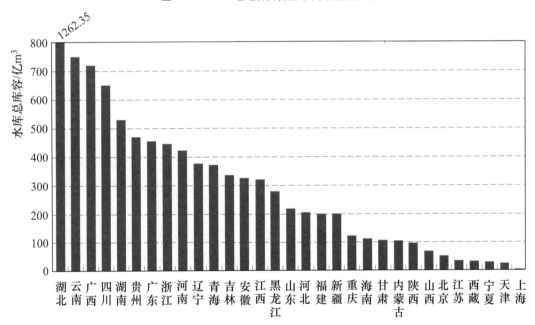

图 2-1-4 省级行政区水库总库容分布

广东 7 省（自治区）水库总库容较大，分别占全国水库总库容的 13.5%、8.1%、7.7%、7.0%、5.7%、5.0% 和 4.9%；上海市、天津市、宁夏回族自治区和西藏自治区水库总库容较小，分别占全国水库总库容的 0.06%、0.29%、0.33% 和 0.37%。

东部、中部和西部地区大型水库数量分别为 212 座、257 座和 287 座，占全国大型水库数量的 28.0％、34.0％和 38.0％；中型水库数量分别为 1171 座、1432 座和 1338 座，占全国中型水库数量的 29.7％、36.3％和 34.0％；小型水库数量分别为 25778 座、41631 座和 25879 座，占全国小型水库数量的 27.6％、44.6％和 27.7％。从省级行政区看，大型水库主要分布在湖北、广西、四川、湖南、云南、广东、山东和辽宁 8 省（自治区），分别占全国大型水库数量的 10.2％、8.1％、6.6％、6.2％、5.2％、5.2％、4.9％和 4.8％；中小型水库主要分布在湖南、江西、广东、四川、山东和湖北 6 省，分别占全国中小型水库数量的 14.5％、11.1％、8.6％、8.3％、6.6％和 6.6％。

（三）重点区域

1. 重要经济区

全国 21 个重要经济区共有水库 65926 座，总库容 4265.48 亿 m³，分别占全国水库数量和总库容的 67.3％和 45.7％。其中，大型水库 406 座，总库容 3165.30 亿 m³，分别占全国大型水库数量和总库容的 53.7％和 42.2％；中型水库 2335 座，总库容 644.61 亿 m³，分别占全国中型水库数量和总库容的 59.2％和 57.5％；小型水库 63185 座，总库容 455.57 亿 m³，分别占全国小型水库数量和总库容的 67.7％和 64.8％。

3 个优化开发区共有水库 10344 座，总库容 1044.87 亿 m³，分别占全国水库数量和总库容的 10.6％和 11.2％，占全国重要经济区水库数量和总库容的 15.7％和 24.6％。其中，大型水库 104 座，总库容 841.55 亿 m³，分别占全国大型水库数量和总库容的 13.8％和 11.2％；中型水库 454 座，总库容 125.73 亿 m³，分别占全国中型水库数量和总库容的 11.5％和 11.2％；小型水库 9786 座，总库容 77.59 亿 m³，分别占全国小型水库数量和总库容的 10.5％和 11.0％。

18 个重点开发区共有水库 55582 座，总库容 3220.61 亿 m³，分别占全国水库数量和总库容的 56.7％和 34.5％，占全国重要经济区水库数量和总库容的 84.3％和 75.4％。其中，大型水库 302 座，总库容 2323.75 亿 m³，分别占全国大型水库数量和总库容的 39.9％和 31.0％；中型水库 1881 座，总库容 518.88 亿 m³，分别占全国中型水库数量和总库容的 47.7％和 46.3％；小型水库 53399 座，总库容 377.98 亿 m³，分别占全国小型水库数量和总库容的 57.2％和 53.8％。

在全国重要经济区中，长江中游地区、成渝地区、海峡西岸经济区以及环渤海地区水库数量较多，分别占全国重要经济区水库数量的 31.1％、13.1％、12.0％和 7.4％。环渤海地区、长江中游地区、中原经济区、海峡西岸经济区和哈长地区的水库总库容较大，分别占全国重要经济区水库总库容的 14.9％、

14.2％、11.1％、9.8％和9.8％；长江中游地区和环渤海地区的大型水库数量较多，分别占全国重要经济区大型水库数量的17.0％和16.5％，其总库容分别占全国重要经济区大型水库总库容的12.0％和16.9％。长江中游地区包括工农业用水量相对较大的湖南、湖北和江西3省的大部分地区，其水库数量和总库容以及大型水库数量和总库容均较大。全国重要经济区水库数量与总库容见表2-1-3，全国重要经济区水库数量与总库容分布见图2-1-5和图2-1-6。

表2-1-3　　　　　　　　全国重要经济区水库数量与总库容

序号	重要经济区	合　计		大型水库		中型水库		小型水库	
		数量/座	总库容/亿 m³	数量/座	总库容/亿 m³	数量/座	总库容/亿 m³	数量/座	总库容/亿 m³
	优化开发经济区	10344	1044.87	104	841.55	454	125.73	9786	77.59
1	环渤海地区	4882	635.72	67	535.86	233	66.18	4582	33.68
2	长江三角洲地区	2893	318.28	27	272.41	100	26.06	2766	19.81
3	珠江三角洲地区	2569	90.87	10	33.28	121	33.49	2438	24.10
	重点开发经济区	55582	3220.61	302	2323.75	1881	518.88	53399	377.98
4	冀中南地区	469	94.11	12	82.73	23	7.96	434	3.42
5	太原城市群	248	35.22	7	23.46	30	7.59	211	4.18
6	呼包鄂榆地区	246	30.16	2	4.92	48	20.29	196	4.94
7	哈长地区	1441	416.53	24	379.28	83	23.45	1334	13.80
8	东陇海地区	848	28.92	6	17.81	22	5.76	820	5.35
9	江淮地区	3906	120.22	9	71.13	98	25.84	3799	23.25
10	海峡西岸经济区	7907	416.93	42	256.15	362	100.79	7503	60.00
11	中原经济区	3049	472.38	28	408.75	141	39.33	2880	24.29
12	长江中游地区	20487	607.62	69	380.33	466	115.71	19952	111.58
13	北部湾地区	3200	265.09	27	191.30	144	41.97	3029	31.81
14	成渝地区	8617	377.99	37	257.86	236	66.36	8344	53.76
15	黔中地区	1117	202.40	13	176.94	50	15.89	1054	9.57
16	滇中地区	3192	61.32	8	21.83	90	20.03	3094	19.47
17	藏中南地区	20	16.99	3	15.92	2	0.92	15	0.15
18	关中-天水地区	446	24.41	4	8.94	27	9.53	415	5.94
19	兰州-西宁地区	140	9.36	2	4.37	12	3.12	126	1.87
20	宁夏沿黄经济区	50	14.57	2	10.40	13	3.23	35	0.94
21	天山北坡经济区	199	26.37	7	11.61	34	11.10	158	3.66
	合　计	65926	4265.48	406	3165.3	2335	644.61	63185	455.57

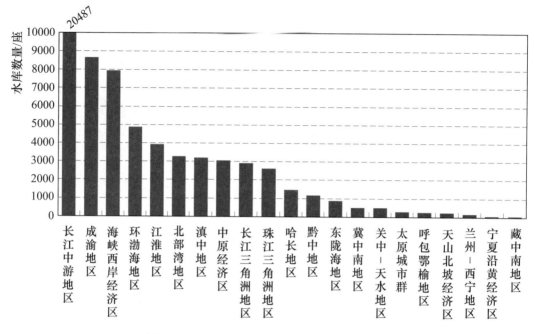

图 2-1-5　全国重要经济区水库数量分布

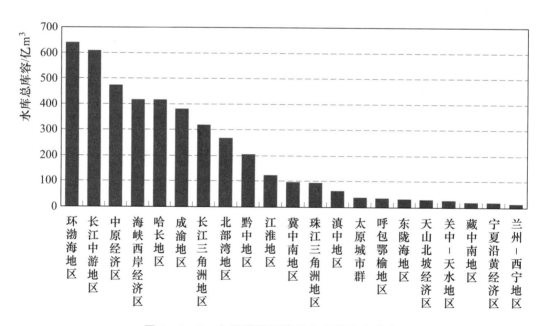

图 2-1-6　全国重要经济区水库总库容分布

2. 粮食主产区

全国 17 个粮食产业带范围内共有水库 43948 座，总库容 2537.15 亿 m^3，分别占全国水库数量和总库容的 44.9％和 27.2％。其中，大型水库 266 座，总库容 1780.39 亿 m^3，分别占全国大型水库数量和总库容的 35.2％和 23.7％；中型水库 1624 座，总库容 458.62 亿 m^3，分别占全国中型水库数量和总库容的 41.2% 和 40.9%；小型水库 42058 座，总库容 298.14 亿 m³，分别占全国小型水库数量和总库容的 45.1% 和 42.4%。粮食产业带的水库多以灌溉为主，以灌溉为主的水库 32959 座，总库容 1023.62 亿 m³，占粮食产业带水库数量和总库容的 75.0% 和 40.8%。

粮食主产区水库主要分布在长江流域主产区，其水库数量和总库容分别占粮食主产区水库数量和总库容的 64.3% 和 35.1%，该地区耕地面积较分散，多以小型水库进行供水灌溉，虽然水库数量较多，但总库容较小；东北平原、黄淮海平原和华南 3 个粮食主产区的耕地面积成片，大中型水库相对较多，其水库数量和总库容分别占粮食主产区水库数量和总库容的 33.1% 和 59.3%；汾渭平原、河套灌区及甘肃新疆 3 个粮食主产区耕地比较集中，农业用水多以河道引水灌溉为主，水库数量和总库容均较小，仅占粮食主产区内水库数量和总库容的 2.6% 和 5.6%。全国粮食主产区水库数量与总库容见表 2-1-4。

表 2-1-4　　　　全国粮食主产区水库数量与总库容

序号	粮食产业带	合计		大型水库		中型水库		小型水库	
		数量/座	总库容/亿 m³	数量/座	总库容/亿 m³	数量/座	总库容/亿 m³	数量/座	总库容/亿 m³
1	东北平原主产区	3334	560.01	65	438.75	272	83.02	2997	38.24
1.1	辽河中下游区	876	136.86	26	100.03	87	26.05	763	10.78
1.2	三江平原	247	87.70	8	75.35	23	7.95	216	4.40
1.3	松嫩平原	2211	335.44	31	263.37	162	49.02	2018	23.05
2	黄淮海平原主产区	7140	557.96	45	438.44	261	72.59	6834	46.92
2.1	黄海平原	481	47.12	7	32.15	36	10.03	438	4.95
2.2	黄淮平原	4328	451.46	26	378.35	146	43.72	4156	29.39
2.3	山东半岛区	2331	59.37	12	27.94	79	18.84	2240	12.58
3	长江流域主产区	28269	891.02	105	537.79	721	192.00	27443	161.23
3.1	长江下游地区	2009	25.55	2	2.21	53	11.76	1954	11.57
3.2	洞庭湖湖区	9539	207.56	24	105.34	217	56.85	9298	45.37
3.3	江汉平原区	3655	172.56	39	97.84	157	44.97	3459	29.76
3.4	四川盆地区	5998	253.62	22	175.85	148	44.98	5828	32.79
3.5	鄱阳湖湖区	7068	231.72	18	156.55	146	33.44	6904	41.74
4	汾渭平原主产区	581	40.57	6	11.43	60	20.51	515	8.63
4.1	汾渭谷地区	581	40.57	6	11.43	60	20.51	515	8.63
5	河套灌区主产区	153	23.38	2	10.40	33	9.86	118	3.12

续表

序号	粮食产业带	合 计		大型水库		中型水库		小型水库	
		数量/座	总库容/亿 m³	数量/座	总库容/亿 m³	数量/座	总库容/亿 m³	数量/座	总库容/亿 m³
5.1	宁蒙河段区	153	23.38	2	10.40	33	9.86	118	3.12
6	华南主产区	4057	386.54	33	297.92	200	56.08	3824	32.54
6.1	粤桂丘陵区	1169	60.82	10	28.02	67	21.18	1092	11.61
6.2	云贵藏高原区	1635	231.19	14	200.75	72	19.12	1549	11.32
6.3	浙闽区	1253	94.54	9	69.14	61	15.78	1183	9.61
7	甘肃新疆主产区	414	77.68	10	45.68	77	24.56	327	7.45
7.1	甘新地区	414	77.68	10	45.68	77	24.56	327	7.45
合 计		43948	2537.15	266	1780.39	1624	458.62	42058	298.14

从粮食产业带水库分布情况看，水库主要分布在洞庭湖湖区、鄱阳湖湖区和四川盆地区，分别占粮食产业带水库数量的 21.7%、16.1%和 13.6%，宁蒙河段区、三江平原和甘新地区的水库数量较少，仅占粮食产业带水库数量的 0.3%、0.6%和 0.9%；黄淮平原、松嫩平原、四川盆地区、鄱阳湖湖区和云贵藏高原区的水库总库容较大，分别占粮食产业带水库总库容的 17.8%、13.2%、10.0%、9.1%和 9.1%，宁蒙河段区和长江下游地区的水库总库容较小，仅占 0.9%和 1.0%。全国粮食产业带水库数量与总库容分布见图 2-1-7 和图 2-1-8。

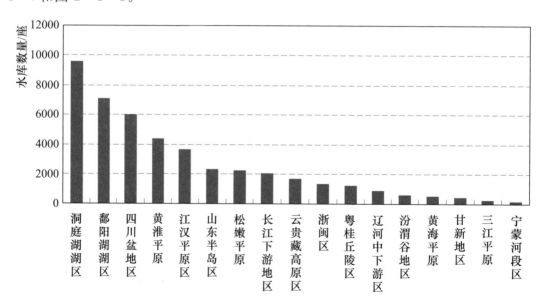

图 2-1-7 全国粮食产业带水库数量分布

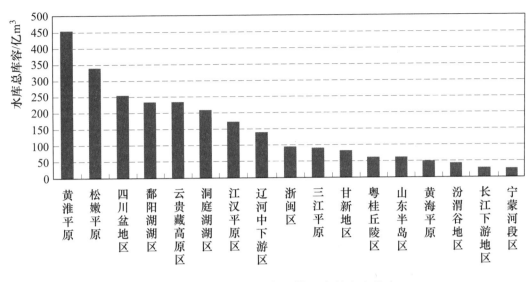

图2-1-8　全国粮食产业带水库总库容分布

三、主要河流水库分布

（一）总体情况

在我国流域面积50km² 及以上的河流中，建有水库的河流共有11025条，占全国河流数量的24.4％，共建有水库96529座，总库容9260.23亿 m³，分别占全国水库数量和总库容的 98.5％和 99.3％。其中，流域面积小于1000km² 的河流干流上共有水库59204座，总库容1792.41亿 m³，分别占我国河流水库数量和总库容的 61.3％和 19.4％；流域面积1000（含）～10000km² 的河流干流上共有水库24999座，总库容1893.49亿 m³，分别占25.9％和20.4％；流域面积1万（含）～10万 km² 的河流干流上共有水库10240座，总库容2558.55亿 m³，分别占 10.6％和27.6％；流域面积10万 km² 及以上的河流干流上共有水库2086座，总库容3015.78亿 m³，分别占2.2％和32.6％。全国不同流域面积的河流上水库数量与总库容见表 2-1-5，全国不同流域面积的河流上水库数量与总库容分布见图 2-1-9。

表 2-1-5　　全国不同流域面积的河流上水库数量与总库容

河流流域面积/km²	合　计		大型水库		中型水库		小型水库	
	数量/座	总库容/亿 m³	数量/座	总库容/亿 m³	数量/座	总库容/亿 m³	数量/座	总库容/亿 m³
一、1000 以下	59204	1792.41	194	723.09	2431	632.99	56579	436.34
1. 200 以下	30016	931.34	55	440.50	1142	258.70	28819	232.14

河流流域面积/km²	合 计		大型水库		中型水库		小型水库	
	数量/座	总库容/亿 m³	数量/座	总库容/亿 m³	数量/座	总库容/亿 m³	数量/座	总库容/亿 m³
2. 200（含）～1000	29188	861.07	139	282.58	1289	374.29	27760	204.20
二、1000（含）～10000	24999	1893.49	263	1417.31	970	302.82	23766	173.37
1. 1000（含）～3000	14066	740.44	128	478.24	531	162.00	13407	100.21
2. 3000（含）～10000	10933	1153.05	135	939.07	439	140.82	10359	73.16
三、1 万（含）～10 万	10240	2558.55	204	2338.58	433	147.85	9603	72.12
四、10 万及以上	2086	3015.78	91	2973.91	80	29.25	1915	12.63
合计	96529	9260.23	752	7452.88	3914	1112.90	91863	694.45

注 本次普查河流上水库工程的统计汇总规定，对位于流域面积 50km² 以下的河流上的水库工程，其普查数据汇入流域面积 50km² 及以上的最小一级河流中，因此，在大江、大河干流汇总数据中，包含了直接汇入干流的流域面积 50km² 以下河流上的小型水库。

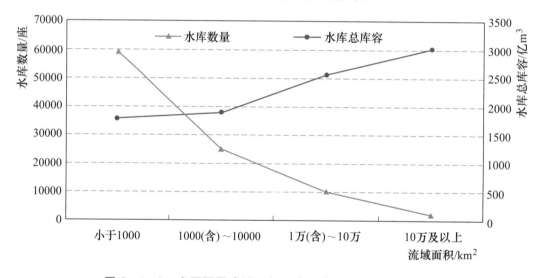

图 2-1-9 全国不同流域面积河流水库数量与总库容分布

（二）主要河流水库分布

在我国 97 条主要河流干流上，共有水库 7868 座，总库容 4616.27 亿 m³，分别占全国水库数量和总库容的 8％和 49.5％。主要河流干流上的水库数量虽少，但总库容较大，多为大型水库，共有大型水库 227 座，总库容 4459.79 亿 m³，分别占全国大型水库数量和总库容的 30％和 59.5％。主要河流水系水库数量与总库容见附表 A4。七大江河流域及其主要支流的水库建设情况如下。

1. 松花江流域

松花江为黑龙江的支流，流经内蒙古、黑龙江和吉林 3 省（自治区）。松花江流域共有水库 2200 座，总库容 477.88 亿 m³。其中，松花江干流（含嫩江）有 3 座大型水库，总库容 102.14 亿 m³，占松花江流域水库总库容的 21.3%。

2. 辽河流域

辽河流域共有 1276 座水库，总库容 494.44 亿 m³。辽河干流（包括西拉木伦河和西辽河），共有 4 座大型水库，总库容 6.3 亿 m³，占辽河流域水库总库容的 1.3%。

3. 海河流域

海河流域包括海河北系、海河南系和徒骇马颊河水系，共有水库 1854 座，总库容 332.70 亿 m³。其中永定河（含桑干河）干流有 2 座大型水库，总库容 47.4 亿 m³，占海河流域水库总库容的 14.2%。

4. 黄河流域

黄河是世界著名的多沙河流，横贯我国东西，流经青海、四川、甘肃、宁夏、内蒙古、山西、陕西、河南和山东 9 省（自治区）。黄河流域共有水库 3339 座，总库容 906.34 亿 m³。其中黄河干流有 16 座大型水库，总库容 616.92 亿 m³，占黄河流域水库总库容的 68.1%。

5. 淮河流域

淮河流域分淮河和沂沭泗河两大水系，共有水库 9586 座，总库容 507.58 亿 m³。其中淮河干流（含入江河道）只有 1 座大型水库，总库容 121.3 亿 m³，占淮河流域水库总库容的 23.9%。

6. 长江流域

长江是中国第一大河，横跨我国的西南、华中和华东三大区域，流域范围涉及 19 个省（自治区、直辖市），其水库数量和总库容均居各流域首位。长江流域共有水库 51655 座，总库容 3608.69 亿 m³，占全国水库数量和总库容的 52.7% 和 38.7%。长江干流（含金沙江、通天河、沱沱河）共有 10 座大型水库，总库容 690.2 亿 m³，占长江流域水库总库容的 19.1%。

雅砻江、岷江-大渡河、嘉陵江和汉江是长江的主要一级支流。雅砻江共有 3 座大型水库，总库容 143.2 亿 m³，占长江流域水库总库容的 4%；岷江-大渡河共有 9 座大型水库，总库容 90.7 亿 m³，占长江流域水库总库容的 2.5%；嘉陵江共有 12 座大型水库，总库容 101.65 亿 m³，占长江流域水库总库容的 2.8%；汉江共有 8 座大型水库，总库容 385.57 亿 m³，占长江流域水库总库容的 10.7%。

7. 珠江流域

珠江流域由西江、东江和北江水系组成，流域内共有水库 16588 座，总库容 1507.85 亿 m³，分别占全国水库数量和总库容的 16.9% 和 16.2%。西江干流（含浔江、黔江、红水河、南盘江）共有 11 座大型水库，总库容 396.46 亿 m³，占珠江流域水库总库容的 26.3%；东江干流共有 2 座大型水库，总库容 20.56 亿 m³，占珠江流域水库总库容的 1.4%。

在七大江河流域中，长江流域、珠江流域和淮河流域的大中型水库数量分别为 1824 座、827 座和 350 座，分别占全国大中型水库数量的 38.8%、18.6% 和 7.5%。其中，长江干流上大中型水库数量为 14 座，总库容 690.66 亿 m³；黄河干流上大中型水库数量为 36 座，总库容 623.94 亿 m³。在七大江河主要支流中，汉江、嘉陵江、湘江、沅江、西江和东江的大中型水库数量较多，均在 15 座以上。七大江河干流及主要支流上大中型水库数量与总库容见表 2-1-6。

表 2-1-6　　　　七大江河干流及主要支流上大中型水库数量与总库容

序号	河流名称	合　计		大型水库		中型水库	
		数量/座	总库容/亿 m³	数量/座	总库容/亿 m³	数量/座	总库容/亿 m³
1	松花江干流	6	103.82	3	102.14	3	1.68
2	第二松花江	6	180.43	5	179.52	1	0.91
3	辽河干流	7	7.02	4	6.30	3	0.72
4	东辽河	5	19.42	2	18.93	3	0.49
5	潮白河	3	45.68	2	44.77	1	0.91
6	永定河	6	48.58	2	47.40	4	1.18
7	黄河干流	36	623.94	16	616.92	20	7.02
8	汾河	3	9.22	2	8.66	1	0.56
9	渭河	0	0	0	0	0	0
10	淮河干流	5	122.24	1	121.30	4	0.94
11	涡河	0	0	0	0	0	0
12	沙颍河	2	16.35	2	16.35	0	0
13	沂河	2	6.48	2	6.48	0	0
14	沭河	3	5.18	2	5.06	1	0.12
15	长江干流	14	690.66	10	690.20	4	0.46
16	汉江	16	386.96	8	385.57	8	1.39
17	岷江-大渡河	11	91.51	9	90.70	2	0.81
18	雅砻江	5	144.30	3	143.20	2	1.10
19	嘉陵江	18	104.59	12	101.65	6	2.94

序号	河流名称	合 计		大型水库		中型水库	
		数量/座	总库容/亿 m³	数量/座	总库容/亿 m³	数量/座	总库容/亿 m³
20	乌江-六冲河	9	192.15	9	192.15	0	0
21	湘江	17	46.00	9	43.97	8	2.03
22	资水	9	42.48	4	39.60	5	2.88
23	沅江	17	126.08	10	124.29	7	1.79
24	赣江	8	37.10	2	34.01	6	3.09
25	西江	17	399.04	11	396.46	6	2.58
26	北盘江	9	45.63	3	43.70	6	1.93
27	柳江	6	45.00	5	44.83	1	0.17
28	郁江	13	142.20	10	141.71	3	0.49
29	北江	11	32.64	5	30.55	6	2.09
30	东江	16	24.79	2	20.56	14	4.23

注 表中数据均为河流干流成果。

第二节 水库功能与作用

水库功能与作用主要包括防洪、发电、供水、灌溉、航运和养殖等。综合利用水库一般均具有两种及以上功能，对于这种情况，在普查"水库工程任务"时，允许重复统计。因此，区域不同功能的水库数量、总库容、兴利库容和防洪库容的合计值一般大于该区域的水库数量、总库容、兴利库容和防洪库容。本节以水资源一级区、省级行政区和主要河流为单元，对不同功能的水库数量及特征库容❶进行汇总分析。

一、总体情况

在全国总库容 10 万 m³ 及以上的水库中，具有两种及以上功能的水库共83372 座，总库容 7715.40 亿 m³，分别占全国水库数量和总库容的 85.1%和82.7%；仅具有 1 种功能的水库共 14613 座，总库容 1608.37 亿 m³，分别占全国水库数量和总库容的 14.9%和 17.3%。

---

❶ 特征库容：是指相应于水库特征水位以下或两特征水位之间的水库容积，包括死库容、兴利库容、防洪库容、调洪库容、重叠库容、总库容等。

全国有防洪任务的水库共 49849 座，总库容 7011.20 亿 m³，分别占全国水库数量和总库容的 50.9％和 75.2％，其中，已建水库 49573 座，总库容 6119.39 亿 m³，防洪库容 1600.97 亿 m³。全国有发电任务的水库共 7520 座，总库容 7179.19 亿 m³，分别占全国水库数量和总库容的 7.7％和 77.0％，其中，已建水库 7204 座，总库容 6129.13m³，兴利库容 3109.65 亿 m³。全国有供水任务的水库共 69446 座，总库容 4303.55 亿 m³，分别占全国水库数量和总库容的 70.9％和 46.2％，其中，已建水库 69087 座，总库容 4082.21 亿 m³，兴利库容 2103.85 亿 m³。全国有灌溉任务的水库共 88350 座，总库容 4163.59 亿 m³，分别占全国水库数量和总库容的 90.2％和 44.7％，其中，已建水库 87975 座，总库容 3973.58 亿 m³，兴利库容 2036.03 亿 m³。全国不同功能水库数量与特征库容见表 2-2-1。

表 2-2-1　　　　　　　全国不同功能水库数量与特征库容

主要指标	水　库　功　能					
	防洪	发电	供水	灌溉	航运	养殖
数量/座	49849	7520	69446	88350	202	30579
总库容/亿 m³	7011.20	7179.19	4303.55	4163.59	2316.16	2768.72
兴利库容/亿 m³	3522.06	3577.69	2199.03	2129.37	1013.80	1462.66
防洪库容/亿 m³	1778.01	1384.69	930.76	890.45	592.15	538.38

二、区域水库功能与作用

(一) 水资源一级区

在水资源一级区中，长江区、淮河区和珠江区有防洪任务的水库数量占全国有防洪任务水库数量比例较大，分别为 56.2％、14.3％和 10.7％；长江区、东南诸河区和珠江区有发电任务的水库数量占全国有发电任务水库数量比例较大，分别为 38.0％、27.5％和 24.3％；长江区、珠江区和淮河区有供水任务的水库数量占全国有供水任务水库数量比例较大，分别为 62.1％、13.0％和 9.0％；长江区和珠江区有灌溉任务的水库数量占全国有灌溉任务水库数量比例较大，分别为 55.7％和 17.0％。

已建水库中，长江区、黄河区和珠江区有防洪任务水库的防洪库容占全国的防洪库容比例较大，分别为 40.3％、15.4％和 13.6％；长江区、珠江区和黄河区有发电任务水库的兴利库容占全国的兴利库容比例较大，分别为 39.2％、14.7％和 11.3％；长江区和珠江区有供水任务水库的兴利库容占全国的兴利库容比例较大，分别为 38.5％和 18.1％；长江区、珠江区和淮河区有灌溉任务水库的兴利库容占全国的兴利库容比例较大，分别为 35.6%、16.9% 和 11.6%。水资源一级区不同功能水库数量与特征库容见表 2-2-2。

（二）省级行政区

我国东部地区有发电任务的水库数量较多，中部地区有防洪、供水和灌溉任务的水库数量较多。从省级行政区看，有防洪任务的水库主要分布在湖南、四川、江西和山东 4 省，分别占全国有防洪任务水库数量的 20.2%、12.9%、12.0% 和 11.6%；有发电任务的水库主要分布在福建、广东、浙江和湖南 4 省，分别占全国有发电任务水库数量的 17.9%、14.3%、12.3% 和 9.8%；有供水任务的水库主要分布在湖南、江西、四川、云南和湖北 5 省，分别占全国有供水任务水库数量的 19.2%、13.0%、9.0%、8.1% 和 7.8%；有灌溉任务的水库主要分布在湖南、江西、四川、广东和湖北 5 省，分别占全国有灌溉任务水库数量的 15.5%、11.9%、8.6%、8.4% 和 7.0%。

从不同功能已建水库特征库容看，中部地区有防洪、供水和灌溉任务的水库特征库容均较大，西部地区有发电任务的水库兴利库容较大。从省级行政区看，湖北、河南、广西、湖南和广东 5 省（自治区）有防洪任务的水库防洪库容占全国防洪库容比例较大，分别为 22.3%、10.0%、7.7%、6.3% 和 5.4%；湖北、贵州、青海、湖南、浙江和广东 6 省有发电任务的水库兴利库容占全国的兴利库容比例较大，分别为 17.0%、7.0%、6.9%、6.8%、6.5% 和 5.8%；湖北、广东、江西、湖南、河南和广西 6 省（自治区）有供水任务的水库兴利库容占全国的兴利库容比例较大，分别为 15.4%、8.7%、6.6%、6.3%、6.0% 和 5.2%；湖北、江西、广东、湖南、广西、河南和黑龙江 7 省（自治区）有灌溉任务的水库兴利库容占全国的兴利库容比例较大，分别为 15.1%、7.2%、6.6%、6.4%、6.3%、6.1% 和 5.3%。省级行政区不同功能水库数量与特征库容见附表 A5，省级行政区不同功能水库防洪库容、兴利库容分布见图 2-2-1～图 2-2-4。

三、主要河流水库功能与作用

我国 97 条主要河流上共有水库 7868 座，总库容 4616.26 亿 m³，防洪库容 1015.60 亿 m³，兴利库容 2121.36 亿 m³，分别占全国的 8.0%、49.5%、57.1% 和 45.1%，多以防洪和发电为主。在主要河流上的水库中，有防洪任务的水库总库容 3607.90 亿 m³，占主要河流水库总库容的 78.2%，其中已建水库防洪库容 904.25 亿 m³；有发电任务的水库总库容 3968.78 亿 m³，占主要河流水库总库容的 86.0%，其中已建水库兴利库容 1616.68 亿 m³；有供水任务的水库总库容 1649.11 亿 m³，占主要河流水库总库容的 35.7%，其中已建

表2-2-2 水资源一级区不同功能水库数量与特征库容

水资源一级区	防洪			发电			供水			灌溉			航运			养殖			其他		
	数量/座	总库容/亿m³	已建水库防洪库容/亿m³	数量/座	总库容/亿m³	已建水库兴利库容/亿m³	数量/座	总库容/亿m³	已建水库兴利库容/亿m³	数量/座	总库容/亿m³	已建水库兴利库容/亿m³	数量/座	总库容/亿m³	已建水库兴利库容/亿m³	数量/座	总库容/亿m³	已建水库兴利库容/亿m³	数量/座	总库容/亿m³	已建水库兴利库容/亿m³
全国	49849	7011.20	1600.97	7520	7179.19	3109.65	69446	4303.55	2103.85	88350	4163.59	2036.03	202	2316.16	847.31	30579	2768.72	1436.23	2369	1231.85	652.14
北方地区	14046	2643.73	654.95	643	2045.59	1008.06	10841	1670.16	772.01	16237	1752.11	764.53	16	309.71	181.97	6150	1560.85	826.83	750	550.44	339.17
南方地区	35803	4367.47	946.02	6877	5133.60	2101.59	58605	2633.39	1331.84	72113	2411.48	1271.50	186	2006.45	665.34	24429	1207.88	609.40	1619	681.41	312.97
松花江区	1882	471.53	126.42	97	422.61	224.37	1225	226.70	121.33	2146	280.05	147.60	2	195.98	121.32	1721	482.28	255.80	112	31.99	16.05
辽河区	1072	440.20	60.19	102	405.41	193.95	553	278.97	116.20	903	233.48	95.65	1	34.60	8.20	647	379.84	175.20	94	24.74	11.77
海河区	1563	301.88	92.62	71	176.42	97.57	1082	310.52	146.54	1416	258.09	116.71	2	0.93	0.47	207	83.58	23.67	72	10.07	6.09
黄河区	2076	804.19	246.67	125	717.64	350.18	1297	424.91	168.59	2178	367.79	157.27	1	57.00	41.50	656	386.96	259.15	366	453.28	290.15
淮河区	7115	476.92	105.46	164	214.19	89.82	6223	346.73	161.94	8722	482.45	169.33	10	21.21	10.48	2817	200.64	92.23	78	24.89	11.83
长江区	28027	2731.84	645.10	2854	3023.12	1219.04	43143	1576.60	810.12	49205	1482.59	792.01	123	1372.44	590.29	20420	923.02	478.41	1136	611.10	300.37
其中：太湖流域	319	17.48	5.50	25	10.41	3.80	262	14.40	7.15	419	14.27	6.24	1	0.01	0.00	52	5.32	1.68	10	0.04	0.03
东南诸河区	2183	496.93	73.38	2071	544.01	277.54	4263	190.93	113.18	5702	167.27	103.78	13	62.18	22.72	1219	73.72	44.34	139	5.34	3.08
珠江区	5354	834.57	218.39	1827	1059.28	456.95	9025	806.38	379.91	14979	702.92	348.40	48	323.41	52.34	2749	200.27	80.66	329	63.54	8.57
西南诸河区	239	304.13	9.16	125	507.19	148.06	2174	59.48	28.63	2227	58.69	27.31	2	248.42	0.00	41	10.87	5.98	15	1.43	0.95
西北诸河区	338	149.01	23.60	84	109.32	52.18	461	82.34	57.41	872	130.26	77.96	0	0.00	0.00	102	27.54	20.79	28	5.47	3.28

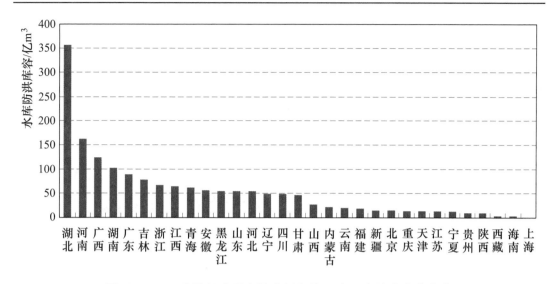

图 2-2-1　省级行政区有防洪任务的已建水库防洪库容分布

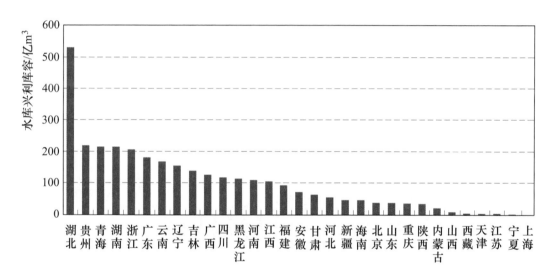

图 2-2-2　省级行政区有发电任务的已建水库兴利库容分布

水库兴利库容 689.24 亿 m³；有灌溉任务的水库总库容 1626.06 亿 m³，占主要河流水库总库容的 35.2%，其中已建水库兴利库容 649.47 亿 m³。主要河流水系不同功能水库数量与特征库容见附表 A6，主要河流不同功能水库数量与特征库容见附表 A7。

在七大江河干流已建水库中，长江干流和黄河干流上有防洪任务的水库防洪库容分别占主要河流上水库防洪库容的 24.6% 和 20.9%；黄河干流、长江干流有发电任务的水库兴利库容分别占主要河流上水库兴利库容的 19.2% 和 13.8%；黄河干流和松花江干流上有供水任务的水库兴利库容分别占主要河流上水库兴利库容的 14.8% 和 9.1%；黄河干流和松花江干流上有灌溉任务的水

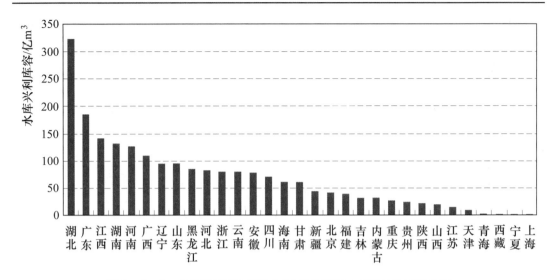

图 2-2-3　省级行政区有供水任务的已建水库兴利库容分布

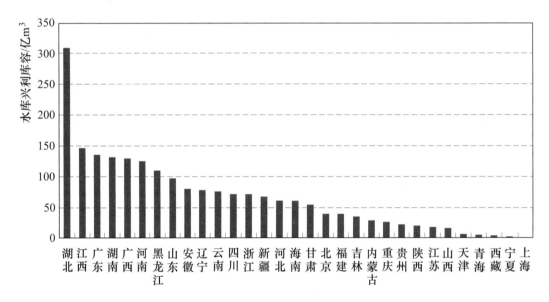

图 2-2-4　省级行政区有灌溉任务的已建水库兴利库容分布

库兴利库容分别占主要河流上水库兴利库容的 14.9% 和 10.4%。

四、水库调控能力

水库调控能力是指区域（流域）内水库对上游来水调节控制能力，一般以区域（流域）水库总库容占其多年平均年径流量的比例或区域（流域）水库兴利库容占其多年平均年径流量的比例来表示。

全国 10 万 m³ 及以上的水库总库容 9323.77 亿 m³，占全国地表水资源量的 34.9%；兴利库容共 4699.01 亿 m³，占全国地表水资源量的 17.6%。其中大型水库总库容和兴利库容分别占全国地表水资源量的28.1％和13.5％，起主要调控作用。

　　水资源一级区中，黄河区水库的调控能力较强，水库总库容占多年平均年径流量比例达149.3％；西北诸河区和西南诸河区水库调控能力较低，均不到20％；水库总库容较大的长江区和珠江区，其水库的调控能力分别为36.6％和32.0％。从水库兴利库容占多年平均年径流量比例看，黄河区、海河区和辽河区水库调控能力在50％以上，其他各区水库调控能力均不到30％，尤其是西南诸河区和西北诸河区水库调控能力在15％以下。总体看来，我国北方地区的水库调控能力高于南方地区。水资源一级区水库调控能力见表2-2-3，水资源一级区水库调控能力分布见图2-2-5。

表2-2-3　　　　　　　水资源一级区水库调控能力

水资源一级区	数量/座	总库容/亿 m³		总库容/多年平均地表水资源量/％	兴利库容/亿 m³		兴利库容/多年平均地表水资源量/％
		合计	大型水库		合计	大型水库	
全国	97985	9323.78	7499.34	34.9	4699	3602.38	17.6
北方6区	19791	3042.63	2494.73	69.5	1480.97	1193.32	33.8
南方4区	78194	6281.15	5004.61	28.1	3218.03	2409.06	14.4
松花江区	2710	572.24	475.52	44.2	302.24	250.71	23.3
辽河区	1276	494.44	439.58	121.2	233.07	207.39	57.1
海河区	1854	332.7	271.44	154.0	159.22	125.88	73.7
黄河区	3339	906.34	788.39	149.3	446.52	400.25	73.5
淮河区	9586	507.58	370.55	75.0	183.24	107.38	27.1
长江区	51655	3608.69	2882.24	36.6	1857.77	1399.59	18.8
其中：太湖流域	447	19.14	11.36	12.0	9.16	4.52	5.7
东南诸河	7581	608.34	464.52	30.6	323.69	233.67	16.3
珠江区	16588	1507.85	1149.78	32.0	732.21	503.87	15.6
西南诸河	2370	556.27	508.07	9.6	304.36	271.93	5.3
西北诸河	1026	229.33	149.25	19.5	156.68	101.71	13.3

　　从选择的典型流域水库总库容占多年平均年径流量比例看，第二松花江、辽河、东辽河、永定河、潮白河和汾河流域的水库调控能力均在100％以上，从选择的典型流域水库兴利库容占多年平均年径流量比例看，第二松花江、东辽河、潮白河和沭河流域水库调控能力均在50％以上。七大江河及主要支流水库库容与调控能力统计见表2-2-4。

表2－2－4　　　　七大江河及主要支流水库库容与调控能力统计

序号	河流名称	干流				流域					
		数量/座	总库容/亿 m³	总库容/多年平均年径流量/%	兴利库容/亿 m³	兴利库容/多年平均年径流量/%	数量/座	总库容/亿 m³	总库容/多年平均年径流量/%	兴利库容/亿 m³	兴利库容/多年平均年径流量/%
1	松花江干流	42	104.60	12.56	68.79	8.26	2200	477.88	57.4	253.03	30.4
2	第二松花江	47	180.67	104.4	93.02	53.8	1134	230.27	133.1	113.11	65.4
3	辽河干流	17	7.32	4.9	2.86	1.9	648	174.86	117.2	78.67	52.7
4	东辽河	26	19.67	219.24	7.86	87.55	99	23.23	258.8	9.17	102.2
5	潮白河	6	45.74	301.28	36.32	239.22	63	48.59	320	37.99	250.2
6	永定河	30	48.70	316.17	3.54	22.97	192	56.91	369.5	7.03	45.6
7	黄河干流	140	624.90	103.06	330.22	54.46	3339	906.34	149.5	446.52	73.6
8	汾河	17	9.38	55.17	3.34	19.67	143	19.47	114.5	8.07	47.5
9	渭河	27	0.20	0.21	0.14	0.14	632	39.55	41	16.71	17.3
10	淮河干流	138	123.08	32.53	0.94	0.25	3796	328.46	86.8	88.08	23.3
11	涡河	0	0	0	0	0	8	0.14	1.1	0.08	0.6
12	沙颍河	9	16.41	28.4	4.72	8.16	403	40.81	70.6	13.53	23.4
13	沂河	70	6.88	21.8	3.58	11.4	588	25.80	81.8	14.81	47.0
14	沭河	119	5.77	41.7	3.56	25.7	459	12.56	90.7	7.42	53.5
15	长江干流	582	693.58	7.01	323.95	3.27	51655	3608.69	36.5	1857.77	18.8

续表

序号	河流名称	干流					流域				
		数量/座	总库容/亿m³	总库容/多年平均年径流量/%	兴利库容/亿m³	兴利库容/多年平均年径流量/%	数量/座	总库容/亿m³	总库容/多年平均年径流量/%	兴利库容/亿m³	兴利库容/多年平均年径流量/%
16	汉江	239	388.70	69.73	189.00	33.91	2664	552.70	99.2	273.40	49.0
17	岷江-大渡河	63	91.88	10.06	47.42	5.19	832	143.73	15.7	80.36	8.8
18	雅砻江	7	144.31	24.87	83.11	14.33	187	163.58	28.2	97.66	16.8
19	嘉陵江	417	106.16	15.22	26.57	3.81	5127	236.17	33.9	97.06	13.9
20	乌江-六冲河	119	192.63	34.12	93.72	16.6	1422	275.31	48.8	137.04	24.3
21	湘江	625	48.18	6.0	19.50	2.4	6923	235.00	29.2	137.88	17.1
22	资水	448	44.33	17.6	24.66	9.8	1947	62.76	24.9	38.87	15.4
23	沅江	282	127.59	19.1	58.30	8.7	3107	225.22	33.7	111.94	16.8
24	赣江	291	39.33	5.3	13.08	1.7	4302	127.14	17.0	66.90	9.0
25	西江	273	400.75	16.68	194.57	8.1	6226	885.90	36.9	388.40	16.2
26	北盘江	41	46.03	31.4	23.45	16.0	282	52.09	35.5	27.22	18.6
27	柳江	68	45.75	8.6	4.19	0.8	798	73.57	13.8	17.23	3.2
28	郁江	180	144.07	28.2	38.57	7.5	1420	239.12	46.8	76.70	15.0
29	北江	198	33.95	6.54	6.73	1.3	1581	89.01	17.1	37.99	7.3
30	东江	266	26.46	9.96	16.35	6.16	1322	193.44	72.8	96.00	36.1

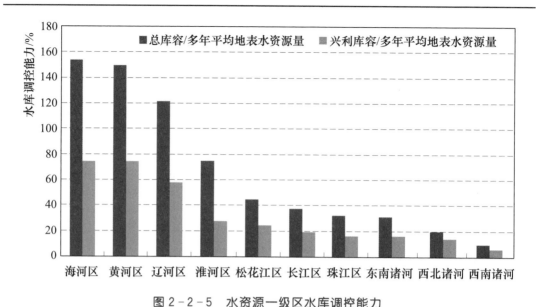

图 2-2-5　水资源一级区水库调控能力

第三节　水库大坝情况

水库主要挡水建筑物类型包括挡水坝和挡水闸。本节按水库大坝坝型与坝高对主要挡水建筑物是挡水坝的水库（以下简称"有坝水库"）数量与库容进行综合分析。

一、总体情况

全国有坝水库共 97671 座，总库容 9248.26 亿 m^3，分别占全国水库数量与总库容的 99.7% 和 99.2%。其中，大型水库 744 座，总库容 7459.68 亿 m^3，分别占全国有坝水库数量与总库容的 0.8% 和 80.7%；中型水库 3845 座，总库容 1090.21 亿 m^3，分别占全国有坝水库数量与总库容的 3.9% 和 11.8%；小型水库 93082 座，总库容 698.37 亿 m^3，分别占全国有坝水库数量与总库容的 95.3% 和 7.5%。

（一）水库大坝坝型

水库大坝坝型有两种分类方式，一种是按建筑材料，可分为混凝土坝、土坝、浆砌石坝和堆石坝等；另一种是按坝体结构，可分为重力坝、拱坝、均质坝、心墙坝和斜墙坝等。

1. 按建筑材料分类的不同坝型水库情况

在全国有坝水库中，共有土坝水库 87900 座，总库容 2949.25 亿 m^3，分别占全国水库数量与总库容的 90.0% 和 31.9%；混凝土坝水库 2440 座，总库容 4719.13 亿 m³，分别占全国有坝水库数量与总库容的 2.5％和 51.0％；浆砌石坝水库 5972 座，总库容 304.23 亿 m³，分别占 6.1％和 3.3％；堆石坝水库 1000 座，总库容 1207.79 亿 m³，分别占 1.0％和 13.1％。

从水库规模看，大型水库的挡水主坝多为土坝和混凝土坝，分别占大型有坝水库数量的 46.5％和 33.9％；中小型水库的挡水主坝多为土坝，分别占中小型有坝水库数量的 82.1％和 91.3％。全国有坝水库不同坝型（按建筑材料分）、不同规模水库数量与总库容见表 2-3-1，全国有坝水库不同坝型（按建筑材料分）水库数量与总库容比例见图 2-3-1 和图 2-3-2。

表 2-3-1　　全国有坝水库不同坝型（按建筑材料分）、不同规模
水库数量与总库容

坝　型	合　计		大型水库		中型水库		小型水库	
	数量/座	总库容/亿 m³	数量/座	总库容/亿 m³	数量/座	总库容/亿 m³	数量/座	总库容/亿 m³
土坝	87900	2949.25	346	1669.65	2615	689.05	84939	590.55
混凝土坝	2440	4719.14	252	4491.97	542	195.91	1646	31.26
堆石坝	1000	1207.79	106	1119.08	230	77.46	664	11.25
浆砌石坝	5972	304.23	28	126.73	421	116.38	5523	61.12
其他	359	67.85	12	52.25	37	11.41	310	4.19
合计	97671	9248.26	744	7459.68	3845	1090.21	93082	698.37

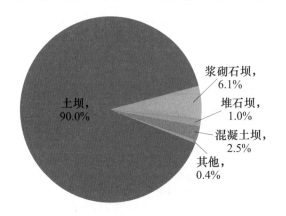

图 2-3-1　全国有坝水库不同坝型
（按建筑材料分）水库数量比例

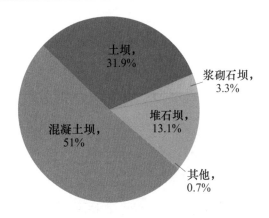

图 2-3-2　全国有坝水库不同坝型
（按建筑材料分）水库总库容比例

2. 按坝体结构分类的不同坝型水库情况

在全国有坝水库中，共有重力坝水库 4364 座，总库容 4055.92 亿 m³，分别占全国有坝水库数量与总库容的 4.5％和 43.9％；拱坝水库共有 3954 座，

总库容 872.39 亿 m³，分别占全国有坝水库数量与总库容的 4.1% 和 9.4%；均质坝水库共有 66335 座，总库容 1549.66 亿 m³，分别占全国有坝水库数量与总库容的 67.9% 和 16.8%；心墙坝水库共有 20400 座，总库容 1617.21 亿 m³，分别占全国有坝水库数量与总库容的 20.9% 和 17.5%；斜墙坝水库共有 1557 座，总库容 281.1 亿 m³，分别占全国有坝水库数量与总库容的 1.6% 和 3.0%。

从水库规模看，大型水库的挡水主坝多为重力坝和心墙坝，分别占大型有坝水库数量的 31.5% 和 25.9%；中小型水库的挡水主坝大多为均质坝，占中小型有坝水库数量的 44.9% 和 69.2%。全国不同坝型（按坝体结构分）、不同规模水库数量与总库容见表 2 - 3 - 2，全国有坝水库不同坝型（按坝体结构分）水库数量比例与总库容比例见图 2 - 3 - 3 和图 2 - 3 - 4。

表 2 - 3 - 2　全国有坝水库不同坝型（按坝体结构分）、不同规模
水库数量与总库容

坝　型	合　计		大型水库		中型水库		小型水库	
	数量/座	总库容/亿 m³	数量/座	总库容/亿 m³	数量/座	总库容/亿 m³	数量/座	总库容/亿 m³
重力坝	4364	4055.92	234	3800.74	610	206.12	3520	49.06
拱坝	3954	872.39	40	737.66	321	92.83	3593	41.90
均质坝	66335	1549.66	156	646.89	1727	457.63	64452	445.14
心墙坝	20400	1617.21	193	1256.05	864	226.73	19343	134.43
斜墙坝	1557	281.10	32	229.39	121	36.01	1404	15.70
其他	1061	871.98	89	788.95	202	70.89	770	12.14
合计	97671	9248.26	744	7459.68	3845	1090.21	93082	698.37

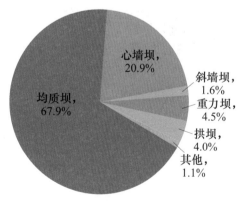

图 2 - 3 - 3　全国有坝水库不同坝型
（按坝体结构分）水库数量比例

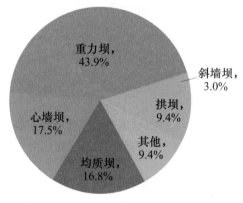

图 2 - 3 - 4　全国有坝水库不同坝型
（按坝体结构分）水库总库容比例

（二）水库大坝坝高

按照水库挡水主坝的坝高，有坝水库可分为高坝水库、中坝水库和低坝水库。在全国有坝水库中，共有高坝水库 506 座，总库容为 5309.40 亿 m^3，分别占全国有坝水库数量和总库容的 0.5％和 57.4％；中坝水库共 5979 座，总库容 2203.75 亿 m^3，分别占全国有坝水库数量和总库容的 6.1％和 23.8％；低坝水库共 91186 座，总库容 1735.11 亿 m^3，分别占全国有坝水库数量和总库容的 93.4％和 18.8％。全国有坝水库不同坝高、不同规模水库数量与总库容见表 2-3-3，全国有坝水库不同坝高水库数量与总库容比例见图 2-3-5 和图 2-3-6。

表 2-3-3　　全国有坝水库不同坝高、不同规模水库数量与总库容

项　目	合　计		大型水库		中型水库		小型水库	
	数量/座	总库容/亿 m^3	数量/座	总库容/亿 m^3	数量/座	总库容/亿 m^3	数量/座	总库容/亿 m^3
高坝水库	506	5309.40	251	5208.96	216	98.53	39	1.91
中坝水库	5979	2203.75	324	1616.57	1688	475.25	3967	111.93
低坝水库	91186	1735.11	169	634.15	1941	516.43	89076	584.53
合　计	97671	9248.26	744	7459.68	3845	1090.21	93082	698.37

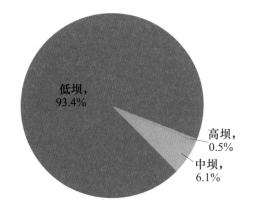

图 2-3-5　全国有坝水库不同
坝高水库数量比例

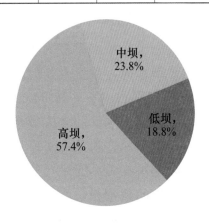

图 2-3-6　全国有坝水库不同
坝高水库总库容比例

截止到 2011 年年底，我国主坝坝高超过 150m 的高坝水库共有 47 座，总库容 2506.05 亿 m^3，占全国水库总库容的 26.9％。其中，主坝坝高超过 200m 的特高坝水库 15 座，总库容 856.44 亿 m^3，占全国水库总库容的 9.2％。全国高坝水库数量与总库容分类（按坝高）统计见表 2-3-4。

表 2 - 3 - 4　　全国高坝水库数量与总库容分类（按坝高）统计

坝高分类	合计	300m 及以上	200（含）～ 300m	150（含）～ 200m	100（含）～ 150m	70（含）～ 100m
水库数量/座	506	1	14	32	147	312
总库容/亿 m³	5309.40	77.60	778.84	1649.61	1979.60	823.75

（三）水库坝型与坝高

水库挡水主坝坝型种类众多，根据不同建筑材料、不同坝体结构的坝型所占比重，选择混凝土坝、土坝、重力坝和拱坝 4 种坝型作为主要坝型，按不同坝高对水库主要指标进行汇总。全国有坝水库主要坝型不同坝高水库数量与总库容见表 2 - 3 - 5。

表 2 - 3 - 5　　全国有坝水库主要坝型不同坝高水库数量与总库容

坝 型		合　计		高坝水库		中坝水库		低坝水库	
		数量/座	总库容/亿 m³	数量/座	总库容/亿 m³	数量/座	总库容/亿 m³	数量/座	总库容/亿 m³
按建筑材料分	混凝土坝	2440	4719.13	239	3969.55	797	593.58	1404	156.00
	土坝	87900	2949.25	56	160.64	3626	1316.05	84218	1472.56
按坝体结构分	重力坝	4364	4055.92	167	3221.00	922	647.80	3275	187.12
	拱坝	3954	872.39	123	757.42	968	91.37	2863	23.60

混凝土高坝水库多为大型水库，数量少，但总库容大；混凝土低坝水库则多为小型水库，数量多，但总库容小。在混凝土坝水库中，高坝水库的数量和总库容分别占 9.8% 和 84.1%，中坝水库的数量和总库容分别占 32.7% 和 12.6%，低坝水库的水库数量和总库容分别占 57.5% 和 3.3%。

土坝水库多为低坝水库，数量较多。在土坝水库中，高坝水库的数量和总库容分别占 0.1% 和 5.4%，中坝水库的数量和总库容分别占 4.1% 和 44.6%，低坝水库的数量和总库容分别占 95.8% 和 49.9%。

重力坝高坝水库多为大型水库，数量少，但总库容大；重力坝低坝水库多为小型水库，数量多，但总库容小。在重力坝水库中，高坝水库的数量和总库容分别占 3.8% 和 79.4%，中坝水库的数量和总库容分别占 21.1% 和 16%；低坝水库的数量和总库容分别占 75% 和 4.6%。

拱坝高坝水库多为大型水库，数量少，但总库容大；拱坝低坝水库多为小型水库，数量多，但总库容小。拱坝水库中，高坝水库的数量和总库容分别占 3.1% 和 86.8%；中坝水库的数量和总库容分别占 24.5% 和 10.5%；低坝水库的数量和总库容分别占 72.4% 和 2.7%。

二、水库区域分布

以水资源一级区和省级行政区为汇总单元，按照不同坝高对混凝土坝、土坝、重力坝和拱坝 4 种主要坝型的水库数量和总库容分析不同坝高及主要坝型水库的区域分布情况。

（一）水资源一级区

1. 不同坝高水库分布

从不同坝高的水库数量分布看，高、中、低坝水库数量均呈现南方多、北方少的特点。南方地区共有高坝水库 395 座，占全国高坝水库数量的 78.1%；中坝水库 4893 座，占全国中坝水库数量的 81.8%；低坝水库 72678 座，占全国低坝水库数量的 79.7%。北方地区共有高坝水库 111 座，占全国高坝水库数量的 21.9%；中坝水库 1086 座，占全国中坝水库数量的 18.2%；低坝水库 18508 座，占全国低坝水库数量的 20.3%。

从不同坝高的水库总库容分布看，南方地区的高、中坝水库总库容均高于北方地区，而北方地区的低坝水库总库容高于南方地区。南方地区的高坝水库总库容 3950.79 亿 m³，占全国高坝水库总库容的 74.4%；中坝水库总库容 1432.8 亿 m³，占全国中坝水库总库容的 65%；低坝水库总库容 843.38 亿 m³，占全国低坝水库总库容的 48.6%。北方地区高坝水库总库容 1358.61 亿 m³，占全国高坝水库总库容的 25.6%，中坝水库总库容 770.95 亿 m³，占全国中坝水库总库容的 35%，低坝水库总库容 891.73 亿 m³，占全国低坝水库总库容的 51.4%。水资源一级区不同坝高水库数量与总库容见表 2-3-6。

表 2-3-6　　　　　水资源一级区不同坝高水库数量与总库容

水资源一级区	合　计		高坝水库		中坝水库		低坝水库	
	数量/座	总库容/亿 m³	数量/座	总库容/亿 m³	数量/座	总库容/亿 m³	数量/座	总库容/亿 m³
全国	97671	9248.26	506	5309.4	5979	2203.75	91186	1735.11
北方地区	19705	3021.29	111	1358.61	1086	770.95	18508	891.73
南方地区	77966	6226.97	395	3950.79	4893	1432.8	72678	843.38
松花江区	2708	572.23	6	217.17	40	155.09	2662	199.96
辽河区	1258	491.93	7	250.88	58	174.56	1193	66.49
海河区	1829	319.14	17	52.53	154	200.39	1658	66.23
黄河区	3335	905.90	45	675.23	576	110.55	2714	120.12

水资源一级区	合　计		高坝水库		中坝水库		低坝水库	
	数量/座	总库容/亿 m³	数量/座	总库容/亿 m³	数量/座	总库容/亿 m³	数量/座	总库容/亿 m³
淮河区	9572	506.91	7	62.32	149	92.54	9416	352.06
长江区	51573	3588.63	225	2269.81	2543	793.75	48805	525.08
其中：太湖流域	447	19.14	4	0.50	16	7.86	427	10.78
东南诸河区	7539	605.04	66	427.27	927	118.05	6546	59.72
珠江区	16491	1477.83	64	752.97	1048	488.22	15379	236.64
西南诸河区	2363	555.45	40	500.74	375	32.78	1948	21.93
西北诸河区	1003	225.18	29	100.48	109	37.82	865	86.87

2. 主要坝型水库分布

在混凝土坝水库中，南方地区共有混凝土坝水库 2168 座，总库容 3572.91 亿 m³，分别占全国混凝土坝水库数量和总库容的 88.9% 和 75.7%；北方地区共有混凝土坝水库 272 座，总库容 1146.22 亿 m³，分别占全国的 11.1% 和 24.3%。其中，南方地区的混凝土高坝水库共有 197 座，总库容 2940.62 亿 m³，分别占全国混凝土高坝水库数量和总库容的 82.4% 和 74.1%；北方地区的混凝土高坝水库共有 42 座，总库容 1028.93 亿 m³，分别占全国的 17.6% 和 25.9%。

在土坝水库中，南方地区共有土坝水库 69704 座，总库容 1425 亿 m³，分别占全国土坝水库数量和总库容的 79.3% 和 48.3%；北方地区共有土坝水库 18196 座，总库容 1524.24 亿 m³，分别占全国的 20.7% 和 51.7%。其中，南方地区的土坝高坝水库共有 36 座，总库容 87.87 亿 m³，分别占全国土坝高坝水库数量和总库容的 64.3% 和 54.7%；北方地区的土坝高坝水库共有 20 座，总库容 72.77 亿 m³，分别占全国的 35.7% 和 45.3%。

在重力坝水库中，南方地区共有重力坝水库 3571 座，总库容 3061.27 亿 m³，分别占全国重力坝水库数量和总库容的 81.8% 和 75.5%；北方地区共有重力坝水库 793 座，总库容 994.65 亿 m³，分别占全国的 18.2% 和 24.5%。其中，南方地区共有重力坝高坝水库 131 座，总库容 2373.88 亿 m³，分别占全国重力坝高坝水库数量和总库容的 78.4% 和 73.7%；北方地区共有重力坝高坝水库 36 座，总库容 847.12 亿 m³，分别占全国的 21.6% 和 26.3%。

在拱坝水库中，南方地区共有拱坝水库 3621 座，总库容 739.49 亿 m³，分别占全国拱坝水库数量和总库容的 91.6% 和 84.8%；北方地区共有拱坝水库 333 座，总库容 132.9 亿 m³，分别占全国的 8.4% 和 15.2%。其中，南方地区的拱坝高坝水库共有 108 座，总库容 630.14 亿 m³，分别占全国拱坝高坝水库数量和总库容的 87.8% 和 83.2%；北方地区共有拱坝高坝水库 15 座，总库容 127.27 亿 m³，分别占全国的 12.2% 和 16.8%。

水资源一级区不同坝型（按建筑材料分）水库数量与总库容见表 2-3-7，水资源一级区不同坝型（按坝体结构分）水库数量与总库容见表 2-3-8。

（二）省级行政区

1. 不同坝高水库分布

我国西部地区高、中坝水库数量较多，中部地区低坝水库数量较多。西部地区共有高坝水库 279 座、中坝水库 2421 座，分别占全国高、中坝水库数量的 55.1% 和 40.5%；中部地区共有低坝水库 41274 座，占全国低坝水库数量的 45.3%。从省级行政区看，高坝水库主要分布在云南、四川、湖北、贵州、浙江和福建等 6 省，分别占全国高坝水库数量的 12.5%、9.5%、8.5%、7.9%、6.9% 和 6.7%；中坝水库主要分布在湖南、云南、福建、浙江、湖北和广东等 6 省，分别占全国中坝水库数量的 11.6%、11.6%、8.5%、7.9%、7.7% 和 7.7%；低坝水库主要分布在湖南、江西、广东、四川和山东 5 省，分别占全国低坝水库数量的 14.7%、11.5%、8.6%、8.4% 和 7%。省级行政区不同坝高水库数量与总库容见附表 A8，省级行政区高坝水库数量和总库容分布见图 2-3-7 和图 2-3-8。

2. 主要坝型水库分布

我国东、中、西部的混凝土坝水库数量分布差异较小，分别为 824 座、685 座和 931 座，占全国混凝土坝水库数量的 33.8%、28.1% 和 38.1%。从省级行政区看，福建、浙江、湖南、贵州和四川 5 省的混凝土坝水库数量较多，分别占全国混凝土坝水库数量的 13.2%、12.1%、11.8%、9.3% 和 8.8%；湖北、广西、四川、云南和湖南 5 省（自治区）的混凝土坝水库总库容较大，分别占全国混凝土坝水库总库容的 18.8%、10.3%、8.7%、7.5% 和 7.3%。混凝土高坝水库的分布呈现西部多，东、中部少的特点，主要分布在贵州、云南、湖北、四川、浙江和重庆 6 省（直辖市），分别占全国混凝土高坝水库数量的 12.1%、10.0%、9.6%、9.6%、7.1% 和 7.1%；湖北、云南、四川、广西和青海 5 省（自治区）的混凝土高坝水库总库容较大，分别占全国混凝土高坝水库总库容的 21.5%、8.8%、8.8%、7.2% 和 7.0%。

全国土坝水库的数量分布呈现中部地区多，东西部地区少的特点。中部地区共有土坝水库 40876 座，总库容 1364.8 亿 m³，分别占全国土坝水库数量和总库容的 46.5% 和 46.3%。从省级行政区看，土坝水库主要分布在湖南、江

表2-3-7　水资源一级区不同坝型（按建筑材料分）水库数量与总库容

水资源一级区	混凝土坝								土坝							
	合计		高坝水库		中坝水库		低坝水库		合计		高坝水库		中坝水库		低坝水库	
	数量/座	总库容/亿m³	数量/座	总库容/亿m³	数量/座	总库容/亿m³	数量/座	总库容/亿m³	数量/座	总库容/亿m³	数量/座	总库容/亿m³	数量/座	总库容/亿m³	数量/座	总库容/亿m³
全国	2440	4719.13	239	3969.55	797	593.58	1404	156	87900	2949.25	56	160.64	3626	1316.05	84218	1472.56
北方地区	272	1146.22	42	1028.93	99	90.66	131	26.63	18196	1524.24	20	72.77	726	614.13	17450	837.34
南方地区	2168	3572.91	197	2940.62	698	502.92	1273	129.37	69704	1425.01	36	87.87	2900	701.92	66768	635.22
松花江区	20	194.84	2	169.09	7	6.94	11	18.82	2627	334.57	1	41.80	13	120.23	2613	172.55
辽河区	51	303.27	4	244.23	18	56.00	29	3.03	1145	172.62	3	6.65	25	104.96	1117	61.00
海河区	51	49.73	5	42.97	22	6.00	24	0.75	1346	250.38	0	0.00	61	187.36	1285	63.01
黄河区	84	472.73	15	455.15	32	16.29	37	1.28	2944	219.13	10	17.94	472	86.53	2462	114.66
淮河区	28	63.92	6	62.31	6	1.44	16	0.17	9286	437.39	1	0.01	101	88.12	9184	349.26
长江区	1127	2164.43	117	1856.71	362	211.09	648	96.63	47414	866.34	15	32.67	1552	451.13	45847	382.54
其中：太湖流域	3	0.50	0	0.00	2	0.50	1	0.00	425	16.68	0	0.00	6	5.93	419	10.75
东南诸河区	601	373.25	31	321.21	199	39.03	371	13.02	5283	88.48	2	7.56	318	44.10	4963	36.82
珠江区	368	800.01	33	535.16	117	246.37	218	18.48	14843	435.19	8	44.93	711	187.84	14124	202.42
西南诸河区	72	235.20	16	227.54	20	6.42	36	1.24	2164	35.00	11	2.72	319	18.84	1834	13.44
西北诸河区	38	61.75	10	55.18	14	3.99	14	2.58	848	110.16	5	6.37	54	26.93	789	76.86

表2-3-8　水资源一级区不同坝型（按坝体结构分）水库数量与总库容

水资源一级区	合计		重力坝						拱坝							
			高坝水库		中坝水库		低坝水库		合计		高坝水库		中坝水库		低坝水库	
	数量/座	总库容/亿m³	数量/座	总库容/亿m³	数量/座	总库容/亿m³	数量/座	总库容/亿m³	数量/座	总库容/亿m³	数量/座	总库容/亿m³	数量/座	总库容/亿m³	数量/座	总库容/亿m³
全国	4364	4055.92	167	3221	922	647.80	3275	187.12	3954	872.39	123	757.42	968	91.37	2863	23.60
北方地区	793	994.65	36	847.12	177	110.99	580	36.54	333	132.90	15	127.27	77	4.07	241	1.56
南方地区	3571	3061.27	131	2373.88	745	536.81	2695	150.58	3621	739.49	108	630.15	891	87.30	2622	22.04
松花江区	57	147.96	1	109.88	13	13.26	43	24.82	2	59.26	1	59.21	1	0.05	0	0.00
辽河区	85	275.08	3	209.63	26	61.86	56	3.58	7	0.24	0	0.00	0	0.00	7	0.24
海河区	251	55.83	11	45.29	51	8.89	189	1.64	95	2.04	2	0.14	22	1.57	71	0.33
黄河区	200	441.44	13	424.88	48	13.71	139	2.85	109	32.54	5	30.72	28	1.31	76	0.51
淮河区	133	7.55	1	3.47	21	3.42	111	0.66	115	37.63	4	36.21	25	0.94	86	0.48
长江区	1825	1818.65	78	1492.54	389	224.47	1358	101.64	1747	491.43	63	427.65	405	49.47	1279	14.32
其中：太湖流域	9	2.00	1	0.21	4	1.77	4	0.01	6	0.03	0	0.00	1	0.01	5	0.02
东南诸河区	577	354.17	15	300.26	131	41.05	431	12.86	1431	51.74	32	26.39	376	20.37	1023	4.98
珠江区	1066	821.77	27	529.34	200	263.67	839	28.76	416	32.04	9	12.61	96	16.73	311	2.71
西南诸河区	103	66.68	11	51.74	25	7.62	67	7.32	27	164.27	4	163.50	14	0.74	9	0.03
西北诸河区	67	66.81	7	53.97	18	9.85	42	2.99	5	1.20	3	0.99	1	0.20	1	0.002

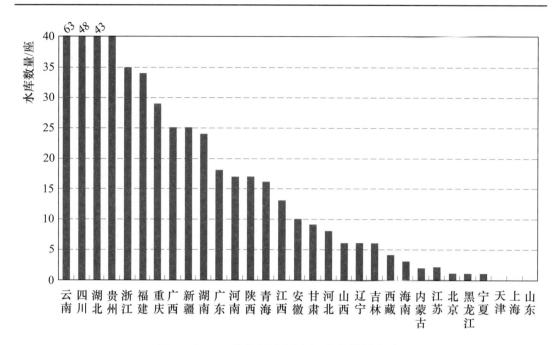

图 2-3-7 省级行政区高坝水库数量分布

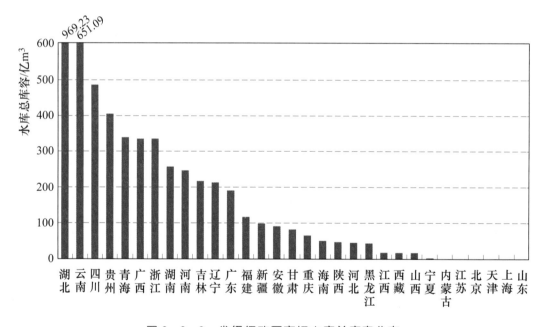

图 2-3-8 省级行政区高坝水库总库容分布

西、广东、四川、山东和湖北 6 省，分别占全国土坝水库数量的 15.1%、11.7%、8.7%、8.0%、7.0% 和 7.0%；湖北、黑龙江、安徽、山东、江西、广东和河南 7 省的土坝水库总库容较大，分别占全国土坝水库总库容的 8.4%、7.7%、7.5%、7.3%、7.2%、6.2% 和 5.7%。土坝高坝水库的分布呈现西部地区多、东中部地区少的特点，主要分布在云南、广西、陕西、湖北和新疆 5 省（自治区），分别占全国土坝高坝水库数量的 25％、8.9％、8.9％、7.1％和 7.1％；黑龙江、海南和四川 3 省的土坝高坝水库总库容较大，分别占全国土坝高坝水库总库容的 26％、20.8％和 9.2％。

我国东、中、西部地区的重力坝水库数量分别为 1532 座、1335 座和 1497 座，占全国重力坝水库数量的 35.1％、30.6％和 34.3％。从省级行政区看，重力坝水库主要分布在广东、湖南、福建、四川、江西和贵州 6 省，分别占全国重力坝水库数量的 12.1％、11.1％、9.4％、8.4％、7.6％和 6.8％；湖北、广西、四川、浙江和青海等 5 省（自治区）的重力坝水库总库容较大，分别占全国重力坝水库总库容的 21.5％、12.2％、6.8％、6.7％和 6.2％。重力坝高坝水库的分布呈现西部地区多、东中部地区少的特点，主要分布在四川、云南、贵州、广西、河南和湖北 6 省（自治区），分别占全国高坝重力坝水库数量的 12.3％、11.1％、7.8％、7.2％、6.6％和 6.0％；湖北、广西、青海和浙江 4 省（自治区）的重力坝高坝水库总库容较大，分别占全国重力坝高坝水库总库容的 26.2％、8.9％、7.7％和 7.6％。

全国拱坝水库的分布呈现东部地区数量较多，总库容小，中西部地区数量较少，总库容大的特点。东部地区共有拱坝水库 1863 座，总库容 66.62 亿 m³，分别占全国拱坝水库数量和总库容的 47.1％和 7.6％；中部地区共有拱坝水库 703 座，总库容 239.36 亿 m³，分别占全国的 17.8％和 27.5％；西部地区共有拱坝水库 1388 座，总库容 566.42 亿 m³，分别占全国的 35.1％和 64.9％。从省级行政区看，拱坝水库主要分布在福建、四川、贵州和浙江 4 省，分别占全国拱坝水库数量的 29.0％、14.8％、10.9％和 10.8％；云南、四川、贵州和湖南 4 省的拱坝水库总库容较大，分别占全国拱坝水库总库容的 26.2％、18.9％、12.7％和 12.2％。拱坝高坝水库的分布呈现西部地区多、东中部地区少的特点，主要分布在贵州、福建、湖北和浙江 4 省，分别占全国高坝拱坝水库数量的 16.3％、15.4％、11.4％和 10.6％；云南、四川、湖南和贵州 4 省的拱坝高坝水库总库容较大，分别占全国拱坝水库总库容的 30.1％、19.6％、12.7％和 12.2％。省级行政区不同坝型（按建筑材料分）不同坝高水库数量与总库容见附表 A9，省级行政区不同坝型（按坝体结构分）不同坝高水库数量与总库容见附表 A10。

第四节　水库供水能力

水库的主要作用是对流域和区域水资源进行时空调节，满足工农业和居民生活的用水需求以及防洪的要求。水库供水能力是指根据来水条件、需水要求、工程状况及调度运用方式等，在一定水文周期内所能提供的河道外最大供水量，一般采用设计年供水量表示。区域水库供水能力是区域内各水库设计年供水量的累计值。

一、总体情况

全国水库供水能力为 2860.68 亿 m³，其中已建成水库供水能力为 2725.37 亿 m³，在建水库供水能力为 135.31 亿 m³。从水库规模看，大型水库供水能力较强，占全国水库供水能力的 48%。全国不同规模水库供水能力见表 2-4-1。

表 2-4-1　　　　　　　　全国不同规模水库供水能力

项 目	合 计	大型水库	中型水库	小型水库
供水能力/亿 m³	2860.68	1371.73	839.40	649.55
占比/%	100	48.0	29.3	22.7

按水库供水能力大小，供水能力在 1 亿 m³ 及以上的水库共有 372 座，供水能力 1552.06 亿 m³，占全国水库供水能力的 54.3%；供水能力在 1000 万（含）～1 亿 m³ 的水库共 2702 座，供水能力 730.48 亿 m³，占全国的 25.5%；供水能力在 100 万（含）～1000 万 m³ 的水库共 14086 座，供水能力 386.04 亿 m³，占全国的 13.5%；供水能力在 100 万 m³ 以下的水库共 71328 座，供水能力 192.10 亿 m³，占全国的 6.7%。

二、水资源一级区

我国南方地区水库供水能力高于北方地区。南方地区水库供水能力为 1781.55 亿 m³，占全国水库供水能力的 62.3%；北方地区水库供水能力为 1079.13 亿 m³，占全国水库供水能力的 37.7%。水资源一级区中，长江区和珠江区水库供水能力较大，分别占全国水库供水能力的 36.5% 和 18.5%；辽河区和西南诸河区水库供水能力较小，分别占全国水库供水能力的 3.3% 和 1.5%。从水库规模看，北方地区大型水库供水能力占其总水库供水能力的比例高于南方地区，其中辽河区、海河区、松花江区和黄河区大型水库供水能力均占相应各区水库供水能力的 65% 以上。水资源一级区水库供水能力见表 2-4-2，水资源一级区水库供水能力分布见图 2-4-1。

三、省级行政区

我国水库供水能力总体呈现中西部地区较大，东部地区较小的特点。中部

表 2-4-2　　　　　　　　　　水资源一级区水库供水能力　　　　　　　单位：亿 m³

水资源一级区	合　计	按建设情况分		按水库规模分		
		已建水库	在建水库	大型水库	中型水库	小型水库
全国	2860.68	2725.37	135.31	1371.73	839.40	649.55
北方地区	1079.13	1013.91	65.22	645.39	290.36	143.38
南方地区	1781.55	1711.46	70.09	726.34	549.04	506.17
松花江区	159.79	134.76	25.03	110.01	28.21	21.57
辽河区	95.47	91.54	3.93	71.48	15.30	8.69
海河区	164.20	159.39	4.81	121.94	31.87	10.38
黄河区	212.24	194.83	17.41	138.27	45.52	28.45
淮河区	154.85	149.61	5.24	85.53	40.47	28.85
长江区	1042.77	994.77	48	479.37	293.16	270.23
其中：太湖流域	16.18	16.01	0.17	3.63	4.13	8.43
东南诸河区	167.32	163.83	3.49	58.56	55.09	53.67
珠江区	529.29	517.59	11.7	184.40	179.45	165.44
西南诸河区	42.17	35.27	6.9	4.01	21.34	16.83
西北诸河区	292.57	283.77	8.8	118.15	128.98	45.44

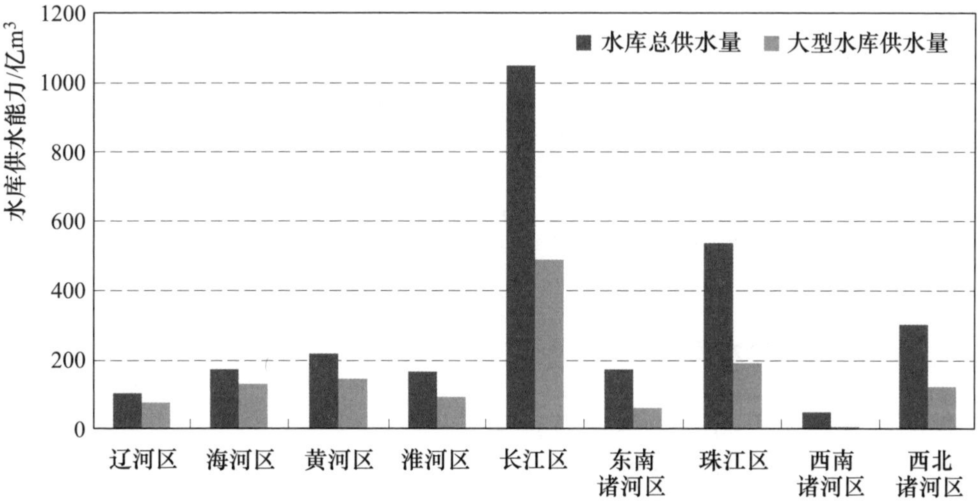

图 2-4-1　水资源一级区水库供水能力分布

和西部地区水库供水能力分别为 1001.44 亿 m³ 和 1045.40 亿 m³，占全国水库供水能力的 35.0% 和 36.5%，东部地区水库供水能力为 813.84 亿 m³，占全国的 28.4%。从省级行政区看，湖北、广东、新疆、四川、广西、湖南和江西 7 省（自治区）水库供水能力较大，分别占全国水库供水能力的 8.7%、

8.3%、8.2%、7.0%、6.9%、6.6%和6.1%；大型水库供水能力较大的是湖北、四川、新疆、河北、广西、广东和黑龙江7省（自治区），分别占全国大型水库供水能力的12.6%、10.6%、7.5%、6.2%、5.7%、5.5%和5.1%；中型水库供水能力较大的是新疆、江西、广东、湖南、广西和云南6省（自治区），分别占全国中型水库供水能力的11.5%、9.8%、9.6%、9.3%、7.6%和5.6%。省级行政区水库供水能力见附表A11，省级行政区已建水库供水能力分布见图2-4-2。

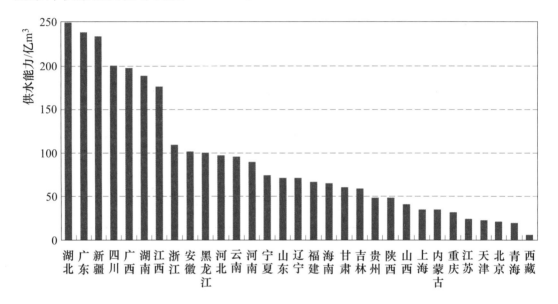

图2-4-2　省级行政区已建水库供水能力分布

第五节　水库建设年代

一、已建和在建水库情况

截止到2011年年底，全国共有已建水库97229座，总库容8104.35亿 m³，分别占全国水库数量和总库容的99.2%和86.9%；在建水库756座，总库容1219.42亿 m³，分别占全国水库数量和总库容的0.8%和13.1%。从省级行政区看，已建水库数量较多的是湖南、江西、广东、四川、湖北、山东和云南7省，分别占全国已建水库总数量的14.5%、11.1%、8.6%、8.3%、6.6%、6.6%和6.1%；总库容较大的是湖北、广西、湖南、广东、浙江、贵州和河南7省（自治区），分别占全国已建水库总库容的14.8%、8.2%、6.1%、5.5%、5.5%、5.3%和5.2%。在建水库数量较多的是云南、四川、贵州、新疆、安徽和重庆 6 省（自治区、直辖市），分别占全国在建水库总数量的 16％、9.9％、9.4％、6.7％、5.7％和 5.2％；总库容较大的是云南和四川 2 省，分别占全国在建水库总库容的 33.9％和 29.4％。省级行政区不同建设情况水库数量与总库容见附表 A12，省级行政区已建和在建水库数量与总库容分布见图 2-5-1 和图 2-5-2。

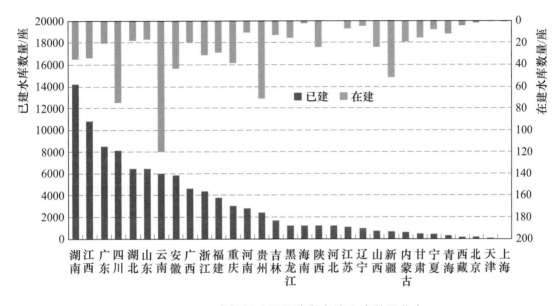

图 2-5-1　省级行政区已建和在建水库数量分布

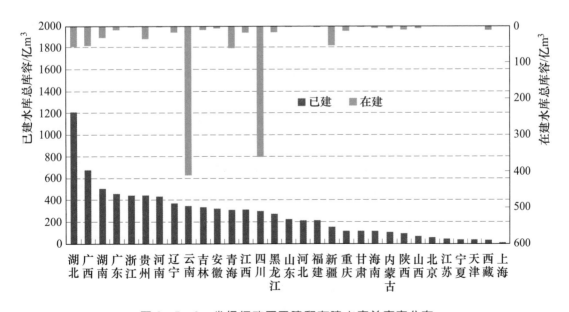

图 2-5-2　省级行政区已建和在建水库总库容分布

二、不同时期水库建设情况

我国现有新中国成立以前建成的水库 348 座，总库容 271.63 亿 m³，分别占全国水库数量和总库容的 0.4% 和 2.9%，其中大型水库 5 座，包括丰满、太平湾、水丰、闹德海和鸳鸯池水库。

20 世纪 50 年代，共建成水库 23071 座，总库容 643.86 亿 m³，分别占全国水库数量和总库容的 23.5% 和 6.9%，多为中小型水库。

20 世纪 60 年代，共建成水库 22252 座，总库容 1717.39 亿 m³，分别占全国水库数量和总库容的 22.7% 和 18.4%。多为以发电为主的大中型综合利用水库。

20 世纪 70 年代，共建成水库 32652 座，总库容 1311.29 亿 m³，分别占全国水库数量和总库容的 33.3% 和 14.1%。多为以农业灌溉和水力发电为主的中小型水库。

20 世纪 80 年代，共建成水库 7438 座，总库容 625.65 亿 m³，分别占全国水库数量和总库容的 7.6% 和 6.7%。

20 世纪 90 年代，共建成水库 5482 座，总库容 960.52 亿 m³，分别占全国水库数量和总库容的 5.6% 和 10.3%。其中大型综合利用水库工程相对较多，如葛洲坝、观音阁等水库。

2000 年至普查时点（2011 年 12 月 31 日），所建设的水库多为以发电、防洪为主的大型综合利用水库，共建设水库 6742 座（其中在建水库 756 座），总库容 3793.43 亿 m³（其中在建水库总库容 1219.42 亿 m³），尽管水库数量仅占全国水库数量的 6.9%，但总库容占全国水库总库容的比例高达 40.7%。

全国不同年代、不同时期水库建设数量与总库容分别见表 2-5-1 和表 2-5-2，全国不同年代水库建设数量与总库容分布见图 2-5-3 和图 2-5-4，全国不同年代大型水库建设数量与总库容分布见图 2-5-5 和图 2-5-6。

表 2-5-1　　　　　　　全国不同年代水库建设数量与总库容

建设年代	合　计		大型水库		中型水库		小型水库	
	数量/座	总库容/亿 m³	数量/座	总库容/亿 m³	数量/座	总库容/亿 m³	数量/座	总库容/亿 m³
1949 年以前	348	271.63	5	263.63	19	5.88	324	2.12
20 世纪 50 年代	23071	643.86	72	335.09	610	158.26	22389	150.51
20 世纪 60 年代	22252	1717.39	168	1348.91	815	215.43	21269	153.05
20 世纪 70 年代	32652	1311.29	99	841.95	918	245.52	31635	223.82

续表

建设年代	合计		大型水库		中型水库		小型水库	
	数量/座	总库容/亿 m³	数量/座	总库容/亿 m³	数量/座	总库容/亿 m³	数量/座	总库容/亿 m³
20 世纪 80 年代	7438	625.65	49	470.27	368	97.36	7021	58.02
20 世纪 90 年代	5482	960.52	85	816.32	312	102.16	5085	42.04
2000 年至普查时点	6742	3793.43	278	3423.17	899	296.62	5565	73.64
合计	97985	9323.77	756	7499.34	3941	1121.23	93288	703.20

表 2−5−2　　　　　　全国不同时期水库建设数量与总库容

建设时期	合计		大型水库		中型水库		小型水库	
	数量/座	总库容/亿 m³	数量/座	总库容/亿 m³	数量/座	总库容/亿 m³	数量/座	总库容/亿 m³
1949 年以前	348	271.63	5	263.63	19	5.88	324	2.12
1960 年以前	23419	915.49	77	598.72	629	164.14	22713	152.63
1970 年以前	45671	2632.88	245	1947.63	1444	379.57	43982	305.68
1980 年以前	78323	3944.17	344	2789.58	2362	625.09	75617	529.5
1990 年以前	85761	4569.82	393	3259.85	2730	722.45	82638	587.52
2000 年以前	91243	5530.34	478	4076.17	3042	824.61	87723	629.56
2011 年以前	97985	9323.77	756	7499.34	3941	1121.23	93288	703.2

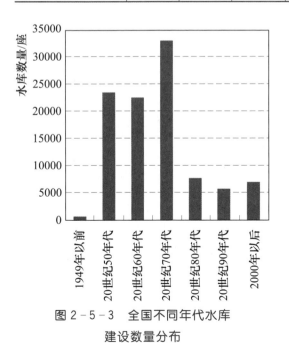

图 2−5−3　全国不同年代水库
建设数量分布

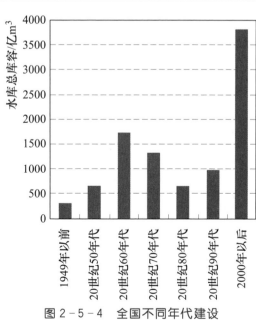

图 2−5−4　全国不同年代建设
水库总库容分布

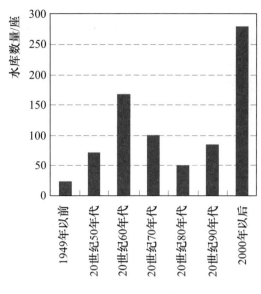

图 2-5-5　全国不同年代大型
水库建设数量分布

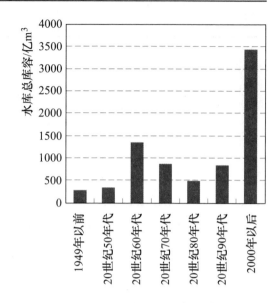

图 2-5-6　全国不同年代建设
大型水库总库容分布

第三章 堤 防 工 程

堤防是沿河流、湖泊或者海岸线修建的可约束河（海）水泛滥、保障人民生命财产安全的重要防洪（潮）建筑物，是防洪工程体系的重要组成部分。本章主要对 5 级及以上（以下称"规模以上"）堤防的长度、达标长度以及工程建设情况等进行了综合分析。

第一节 堤防长度与类型

一、总体情况

全国共有堤防总长度 413713km，其中规模以上堤防长度为 275531km（其中已建堤防长度 267568km，在建堤防长度 7963km），占全国堤防总长度的 66.6%，达标长度 169773km，达标率为 61.6%；5 级以下堤防长度为 138182km，占全国堤防总长度的 33.4%。

从不同级别的堤防长度和达标率看，1、2 级堤防长度占全国规模以上堤防长度的 13.8%，达标率相对较高，分别为 81.6% 和 74.8%；3 级堤防长度占 11.9%，达标率为 65.1%；4、5 级堤防长度占 74.3%，达标率分别为 60.8% 和 56.0%。全国规模以上不同级别堤防长度见表 3 - 1 - 1，全国规模以上不同级别堤防长度比例见图 3 - 1 - 1。全国 1、2 级堤防分布示意图见附图 E2。

表 3 - 1 - 1　　　　　　全国规模以上不同级别堤防长度

堤防级别	1 级	2 级	3 级	4 级	5 级	合计
堤防长度/km	10792	27267	32671	95524	109277	275531
达标长度/km	8801	20390	21263	58077	61242	169773

二、堤防类型

堤防一般可分为河（江）堤、湖堤、海堤和围（圩、圈）堤 4 种类型。在全国规模以上的堤防中，共有河（江）堤 229378km，占全国规模以上堤防长度的 83.3%，达标率 59.9%；湖堤 5631km，占 2.0%，达标率 41.9%；海堤

10124km，占 3.7％，达标率 68.7％；围（圩、圈）堤 30398km，占 11.0％，达标率 75.0％。全国规模以上不同类型堤防长度比例见图 3－1－2。

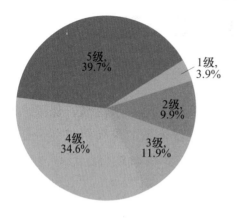

图 3－1－1　全国规模以上不同级别
堤防长度比例

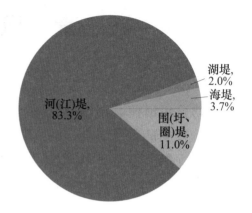

图 3－1－2　全国规模以上不同类型
堤防长度比例

第二节　堤防分布情况

一、总体分布情况

我国规模以上堤防分布呈现东中部地区多、西部地区少的特点。东部和中部地区堤防长度分别为 144166km 和 101542km，占全国规模以上堤防长度的 52.3％和 36.9％，西部地区堤防长度为 29823km，占 10.8％。

从省级行政区分布看，规模以上堤防在江苏、山东、广东、安徽、河南、湖北和浙江 7 省分布较多，其堤防长度分别占全国的 18.0％、8.4％、8.0％、7.6％、6.7％、6.3％和 6.3％；1、2 级堤防主要分布在江苏、山东、湖北、河北、安徽和广东 6 省，其堤防长度分别占全国 1、2 级堤防长度的 13.6％、12.3％、8.6％、7.2％、7.2％和 7.0％；3 级堤防主要分布在江苏、广东、湖北、安徽、浙江和湖南 6 省，其堤防长度分别占全国 3 级堤防长度的 15.8％、15.3％、8.3％、8.0％、6.9％和 6.6％；4、5 级堤防主要分布在江苏、山东、河南、安徽、广东和浙江 6 省，其堤防长度分别占全国 4、5 级堤防长度的 19.1％、8.3％、8.1％、7.7％、7.1％和 6.9％。省级行政区规模以上不同级别堤防长度和达标长度见附表 A13。

从堤防达标情况看，达标率较高的省区是宁夏、贵州、北京、重庆、海南、青海、四川和甘肃 8 省（自治区、直辖市），均在 85％以上；达标率较低的是湖北、黑龙江、湖南、天津、河北和江西 6 省（直辖市），均在 50％以下。省级行政区堤防达标率分布见图 3－2－1。

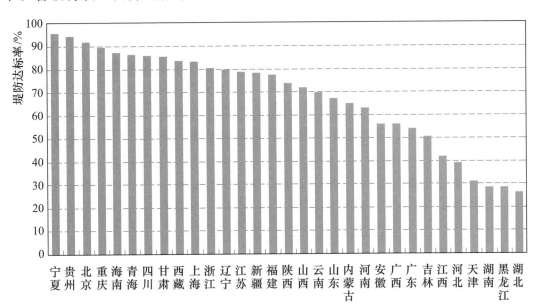

图 3－2－1　省级行政区堤防达标率分布

二、不同类型堤防分布情况

我国东部地区江（河）堤、湖堤、海堤和围（圩、圈）堤长度分别为 107670km、1716km、9747km 和 25032km，占全国规模以上堤防长度的 47.0%、30.5%、96.3% 和 82.3%；中部地区江（河）堤、湖堤和围（圩、圈）堤长度分别为 92763km、3732km 和 5049km，占全国规模以上堤防长度的 40.4%、66.2% 和 16.6%；西部地区的江（河）堤、湖堤、海堤和围（圩、圈）堤长度分别为 28944km、184km、379km 和 317km，仅占全国规模以上堤防长度的 12.6%、3.3%、3.7% 和 1.0%。省级行政区规模以上不同类型堤防长度和达标长度见附表 A14。

（一）河（江）堤

全国共有河（江）堤 229378km。其中，1 级河（江）堤 9032km，占全国河（江）堤长度的 3.9%；2 级河（江）堤 23860km，占全国河（江）堤长度的 10.4%；3 级河（江）堤防 27265km，占全国河（江）堤长度的 11.9%。全国规模以上不同级别河（江）堤长度比例见图 3－2－2。

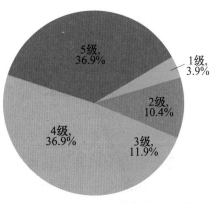

图 3－2－2　全国规模以上不同级别河（江）堤长度比例

从省级行政区看，河（江）堤主要分布在江苏、山东、河南、安徽、广东和湖北6省，这些省份位于大江大河的中下游，经济相对发达，河流沿岸人口密集，重要保护对象多，因此河（江）堤较多，其河（江）堤长度分别占全国河（江）堤长度的11.5%、9.7%、8.0%、7.8%、7.6%和6.6%；1级河（江）堤主要分布在江苏、安徽、山东、河南和辽宁5省，分别占全国1级河（江）堤长度的12.3%、12.1%、11.9%、10.3%和8.1%；2级河（江）堤主要分布在山东、江苏、湖北、河北、湖南和安徽6省，分别占全国2级河（江）堤长度的12.1%、11.0%、10.8%、8.8%、6.6%和6.5%；3级河（江）堤主要分布在江苏、广东、安徽、湖北和湖南5省，分别占全国3级河（江）堤长度的14.6%、14.0%、8.7%、8.7%和6.6%。省级行政区规模以上不同级别河（江）堤长度与达标长度见附表A15。

（二）湖堤

全国共有湖堤5631km。其中，1级湖堤297km，占全国湖堤长度的5.3%；2级湖堤822km，占全国湖堤长度的14.6%；3级湖堤1102km，占全国湖堤长度的19.5%。全国规模以上不同级别湖堤长度比例见图3-2-3。

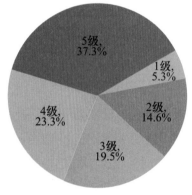

图3-2-3　全国规模以上不同级别湖堤长度比例

从省级行政区看，湖堤主要分布在水系发达，湖泊众多的湖北、江苏和安徽3省，其湖堤长度分别占全国湖堤长度的22.6%、21.7%和17.4%；1、2级湖堤主要分布在江苏、山东、内蒙古和湖南4省（自治区），分别占全国1、2级湖堤长度的34.4%、16.5%、11.3%和10.5%。省级行政区规模以上不同级别湖堤长度与达标长度见附表A16。

（三）海堤

全国共有海堤10124km。其中，1级海堤1029km，占全国海堤长度的10.2%；2级海堤1635km，占全国海堤长度的16.1%；3级海堤2359km，占全国海堤长度的23.3%。全国规模以上不同级别海堤长度比例见图3-2-4。

从省级行政区看，海堤主要分布在沿海地区的浙江、广东和福建3省，其海堤长度分别占全国海堤长度的26.6%、24.9%和13.7%；1、2级海堤主要分布在江苏、浙江、上海和山东4省（直辖市），其长度分别占全国1、2级海堤长度的32.6%、20.1%、19.7%和12.2%。全国规模以上不同级别海堤长度与达标长度见附表A17。

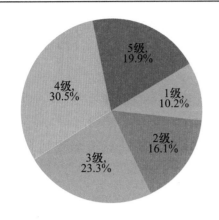

图 3-2-4　全国规模以上不同级别
海堤长度比例

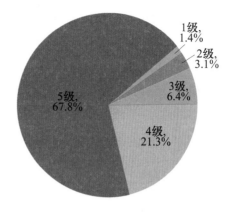

图 3-2-5　全国规模以上不同级别围
（圩、圈）堤长度比例

（四）围（圩、圈）堤

全国共有围（圩、圈）堤 30398km。其中，1 级围（圩、圈）堤 434km，占全国围（圩、圈）堤长度的 1.4%；2 级围（圩、圈）堤 950km，占全国围（圩、圈）堤长度的 3.1%；3 级围（圩、圈）堤 1946km，占全国围（圩、圈）堤长度的 6.4%。全国规模以上不同级别围（圩、圈）堤长度比例见图 3-2-5。

从省级行政区看，围（圩、圈）堤主要分布在江苏省，该省位于河网地区，区域经济发达，为保护居民财产安全，围堤修建较多，其长度占全国围（圩、圈）堤长度的 68.9%；1、2 级围（圩、圈）堤主要分布在广东省，占全国 1、2 级围（圩、圈）堤长度的 51.6%。省级行政区规模以上不同级别围（圩、圈）堤长度与达标长度见附表 A18。

第三节　主要河流堤防情况

在我国流域面积 50km² 及以上的河流中，建有规模以上堤防的河流共 7016 条，占全国河流数量的 16%，共建有堤防 267414km，占全国规模以上堤防长度的 97.1%。

在我国 97 条主要河流干流上共建有规模以上堤防 42962km，占全国规模以上堤防长度的 15.6%，达标率为 71.2%。其中 1 级堤防 6411km，占全国 1 级堤防长度的 59.4%，达标率为 84.2%；2 级堤防 11084km，占全国 2 级堤防长度的 40.6%，达标率为 78.6%。3 级堤防 6617km，占全国 3 级堤防长度的 20.3%，达标率为 65%，4、5 级堤防 18847km，占全国 4、5 级堤防长度的 9.2%，达标率为 64.3%。主要河流水系（流域）规模以上堤防长度与达标长度见附表 A19，主要河流规模以上堤防长度与达标长度见附表 A20。七大江河流域及主要支流规模以上堤防分布情况如下。

1. 松花江流域

松花江流域共有堤防 12483km，占全国堤防长度的 4.5%，达标率 41.2%。其中，1 级堤防 352km，占全国 1 级堤防长度的 3.3%，达标率 83.8%。松花江干流（含嫩江）共有堤防 2248km，占松花江流域堤防长度的 18%，达标率 57.1%。其中，1 级堤防 124km，达标率 59.7%；2 级堤防 583km，达标率 87.3%。

2. 辽河流域

辽河流域共有堤防 15194km，占全国堤防长度的 5.5%，达标率 72.6%；其中，1 级堤防 755km，占全国 1 级堤防长度的 7%，达标率 98.8%。辽河干流（包括西拉木伦河和西辽河）共有堤防 1428km，占辽河流域堤防长度的 9.4%，达标率 74.5%。其中，1 级堤防 456km，占辽河流域 1 级堤防长度的 60.4%，达标率 99.1%；2 级堤防 612km，占辽河流域 2 级堤防长度的 27.4%，达标率 58.2%。

3. 海河流域

海河流域共有堤防 21630km，占全国堤防长度的 7.9%，达标率 50.4%；其中，共有 1 级堤防 1179km，占全国 1 级堤防长度的 10.9%，达标率 54.3%。永定河（含桑干河）干流共有堤防 611km，占海河流域堤防长度的 2.8%，达标率 79.1%。其中，1 级堤防 377km，占海河流域 1 级堤防长度的 34.7%，达标率 75.6%；2 级堤防 106km，占海河流域 2 级堤防长度的 2%，达标率 85.1%。

4. 黄河流域

黄河流域共有堤防 17629km，占全国堤防长度的 6.4%，达标率 74.3%；其中，1 级堤防 2844km，占全国 1 级堤防长度的 26.4%，达标率 83.4%。黄河干流共有堤防 4038km，占黄河流域堤防长度的 22.9%，达标率 86.6%。其中，1 级堤防 1850km，占黄河流域 1 级堤防长度的 65%，达标率 86%；2 级堤防 482km，占黄河流域 2 级堤防长度的 30.2%，达标率 84%。渭河和汾河是黄河的一级支流，共有堤防 1795km，仅占黄河流域堤防长度的 10.2%。

5. 淮河流域

淮河流域共有堤防 71784km，占全国堤防长度的 26.1%，达标率 72.7%。其中，1 级堤防 1970km，占全国 1 级堤防长度的 18.3%，达标率 96.1%；2 级堤防 4804km，占全国 2 级堤防长度的 17.6%，达标率 94%。淮河干流（含入江河道）共有堤防 1449km，占淮河流域堤防长度的 2.0%，达标率 92.3%。其中，1级堤防 347km，占淮河流域 1级堤防长度的 17.6%，达标率 100%；2级堤防 204km，占淮河流域 2级堤防长度的 4.2%，达标率 87.3%。

6. 长江流域

长江流域共有堤防 83523km，占全国堤防长度的 30.3%，达标率 53.4%；其中，1级堤防 2696km，占全国 1级堤防长度的 25%，达标率 73.1%。长江干流（含金沙江、通天河、沱沱河）共有堤防 6266km，占长江流域堤防长度的 7.5%，达标率 75.1%。其中，1级堤防 1136km，占长江流域 1级堤防长度的 42.1%，达标率 61.7%❶；2级堤防 2475km，占长江流域 2级堤防长度的 30.3%，达标率 94.6%。雅砻江、岷江-大渡河、嘉陵江、汉江以及乌江-六冲河是长江的一级支流，共有堤防 1845km，仅占长江流域堤防长度的 2.2%。

7. 珠江流域

珠江流域共有堤防 26780km，占全国堤防长度的 9.7%，达标率 56.3%；其中，1级堤防 593km，占全国 1级堤防长度的 5.5%，达标率 86.2%。西江干流（含浔江、黔江、红水河、南盘江）共有堤防 826km，占珠江流域堤防长度的 3.1%，达标率 74.8%，且多为 3级及以下堤防。东江和北江共有堤防 763km，占珠江流域堤防长度的 2.8%，达标率 68.4%，且多为 3级及以下堤防。

从七大江河干流 1、2级堤防分布情况看，长江干流、黄河干流、辽河干流、松花江干流和淮河干流共有 1、2级堤防 8208km，占主要河流 1、2级堤防长度的 46.9%。七大江河主要支流中，汉江、第二松花江、永定河、沙颍河、湘江和渭河上的 1、2级堤防较多，共 3269km，占主要河流 1、2级堤防长度的 18.7%。

从七大江河干流规模以上堤防达标情况看，淮河干流、黄河干流、长江干流和辽河干流的堤防达标率在 70% 以上，松花江干流堤防达标率不到 60%。七大江河主要支流中，岷江-大渡河、沙颍河、柳江、涡河和北江的堤防达标率在 90% 以上，东江、北盘江、湘江、沅江、东辽河、资水和汉江的堤防达标率不到 50%。

七大江河干流及其主要支流上 1、2级堤防长度见表 3-3-1，七大江河干流及其主要支流规模以上堤防达标率见图 3-3-1。

---

❶ 由于长江干流部分 1级堤防虽已完工，但没有验收，本次普查按未达标堤防填报，故其达标率相对较低。

表 3-3-1　　　　　七大江河干流及其主要支流上 1、2 级堤防长度

序号	河流名称	合　计		1 级堤防		2 级堤防	
		堤防长度 /m	达标长度 /m	堤防长度 /m	达标长度 /m	堤防长度 /m	达标长度 /m
1	松花江干流	707	583	124	74	583	509
2	第二松花江	583	539	95	87	488	452
3	辽河干流	1068	807	456	451	612	356
4	东辽河	0	0	0	0	0	0
5	潮白河	180	147	0	0	180	147
6	永定河	483	375	377	285	106	90
7	黄河干流	2332	2002	1850	1591	482	411
8	汾河	247	175	96	85	151	90
9	渭河	333	279	162	149	171	130
10	淮河干流	490	464	346	346	144	118
11	涡河	218	218	218	218	0	0
12	沙颍河	386	386	136	136	250	250
13	沂河	237	237	0	0	237	237
14	沭河	229	229	0	0	229	229
15	长江干流	3611	3038	1136	701	2475	2337
16	汉江	1104	214	113	113	991	101
17	岷江-大渡河	2	2	0	0	2	2
18	雅砻江	0	0	0	0	0	0
19	嘉陵江	13	13	0	0	13	13
20	乌江-六冲河	0	0	0	0	0	0
21	湘江	380	206	269	173	111	33
22	资水	39	2	0	0	39	2
23	沅江	73	44	20	20	53	24
24	赣江	205	189	45	45	160	144
25	西江	77	77	4	4	73	73
26	北盘江	0	0	0	0	0	0
27	柳江	25	25	0	0	25	25
28	郁江	65	56	0	0	65	56
29	北江	162	161	58	58	104	103
30	东江	34	33	0	0	34	33

注　表中数据均为河流干流成果。

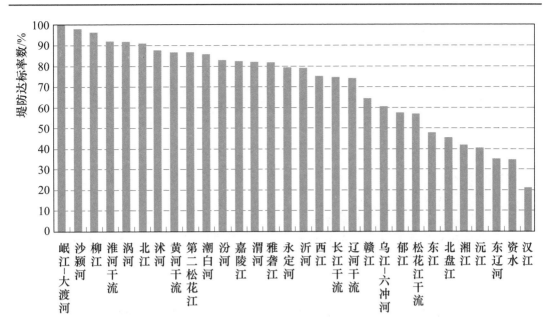

图 3-3-1　七大江河及其主要支流规模以上堤防达标率

第四节　堤 防 建 设 年 代

一、已建和在建堤防情况

截止到 2011 年年底，在全国规模以上的堤防中，已建堤防长度为 267568km，在建堤防长度为 7963km，分别占全国的规模以上堤防长度的 97.1% 和 2.9%。

从省级行政区看，已建堤防主要分布在江苏、山东、广东、安徽、河南和湖北 6 省，共 149395km，占全国已建堤防长度的 55.8%。在建堤防主要分布在广东、浙江、山东、江西、广西和内蒙古 6 省（自治区），共 4230km，占全国在建堤防长度的 53.1%。省级行政区规模以上已建和在建堤防长度与达标长度见附表 A21，省级行政区规模以上已建和在建堤防长度分布见图 3-4-1。

二、不同时期堤防建设情况

在我国规模以上的堤防中，新中国成立以前建成的堤防 12580km，占全国规模以上堤防总长度的 4.6%。20 世纪 50—70 年代堤防建设速度较快，共建成堤防 132185km，占全国规模以上堤防总长度的 48%，其中，20 世纪 70 年代共建成堤防 52313km，占全国规模以上堤防总长度的 19.0%。20 世纪 80—90 年代，共建成堤防 55811km，占全国规模以上堤防总长度的 20.3%。

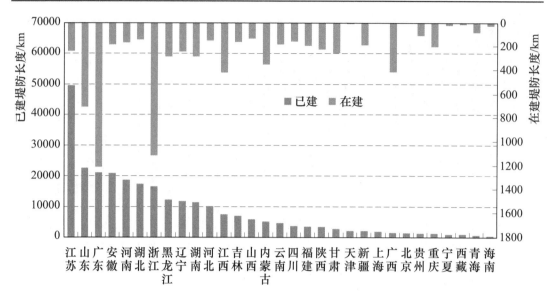

图 3-4-1　省级行政区规模以上已建和在建堤防长度分布

2000 年以后堤防建设速度加快，截止到 2011 年年底，共建设堤防 74955km，占全国规模以上堤防总长度的 27.2%。1、2 级堤防建设速度较快的时期分别是 20 世纪 50 年代和 2000 年以后，其堤防长度分别占全国 1、2 级堤防长度的 21.8% 和 33.1%。全国不同年代、不同时期规模以上堤防建设长度见表 3-4-1 和表 3-4-2，全国不同年代规模以上堤防建设长度分布见图 3-4-2，全国不同年代堤防 1、2 级堤防建设长度分布见图 3-4-3。

表 3-4-1　　　　全国不同年代规模以上堤防建设长度　　　　单位：km

建设年代	合　计	1、2 级堤防长度	3 级堤防长度	4、5 级堤防长度
1949 年以前	12580	4256	2463	5861
20 世纪 50 年代	43138	8301	6061	28776
20 世纪 60 年代	36734	3509	3126	30099
20 世纪 70 年代	52313	3068	3947	45298
20 世纪 80 年代	22348	2228	1965	18155
20 世纪 90 年代	33463	4106	3645	25712
2000 年至普查时点	74955	12591	11464	50900
合　计	275531	38059	32671	204801

表 3-4-2　　　　全国不同时期规模以上堤防建设长度　　　　单位：km

建设时期	合　计	1、2 级堤防长度	3 级堤防长度	4、5 级堤防长度
1949 年以前	12580	4256	2463	5861
1960 年以前	55718	12557	8524	34637

续表

建设时期	合计	1、2级堤防长度	3级堤防长度	4、5级堤防长度
1970年以前	92452	16066	11650	64736
1980年以前	144765	19134	15597	110034
1990年以前	167113	21362	17562	128189
2000年以前	200576	25468	21207	153901
2011年以前	275531	38059	32671	204801

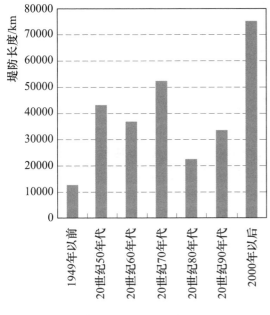

图3-4-2　全国不同年代规模
以上堤防建设长度分布

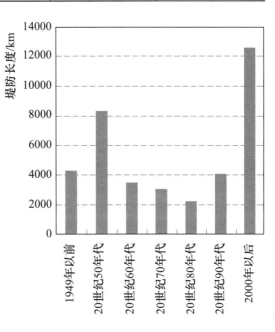

图3-4-3　全国不同年代1、2级
堤防建设长度分布

第四章 水 电 站 工 程

水电站是将水能转换为电能的综合工程设施，在改善电网过程中起调峰调频作用，对保障国家能源安全促进经济社会发展中具有不可替代的作用。本章主要对我国500kW及以上（以下简称"规模以上"）水电站的数量、装机容量、额定水头、年发电量等进行了综合分析。

第一节 水电站数量与分布

我国区域地形不同，降雨量变化较大，水力资源蕴藏量地域分布不均匀，各地开发利用程度差异很大，总体上水电站数量和装机容量呈现南方多、北方少的特点。

一、数量与装机容量

全国共有水电站46696座，装机容量33286.1万kW，其中规模以上水电站22179座，装机容量32728.1万kW，分别占全国水电站数量和装机容量的47.5%和98.3%；装机容量小于500kW的水电站24517座，装机容量558.0万kW，分别占全国水电站数量和装机容量的52.5%和1.7%。

在全国规模以上的水电站中，大型水电站数量为142座，占全国规模以上水电站数量的0.6%，装机容量占全国的63.1%；小型水电站数量共21560座，占全国的97.2%，但装机容量仅占全国的20.9%。全国规模以上水电站数量与装机容量见表4-1-1，全国规模以上水电站数量及装机容量比例见图4-1-1和图4-1-2。全国大型水电站分布示意图见附图E3。

表4-1-1　　　　　　全国规模以上水电站数量与装机容量

项　　目	合计	大型水电站			中型水电站	小型水电站		
		小计	大（1）型	大（2）型		小计	小（1）型	小（2）型
数量/座	22179	142	56	86	477	21560	1684	19876
装机容量/万kW	32728.1	20664.0	15485.5	5178.5	5242.0	6822.1	3461.4	3360.7

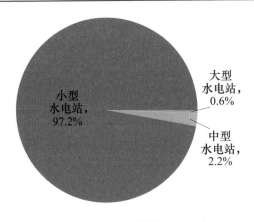

图 4-1-1　全国规模以上水电站
数量比例

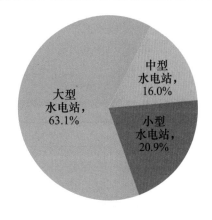

图 4-1-2　全国规模以上水电站
装机容量比例

按水电站的建设情况，在全国规模以上水电站中，已建水电站共 20855座，装机容量 21735.8 万 kW，分别占全国水电站数量和装机容量的 94.0% 和66.4%；在建水电站共 1324 座，装机容量 10992.3 万 kW，分别占全国水电站数量和装机容量的 6.0% 和 33.6%。

二、水电站分布情况

(一) 水资源一级区

在我国规模以上水电站中，南方地区共有水电站 20266 座，装机容量27768.0 万 kW，分别占全国规模以上水电站数量和装机容量的 91.4% 和84.8%；北方地区共有水电站 1913 座，装机容量 4960.1 万 kW，分别占8.6% 和 15.2%。水资源一级区中，长江区和珠江区的水电站数量和装机容量均较大，水电站数量分别占全国规模以上水电站数量的 44.8% 和 25.4%，其装机容量分别占全国规模以上水电站装机容量的 57.5% 和 12.5%；松花江区、辽河区和海河区的水电站数量分别占全国的 0.8%、1.0% 和 1.1%，装机容量分别占全国的 1.6%、1.0% 和 1.7%。从水电站规模看，南方地区大型水电站数量是北方地区的 3.36 倍，主要分布在长江区、珠江区和黄河区，分别占全国大型水电站数量的 50.7%、13.4% 和 13.4%。水资源一级区规模以上水电站数量与装机容量见表 4-1-2。

(二) 省级行政区

我国东部和西部地区水电站数量较多，分别为 7827 座和 8925 座，占全国规模以上水电站数量的 35.3% 和 40.2%，中部地区水电站数量较少，共有5427 座，占全国的 24.5%。从省级行政区看，规模以上水电站主要分布在广东、四川、福建、湖南和云南 5 省，分别占全国规模以上水电站数量的

15.3%、12.3%、11.1%、10.1%和7.2%。大型水电站数量分布呈西部地区多，东中部地区少的特点，主要分布在四川、云南、贵州、湖北、青海和广西等6省（自治区），共占全国大型水电站数量的57.7%。

表4-1-2 水资源一级区规模以上水电站数量与装机容量

水资源一级区	合 计		大型水电站		中型水电站		小型水电站	
	数量/座	装机容量/万kW	数量/座	装机容量/万kW	数量/座	装机容量/万kW	数量/座	装机容量/万kW
全国	22179	32728.1	142	20664.0	477	5242.0	21560	6822.1
北方地区	1913	4960.1	31	3221.5	79	975.8	1803	762.8
南方地区	20266	27768.0	111	17442.5	398	4266.2	19757	6059.3
松花江区	181	536.1	3	335.3	8	114.6	170	86.3
辽河区	217	313.0	2	151.5	8	102.0	207	59.6
海河区	245	546.3	4	420.0	4	61.2	237	65.1
黄河区	569	2758.2	19	2201.8	23	305.8	527	250.6
淮河区	207	66.7	0	0.0	2	13.0	205	53.7
长江区	9934	18823.8	72	12795.5	262	2844.8	9600	3183.5
其中：太湖流域	41	445.0	3	430.0	1	10.0	37	5.0
东南诸河区	3637	1847.1	10	683.5	27	243.8	3600	919.8
珠江区	5623	4098.0	19	2194.0	63	644.0	5541	1260.0
西南诸河区	1072	2999.1	10	1769.5	46	533.6	1016	696.0
西北诸河区	494	739.7	3	112.9	34	379.2	457	247.5

从规模以上水电站装机容量分布看，西部地区远大于东中部地区。西部地区水电站装机容量为21118.6万kW，占全国的64.5%；东部和中部地区水电站装机容量为4472.9万kW和7136.5万kW，分别占全国的13.7%和21.8%。从省级行政区看，四川、云南和湖北3省的水电站装机容量较大，分别占全国的23.0%、17.4%和11.2%。

省级行政区规模以上水电站数量与装机容量见附表A22，省级行政区规模以上水电站数量与装机容量分布见图4-1-3和图4-1-4。

（三）重要经济区

全国21个重要经济区共有规模以上水电站10884座，装机容量11026.1万kW，分别占全国规模以上水电站数量和装机容量的49.1%和33.7%。其中，大型水电站57座，装机容量6157.5万kW，分别占全国大型水电站数量

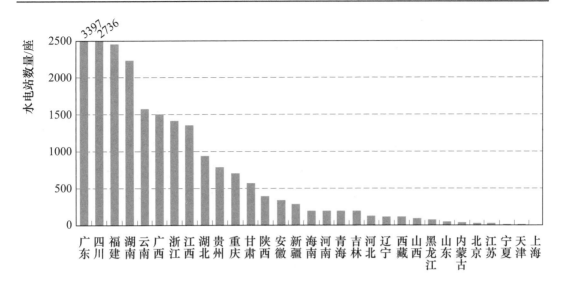

图4-1-3　省级行政区规模以上水电站数量分布

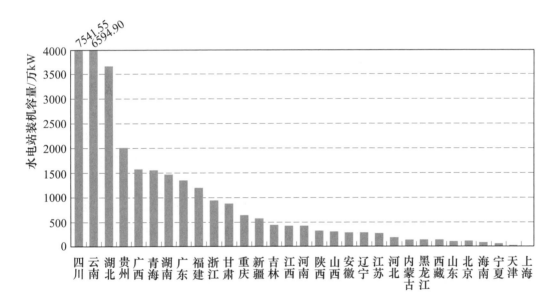

图4-1-4　省级行政区规模以上水电站装机容量分布

和装机容量的40.1%和29.8%；中型水电站180座，装机容量1890.7万kW，分别占全国中型水电站数量和装机容量的37.7%和36.1%；小型水电站10647座，装机容量2977.9万kW，分别占全国小型水电站数量和装机容量的49.4%和43.7%。

3个优化开发区共有水电站1143座，装机容量1800.4万kW，分别占全国规模以上水电站数量和装机容量的5.2%和5.5%，占全国重要经济区水电站数量和装机容量的10.5%和16.4%。其中，大型水电站11座，装机容量1382.5万kW，分别占全国重要经济区大型水电站数量和装机容量的19.3%

和 22.5%；中型水电站 14 座，装机容量 167.2 万 kW，分别占全国重要经济区中型水电站数量和装机容量的 7.8% 和 8.8%；小型水电站 1118 座，装机容量 250.7 万 kW，分别占全国重要经济区小型水电站数量和装机容量的 10.5% 和 8.4%。

18 个重点开发区共有水电站 9741 座，装机容量 9225.7 万 kW，分别占全国规模以上水电站数量和装机容量的 43.9% 和 28.2%，占全国重要经济区水电站数量和装机容量的 89.5% 和 83.6%。其中，大型水电站 46 座，装机容量 4775 万 kW，分别占全国重要经济区大型水电站数量和装机容量的 80.7% 和 77.5%；中型水电站 166 座，装机容量 1723.5 万 kW，分别占全国重要经济区中型水电站数量和装机容量的 92.2% 和 91.2%；小型水电站 9529 座，装机容量 2727.2 万 kW，分别占全国重要经济区小型水电站数量和装机容量的 89.5% 和 91.6%。

在全国重要经济区中，海峡西岸经济区、成渝地区和长江中游地区的水电站数量较多，分别占全国重要经济区水电站数量的 39.5%、18.0% 和 14.5%；藏中南地区、呼包鄂榆地区、东陇海地区和宁夏沿黄经济区的水电站数量较少，仅占全国重要经济区水电站数量的 0.14%、0.08%、0.07% 和 0.03%。水电站装机容量较大为成渝地区、海峡西岸经济区和长江中游地区，分别占全国重要经济区装机容量的 28.0%、16.7% 和 8.7%。大型水电站主要分布在成渝地区、海峡西岸经济区、长江三角洲地区、长江中游地区和黔中地区，分别占重要经济区大型水电站数量的 17.5%、14.0%、10.5%、10.5% 和 10.5%。全国重要经济区规模以上的水电站数量与装机容量见表 4 - 1 - 3，全国重要经济区规模以上的水电站数量与装机容量分布见图 4 - 1 - 5 和图 4 - 1 - 6。

表 4 - 1 - 3　　全国重要经济区规模以上的水电站数量与装机容量

序号	重要经济区	合计		大型水电站		中型水电站		小型水电站	
		数量/座	装机容量/万 kW	数量/座	装机容量/万 kW	数量/座	装机容量/万 kW	数量/座	装机容量/万 kW
	优化开发经济区	1143	1800.4	11	1382.5	14	167.2	1118	250.7
1	环渤海地区	200	434.7	3	231.5	11	143.2	186	60.0
2	长江三角洲地区	408	774.0	6	671.0	3	24.0	399	79.0
3	珠江三角洲地区	535	591.7	2	480.0	0	0.0	533	111.7
	重点开发经济区	9741	9225.7	46	4775	166	1723.5	9529	2727.2
4	冀中南地区	80	123.1	1	100.0	0	0.0	79	23.1

序号	重要经济区	合计		大型水电站		中型水电站		小型水电站	
		数量/座	装机容量/万 kW	数量/座	装机容量/万 kW	数量/座	装机容量/万 kW	数量/座	装机容量/万 kW
5	太原城市群	50	295.2	3	270.0	1	12.8	46	12.4
6	呼包鄂榆地区	9	122.1	1	120.0	0	0.0	8	2.1
7	哈长地区	63	418.8	3	335.2	4	57.6	56	26.0
8	东陇海地区	8	1.8	0	0.0	0	0.0	8	1.8
9	江淮地区	189	222.8	2	160.0	2	21.0	185	41.8
10	海峡西岸经济区	4302	1844.4	8	502.5	31	276.0	4263	1065.9
11	中原经济区	238	422.7	3	341.0	3	32.0	232	49.7
12	长江中游地区	1578	956.6	6	466.1	17	158.5	1555	332.0
13	北部湾地区	333	158.5	0	0.0	7	105.6	326	52.9
14	成渝地区	1957	3088.3	10	1707	64	662.1	1883	719.2
15	黔中地区	333	836.7	6	650.5	6	77.5	321	108.7
16	滇中地区	268	360.8	1	60.0	15	145.1	252	155.7
17	藏中南地区	15	30.1	0	0.0	2	26.0	13	4.1
18	关中-天水地区	158	52.0	0	0.0	0	0.0	158	52.0
19	兰州-西宁地区	82	165.6	1	32.5	8	93.3	73	39.9
20	宁夏沿黄经济区	3	42.6	1	30.2	1	12.0	1	0.4
21	天山北坡经济区	75	83.4	0	0.0	5	44.0	70	39.4
	合计	10884	11026.1	57	6157.5	180	1890.7	10647	2977.9

三、主要河流水电站情况

(一) 总体情况

在我国流域面积 50km² 及以上的河流中，建有规模以上水电站的河流共有 4923 条，占全国河流数量的 10.9%，共建有规模以上水电站 22161 座，装机容量 32604 万 kW，分别占全国规模以上水电站数量和装机容量的 99.9% 和 99.6%。其中，流域面积小于 1000km² 的河流干流上共有水电站 13759 座，装机容量 5959.8 万 kW，分别占全国规模以上水电站数量与装机容量的 62.0% 和 18.3%，大型水电站数量占全国大型水电站数量的 14.9%；流域面积 1000（含）～10000km² 的河流干流上共有水电站 5907 座，装机容量 5474.8 万 kW，分别占 26.7% 和 16.8%，大型水电站数量占 13.5%；流域面

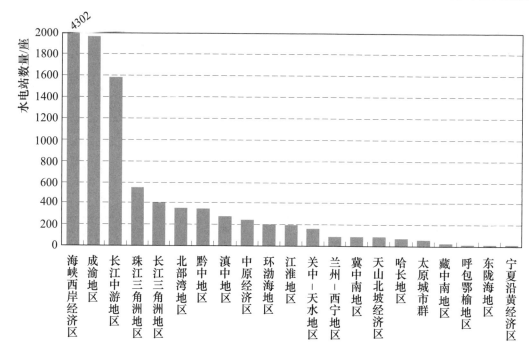

图 4-1-5　全国重要经济区规模以上的水电站数量分布

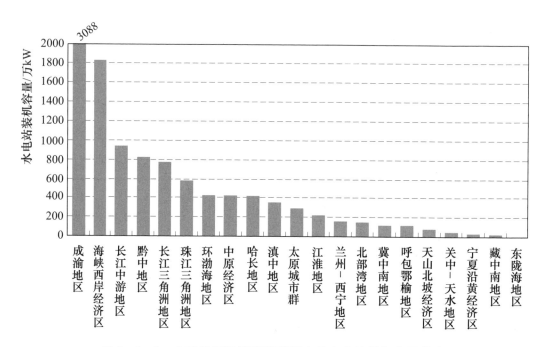

图 4-1-6　全国重要经济区规模以上的水电站装机容量分布

积 1 万（含）～10 万 km² 的河流干流上共有水电站 2139 座，装机容量 6704.6 万 kW，分别占 9.7% 和 20.6%，大型水电站数量占 28.4%；流域面积 10 万 km² 及以上的河流干流上共有水电站 356 座，装机容量 14464.8 万 kW，分别占 1.6% 和 44.4%，大型水电站数量占 43.2%。全国不同流域面积河流规模以上水电站数量与装机容量见表 4-1-4，全国不同流域面积河流规模以上水电站数量与装机容量分布见图 4-1-7。

表 4-1-4 全国不同流域面积河流规模以上水电站数量与装机容量

流域面积/km²	合 计		大型水电站		中型水电站		小型水电站	
	数量/座	装机容量/万 kW	数量/座	装机容量/万 kW	数量/座	装机容量/万 kW	数量/座	装机容量/万 kW
一、1000 以下	13759	5959.8	21	2574.5	28	249.2	13710	3136.1
1. 200 以下	6264	3417.4	16	2124.5	5	34.0	6243	1258.9
2. 200（含）～1000	7495	2542.4	5	450.0	23	215.2	7467	1877.2
二、1000（含）～10000	5907	5474.8	19	1343.0	183	1899.4	5705	2232.4
1. 1000（含）～3000	3269	2529.1	5	492.0	85	912.8	3179	1124.3
2. 3000（含）～10000	2638	2945.7	14	851.0	98	986.6	2526	1108.1
三、1 万（含）～10 万	2139	6704.6	40	2964.2	221	2453.8	1878	1286.6
四、10 万及以上	356	14464.8	61	13682.2	43	622.4	252	160.2
合计	22161	32604.0	141	20563.9	475	5224.8	21545	6815.3

注 本次普查河流上水电站工程的统计汇总规定，对位于流域面积 50km² 以下的河流上的水电站工程，其普查数据汇入流域面积 50km² 及以上的最小一级河流中，因此，在大江大河干流汇总数据中，包含了直接汇入干流的流域面积 50km² 以下河流上的小型水电站。

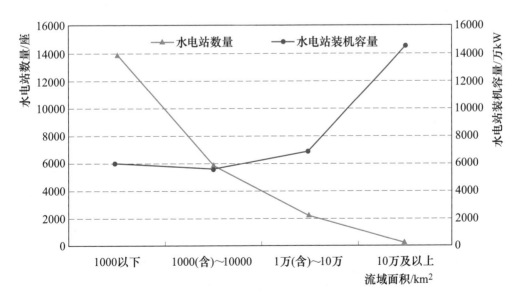

图 4-1-7 全国不同流域面积河流规模以上水电站
数量与装机容量分布

（二）主要河流水电站分布

在我国 97 条主要河流干流上，共建有规模以上的水电站 1524 座，装机容量 17726.8 万 kW，分别占全国规模以上水电站数量和装机容量的 6.9% 和 54.2%。在七大江河流域中，大中型水电站主要分布在长江流域、黄河流域和珠江流域，其数量分别为 334 座、42 座和 82 座，分别占全国大中型水电站数量的 54.0%、6.8% 和 13.2%。主要河流水系规模以上水电站数量与装机容量见附表 A23。七大江河流域及其主要支流规模以上的水电站分布情况如下。

1. 松花江流域

松花江流域共有水电站 139 座，装机容量 497.8 万 kW。松花江干流（含嫩江）有 2 座中型水电站，装机容量共 31.6 万 kW。

2. 辽河流域

辽河流域共有水电站 56 座，装机容量 26.4 万 kW。其中，辽河（含西拉木伦河和西辽河）、老哈河、东辽河以及乌力吉木仁河干流上均无大、中型水电站。

3. 海河流域

海河流域共有水电站 245 座，装机容量 546.3 万 kW，其中包括 4 座大型水电站（均为抽水蓄能电站）和 4 座中型水电站。永定河（含桑干河）干流只有 1 座 7.2 万 kW 的中型水电站。

4. 黄河流域

黄河流域共有水电站 569 座，装机容量 2758.2 万 kW，包括 19 座大型水电站和 23 座中型水电站。其中，黄河干流共有 16 座大型水电站和 14 座中型水电站，装机容量 2199.0 万 kW，分别占黄河流域大、中型水电站数量和装机容量的 71.4% 和 87.7%。渭河是黄河的一级支流，尚无大中型水电站。洮河仅有 1 座大型水电站和 3 座中型水电站，装机容量共 47.7 万 kW。

5. 淮河流域

淮河流域共有水电站 207 座，装机容量 66.7 万 kW，其中中型水电站 2 座，装机容量 13 万 kW。淮河干流（含入江水道）尚无大中型水电站。沙颍河、涡河干流均未建水电站，淠河和西淠河各建有 1 座中型水电站，装机容量共 13 万 kW。

6. 长江流域

长江流域共有水电站 9934 座，装机容量 18823.8 万 kW，占全国水电站数量和装机容量的 44.8% 和 57.5%。其中，长江干流共有 9 座大型水电站，装机容量 5625.5 万 kW，分别占长江流域大型水电站数量和装机容量的 12.5% 和 44%。雅砻江、岷江-大渡河、嘉陵江、汉江和乌江-六冲河等是长江的一级支流，雅砻江共建有 5 座大型水电站，装机容量 1470 万 kW，分别占长江流域大型水电站数量和装机容量的 6.9% 和 11.5%；岷江-大渡河共建有 11 座大型水电站，装机容量 1548 万 kW，分别占长江流域大型水电站数量和装机容量的 15.3% 和 12.1%；嘉陵江和汉江均只有 2 座大型水电站，装机容量分别为 160 万 kW 和 175.3 万 kW；乌江-六冲河共有 9 座大型水电站，装机容量 1066.5 万 kW，分别占长江流域水电站数量和装机容量的 12.5% 和 8.3%。

7. 珠江流域

珠江流域共有水电站 5623 座，装机容量 4098 万 kW，包括 19 座大型水电站和 63 座中型水电站。其中，西江干流（含浔江、黔江、红水河、南盘江）共有 9 座大型水电站，装机容量 1128.7 万 kW，分别占珠江流域大型水电站数量和装机容量的 47.4% 和 51.4%。

在七大江河干流中，长江干流上大中型水电站数量为 9 座，装机容量 5625.5 万 kW；黄河干流上大中型水电站数量为 30 座，装机容量 2199.0 万 kW。在七大江河主要支流中，大中型水电站数量较多的河流是岷江、嘉陵江和沅江，均在 10 座以上。七大江河干流及其主要支流水电站数量与装机容量统计见表 4-1-5。

表 4-1-5　七大江河干流及其主要支流水电站数量与装机容量统计

序号	河流名称	合　计		大型水电站		中型水电站	
		数量/座	装机容量/万 kW	数量/座	装机容量/万 kW	数量/座	装机容量/万 kW
1	松花江干流	2	31.6	0	0	2	31.6
2	第二松花江	4	306.3	2	280.3	2	26
3	辽河干流	0	0	0	0	0	0
4	东辽河	0	0	0	0	0	0
5	潮白河	1	10.1	0	0	1	10.1
6	永定河	1	7.2	0	0	1	7.2
7	黄河干流	30	2199	16	1951.8	14	247.2
8	汾河	0	0	0	0	0	0
9	渭河	0	0	0	0	0	0
10	淮河干流	0	0	0	0	0	0
11	涡河	0	0	0	0	0	0
12	沙颍河	0	0	0	0	0	0
13	沂河	0	0	0	0	0	0

续表

序号	河流名称	合　计		大型水电站		中型水电站	
		数量/座	装机容量/万 kW	数量/座	装机容量/万 kW	数量/座	装机容量/万 kW
14	沭河	0	0	0	0	0	0
15	长江干流	9	5625.5	9	5625.5	0	0
16	汉江	7	262.7	2	175.3	5	87.4
17	岷江-大渡河	13	1561.8	11	1548	2	13.8
18	雅砻江	5	1470	5	1470	0	0
19	嘉陵江	13	278.1	2	160	11	118.1
20	乌江-六冲河	9	1066.5	9	1066.5	0	0
21	湘江	9	81.4	0	0	9	81.4
22	资水	6	135	1	94.8	5	40.2
23	沅江	12	496.8	4	345	8	151.8
24	赣江	2	89.3	2	89.3	0	0
25	西江	0	0	0	0	0	0
26	北盘江	8	331.4	3	247.8	5	83.6
27	柳江	5	56	0	0	5	56
28	郁江	8	148	1	54	7	94
29	北江	3	28.2	0	0	3	28.2
30	东江	2	260	1	240	1	20

注　表中数据均为河流干流成果。

第二节　水电站类型

按照水电站的开发方式划分，水电站可分为闸坝式水电站、引水式水电站、混合式水电站和抽水蓄能电站 4 种类型，其中闸坝式、引水式和混合式水电站又称为常规水电站。按照水电站的额定水头划分，水电站可分为高水头电站、中水头电站和低水头电站 3 种类型。本节主要以水资源一级区、省级行政区以及主要河流为单元，对规模以上不同类型的水电站主要指标进行综合分析。

一、不同类型水电站数量

(一) 按水电站开发方式分

在全国规模以上水电站中，共有闸坝式水电站 3310 座，装机容量

18086.6万kW，分别占全国规模以上水电站数量和装机容量的14.9%和55.3%；引水式水电站16403座，装机容量8198万kW，分别占74.0%和25.1%；混合式水电站2438座，装机容量3911万kW，分别占11.0%和11.9%；抽水蓄能电站28座，装机容量2532.5万kW，分别占0.1%和7.7%。全国规模以上不同开发方式水电站数量及装机容量比例见图4-2-1和图4-2-2。

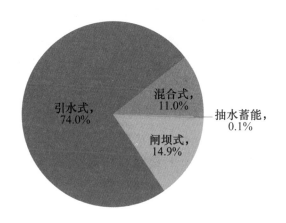

图4-2-1　全国规模以上不同开发方式
水电站数量比例

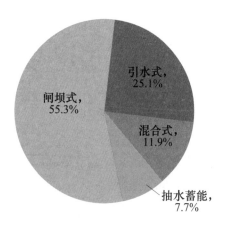

图4-2-2　全国规模以上不同开发方式
水电站装机容量比例

（二）按水电站额定水头分

在全国规模以上水电站中，共有高水头电站3258座，装机容量6866.5万kW；中水头电站10293座，装机容量20306.2万kW；低水头电站8628座，装机容量5535.3万kW。全国规模以上不同水头水电站数量及装机容量比例见图4-2-3和图4-2-4。

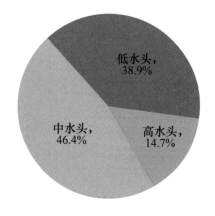

图4-2-3　全国规模以上不同
水头水电站数量比例

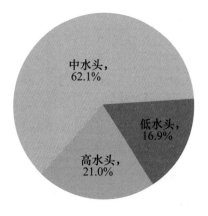

图4-2-4　全国规模以上不同
水头水电站装机容量比例

二、不同类型水电站分布

(一) 水资源一级区

1. 按水电站开发方式分

我国南方地区共有闸坝式水电站 2902 座、引水式水电站 15034 座、混合式水电站 2312 座、抽水蓄能电站 18 座，分别占全国规模以上水电站数量的 87.7%、91.7%、94.8%和 64.3%；北方地区共有闸坝式水电站 408 座、引水式水电站 1369 座、混合式水电站 126 座、抽水蓄能电站 10 座，分别占 12.3%、8.3%、5.2%和 35.7%。从水资源一级区看，闸坝式水电站主要分布在长江区和珠江区，分别占全国闸坝式水电站数量的 42.2%和 30.6%；引水式水电站也主要分布在长江区和珠江区，分别占全国引水式水电站数量的 47.8%和 24.5%；混合式水电站主要分布在东南诸河区、长江区和珠江区，分别占全国混合式水电站数量的 40.8%、28.4%和 24.2%；抽水蓄能电站主要分布在长江区和海河区，分别占全国抽水蓄能水电站数量的 39.3%和 21.4%。水资源一级区规模以上不同开发方式水电站数量与装机容量见表 4-2-1。

表 4-2-1　水资源一级区规模以上不同开发方式水电站数量与装机容量

水资源一级区	闸坝式水电站		引水式水电站		混合式水电站		抽水蓄能电站	
	数量/座	装机容量/万 kW	数量/座	装机容量/万 kW	数量/座	装机容量/万 kW	数量/座	装机容量/万 kW
全国	3310	18086.6	16403	8198.0	2438	3911.0	28	2532.5
北方地区	408	2016.0	1369	1157.1	126	980.9	10	806.1
南方地区	2902	16070.6	15034	7040.9	2312	2930.1	18	1726.4
松花江区	75	188.4	84	88.4	22	259.3	0	0.0
辽河区	76	99.5	130	60.5	10	33.0	1	120.0
海河区	53	30.5	178	51.7	8	6.1	6	458.1
黄河区	88	1612.9	459	555.7	20	369.6	2	220.0
淮河区	77	23.3	105	23.4	24	12.0	1	8.0
长江区	1396	11268.0	7835	4757.8	692	1938.8	11	859.2
其中：太湖流域	5	1.5	25	2.5	7	1.1	4	440.0
东南诸河区	419	717.7	2220	418.8	995	462.6	3	248.0
珠江区	1013	2172.5	4017	949.8	590	367.7	3	608.0
西南诸河区	74	1912.4	962	914.5	35	161.0	1	11.3
西北诸河区	39	61.4	413	377.4	42	300.8	0	0.0

2. 按水电站额定水头分

我国南方地区高、中、低水头电站数量分别占全国高、中、低水头电站数量的 98.9%、94.6% 和 84.7%，装机容量分别占全国高、中、低水头电站装机容量的 81.2%、87.2% 和 80.7%，均远高于北方地区。从水资源一级区看，长江区、珠江区和东南诸河区 3 个一级区的不同水头的水电站数量和装机容量均较大，其中高水头电站数量分别占全国高水头电站数量的 52.6%、22.0% 和 15.8%；中水头电站数量分别占全国中水头电站数量的 44.6%、25.6% 和 18.6%；低水头电站数量分别占全国低水头电站数量的 42.1%、26.3% 和 14.0%。水资源一级区规模以上不同水头水电站数量与装机容量见表 4-2-2。

表 4-2-2　　水资源一级区规模以上不同水头水电站数量与装机容量

水资源一级区	高水头电站		中水头电站		低水头电站	
	数量/座	装机容量/万 kW	数量/座	装机容量/万 kW	数量/座	装机容量/万 kW
全国	3258	6886.5	10293	20306.3	8628	5535.3
北方地区	37	1296.7	560	2594.9	1316	1068.5
南方地区	3221	5589.8	9733	17711.4	7312	4466.8
松花江区	0	0.0	30	417.8	151	118.4
辽河区	6	124.5	32	52.0	179	136.6
海河区	8	421.5	62	89.2	175	35.6
黄河区	11	647.4	189	1489.4	369	621.5
淮河区	4	0.7	52	36.9	151	29.1
长江区	1715	3343.8	4588	12735.3	3631	2744.7
其中：太湖流域	8	430.4	20	11.9	13	2.7
东南诸河区	514	422.4	1917	954.3	1206	470.4
珠江区	718	870.9	2635	2089.9	2270	1137.1
西南诸河区	274	952.8	593	1931.8	205	114.5
西北诸河区	8	102.5	195	509.7	291	127.4

（二）省级行政区

1. 按水电站开发方式分

我国东、中、西部地区的闸坝式水电站数量分别为 1162 座、1099 座和 1049 座，占全国闸坝式水电站数量的 35.1%、33.2% 和 31.7%；引水式水电站数量分布呈现西部地区较多，东中部地区较少的特点，西部地区共有引水式水电站 7437 座，占全国引水式水电站数量的 45.3%，东部和中部地区的引水式水电站分别为 5134 座和 3832 座，占全国引水式水电站数量的 31.3% 和 23.4%；混合式水电站数量呈现东部地区多，中西部地区少的特点，东部地区共有混合式水电站 1515 座，占全国混合式水电站数量的 62.1%，中部和西部地区的混合式水电站分别为 487 座和 436 座，占全国混合式水电站数量的 20.0% 和 17.9%；抽水蓄能电站主要分布在东部地区，共有 16 座，占全国抽水蓄能电站数量的 57.1%。

从省级行政区看，闸坝式水电站主要分布在广东、湖南、福建、广西和四川 5 省（自治区），分别占全国闸坝式水电站数量的 16%、13.3%、9.7%、9.4% 和 7%；云南、四川和湖北 3 省的装机容量较大，分别占全国闸坝式水电站装机容量的 21.1%、19.5% 和 18.3%。引水式水电站主要分布在广东、四川、湖南、福建和云南 5 省，分别占全国引水式水电站数量的 14.9%、14.8%、10.3%、9.7% 和 8.6%；四川和云南 2 省的装机容量较大，分别占全国引水式水电站装机容量的 37.1% 和 17%。混合式水电站主要分布在福建、浙江和广东 3 省，分别占全国混合式水电站数量的 22.6%、20.1% 和 17.1%；四川、云南、福建和青海 4 省的装机容量较大，分别占全国混合式水电站装机容量的 24.8%、12.3%、9.3% 和 8.4%。全国仅 16 个省级行政区有抽水蓄能电站，主要分布在江苏、浙江、安徽和广东 4 省，占全国抽水蓄能电站数量的 42.9%；广东、浙江和江苏 3 省装机容量较大，分别占全国抽水蓄能电站装机容量的 24%、12.2% 和 10.3%。省级行政区规模以上不同开发方式水电站数量及装机容量见附表 A24。

2. 按水电站额定水头分

我国东部地区高、中、低水头电站分别为 1024 座、3842 座和 2961 座，占全国高、中、低水头电站数量的 31.4%、37.3% 和 34.3%；西部地区高、中、低水头电站分别为 1681 座、4118 座和 3126 座，占全国高、中、低水头电站数量的 51.6%、40.0% 和 36.2%；中部地区高、中、低水头电站分别为 553 座、2333 座和 2541 座，占全国高、中、低水头电站数量的 17.0%、22.7% 和 29.5%。

省级行政区中，四川、广东、云南、福建、广西和湖南 6 省（自治区）高水头电站较多，分别占全国高水头电站数量的 22.2%、14.4%、11.7%、8.8%、8.5% 和 8.4%；四川和云南 2 省高水头电站装机容量较大，分别占全国高水头电站装机容量的 34% 和 17.1%；天津、宁夏和黑龙江 3 省（自治区、直辖市）没有高水头电站。中水头电站主要分布在广东、福建、四川、湖南和云南 5 省，分别占全国中水头电站数量的 16.5%、12.7%、11.6%、9.4% 和

8.9%；中水头电站装机容量较大的是四川、云南和湖北 3 省，分别占全国中水头电站装机容量的 21.3%、21.2% 和 15.7%；天津、宁夏和山东 3 省（自治区、直辖市）没有中水头电站。低水头电站主要分布在广东、湖南、福建、四川、江西和广西 6 省（自治区），分别占全国低水头电站数量的 14.2%、11.6%、10.1%、9.5%、8.0% 和 7.2%；低水头电站装机容量较大的是四川、广西、湖南、湖北和甘肃 5 省（自治区），分别占全国低水头电站装机容量的 15.6%、12.2%、11.3%、7.5% 和 6.9%。省级行政区规模以上不同水头水电站数量及装机容量见附表 A25。

三、主要河流不同类型水电站情况

（一）按水电站开发方式分

在我国 97 条主要河流上，共有闸坝式水电站 464 座，装机容量 12957.9 万 kW，分别占全国闸坝式水电站数量和装机容量的 14% 和 71.6%；引水式水电站共 929 座，装机容量 2237.7 万 kW，分别占全国引水式水电站数量和装机容量的 5.7% 和 27.3%；混合式水电站共 127 座，装机容量 2231.2 万 kW，分别占全国混合式水电站数量和装机容量的 5.2% 和 54.5%；抽水蓄能电站共 4 座，装机容量 398.1 万 kW，分别占全国抽水蓄能电站数量和装机容量的 14.3% 和 15.7%。

在七大江河干流中，黄河干流和长江干流上闸坝式水电站分别为 27 座和 10 座，占主要河流闸坝式水电站数量的 8%；引水式水电站分别为 30 座和 13 座，占主要河流引水式水电站数量的 4.6%；混合式水电站数量分别为 7 座和 3 座，占主要河流混合式水电站数量的 7.9%。在七大江河主要支流中，闸坝式水电站数量较多的是沅江、西江、郁江、东江、嘉陵江、涪江、牡丹江、资水、贺江、北江、湘江、赣江和汉江，均在 10 座以上，共 190 座，占主要河流闸坝式水电站数量的 40.9%；引水式水电站数量较多的是岷江、岷江-大渡河、洮河、东江、湟水-大通河、湘江、湟水、伊洛河、涪江、沁河、漳河和北江，均在 20 座以上，共 401 座，占主要河流引水式水电站数量的 43.1%；混合式水电站数量较多的是东江、湄江、涪江、西江、第二松花江、沁河和岷江-大渡河，分别为 12 座、5 座、5 座、5 座、3 座、3 座、3 座，共 36 座，占主要河流混合式水电站数量的 28.3%。主要河流规模以上不同开发方式水电站数量与装机容量见附表 A26。

（二）按水电站额定水头分

在我国 97 条主要河流干流上，共有高水头电站 117 座，装机容量 2032.7 万 kW，分别占全国高水头电站数量和装机容量的 3.6% 和 29.5%；中水头电站 470 座，装机容量 12735.8 万 kW，分别占全国中水头电站数量和装机容量的 4.6% 和 62.7%；低水头电站 937 座，装机容量 2958.4 万 kW，分别占全国低水头电站数量和装机容量的 10.9% 和 53.4%。

在七大江河干流中，长江干流和黄河干流上的高水头电站分别有 9 座和 1 座，占主要河流高水头电站数量的 8.5%；中水头电站分别有 31 座和 15 座，占主要河流中水头电站数量的 9.8%。黄河干流上低水头电站数量为 27 座，长江干流、松花江干流、辽河干流、淮河干流上的低水头电站均不到 10 座。在七大江河主要支流中，高水头电站数量较多的是岷江-大渡河、岷江、贺江、雅砻江、北盘江和东江，分别有 28 座、13 座、8 座、6 座、3 座、3 座，共 61 座，占主要河流高水头电站数量的 52.1%；中水头电站数量较多的是东江、湘江、西江、岷江-大渡河、岷江、北江、乌江-六冲河和北盘江，均在 10 座以上，共 144 座，占主要河流中水头电站数量的 30.6%；低水头电站数量较多的是洮河、岷江、涪江、东江、湟水-大通河、伊洛河、湟水、湘江、郁江、沁河、沅江、漳河，均在 20 座以上，共 352 座，占主要河流低水头电站数量的 37.6%。主要河流规模以上不同水头水电站数量与装机容量见附表 A27。

第三节　水电站年发电量

水电站多年平均年发电量是指水电站的设计多年平均年发电量，是水电站在相当长的年列中，所有各年年发电量的算术平均值，它是反映水电站动能效益和制订电力生产计划时的重要指标。水电站 2011 年发电量是指 2011 年内水电站生产的电能量，通过管理单位的发电量记录获取。本节以水资源一级区和省级行政区为单元，对规模以上水电站 2011 年发电量和多年平均年发电量进行了综合分析。

一、总体情况

全国规模以上水电站多年平均年发电量为 11566.35 亿 kW·h（其中已建水电站多年平均年发电量为 7544.08 亿 kW·h，占 65.2%），2011 年发电量为 6572.96 亿 kW·h，占已建水电站多年平均年发电量的 82.7%。

从水电站的开发方式看，闸坝式水电站的多年平均年发电量和 2011 年发电量均较大，分别占全国水电站多年平均年发电量和 2011 年发电量的 58.5% 和 56.4%，其中已建闸坝式水电站 2011 年发电量占其多年平均年发电量的 83.8%；引水式水电站次之，其多年平均年发电量和 2011 年发电量分别占全国的 26.9% 和 26.8%，已建引水式水电站 2011 年发电量占其多年平均年发电量的82.1%。全国规模以上不同开发方式水电站年发电量见表4-3-1。全国规模以上不同开发方式水电站多年平均年发电量和2011年发电量比例见图4-3-1和图4-3-2。

表4-3-1　　　全国规模以上不同开发方式水电站年发电量　　单位：亿kW·h

项　　目		合计	闸坝式水电站	引水式水电站	混合式水电站	抽水蓄能电站
多年平均年发电量	合计	11566.35	6765.91	3112.03	1418.03	270.38
	已建	7544.08	4222.03	2077.84	1050.82	193.39
	在建	4022.27	2543.88	1034.19	367.21	76.99
2011年发电量	合计	6572.96	3708.91	1761.32	969.31	133.42

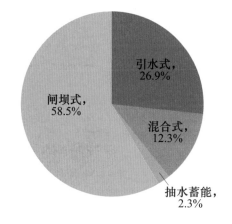

图4-3-1　全国规模以上不同开发方式
水电站多年平均年发电量比例

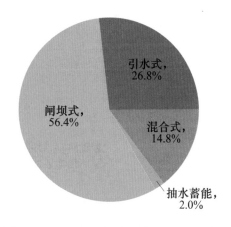

图4-3-2　全国规模以上不同开发方式
水电站2011年发电量比例

二、水资源一级区

我国南方地区水电站2011年发电量为5560.85万kW·h，占全国规模以上水电站2011年发电量的84.6%；北方地区水电站2011年发电量为1012.12亿kW·h，占15.4%。水资源一级区中，长江区、珠江区、西南诸河区和黄河区的2011年发电量分别占全国规模以上水电站2011年发电量的53.8%、13.8%、11.9%和10.2%。水资源一级区规模以上水电站年发电量见表4-3-2。

从水电站的开发方式看，闸坝式水电站2011年发电量较大的是长江区、珠江区、黄河区和西南诸河区，共占全国闸坝式水电站2011年发电量的93.4%；引水式水电站2011年发电量较大的是长江区、西南诸河区和珠江区，共占全国引水式水电站2011年发电量的80.5%；混合式水电站2011年发电量

表4-3-2

水资源一级区规模以上水电站年发电量

水资源一级区	多年平均年发电量/(亿 kW·h)			2011年发电量/(亿 kW·h)	闸坝式水电站		引水式水电站		混合式水电站		抽水蓄能电站	
	合计	已建水电站	在建水电站		多年平均年发电量/(亿 kW·h)	2011年发电量/(亿 kW·h)	多年平均年发电量/(亿 kW·h)	2011年发电量/(亿 kW·h)	多年平均年发电量/(亿 kW·h)	2011年发电量/(亿 kW·h)	多年平均年发电量/(亿 kW·h)	2011年发电量/(亿 kW·h)
全国	11566.35	7544.08	4022.28	6572.96	6765.91	3708.91	3112.03	1761.32	1418.03	969.31	270.38	133.42
北方地区	1296.78	878.3	418.5	1012.12	616.81	570.50	350.35	243.35	280.48	181.83	49.14	16.45
南方地区	10269.57	6665.77	3603.78	5560.84	6149.10	3138.41	2761.69	1517.97	1137.55	787.49	221.23	116.97
松花江区	93.32	79.65	13.67	75.45	34.58	28.96	17.58	12.82	41.16	33.66	0.00	0.00
辽河区	85.40	65.32	20.08	64.17	33.48	30.52	16.35	14.20	17.57	19.45	18.00	0.00
海河区	44.57	25.80	18.77	25.28	4.60	2.28	6.82	5.17	3.60	3.54	29.54	14.28
黄河区	827.97	544.19	283.78	671.85	517.07	485.35	185.57	139.09	123.86	45.37	1.47	2.03
淮河区	13.44	13.14	0.31	10.88	5.37	4.36	5.39	4.21	2.55	2.18	0.13	0.13
长江区	7209.73	4126.30	3083.43	3533.01	4401.05	1962.62	1932.89	948.18	788.80	567.25	86.99	54.95
其中:太湖流域	33.84	33.84	0.00	30.06	0.43	0.36	0.57	0.50	0.22	0.20	32.61	29.01
东南诸河区	482.38	477.02	5.36	371.46	200.54	158.41	127.59	100.85	131.64	99.98	22.61	12.21
珠江区	1347.31	1246.04	101.27	876.26	770.49	562.37	321.14	187.63	147.44	81.18	108.24	45.07
西南诸河区	1230.16	816.43	413.72	780.12	777.02	455.00	380.07	281.31	69.67	39.06	3.40	4.74
西北诸河区	232.08	150.20	81.89	164.49	21.71	19.01	118.63	67.85	91.74	77.63	0.00	0.00

较大的是长江区和东南诸河区,共占全国混合式水电站 2011 年发电量的 68.8%;抽水蓄能电站 2011 年发电量较大的是长江区和珠江区,共占全国抽水蓄能电站 2011 年发电量的 75.0%。

三、省级行政区

我国西部地区水电站 2011 年发电量为 4014.53 亿 kW·h,占全国规模以上水电站 2011 年发电量的 61.1%;东部和中部地区水电站 2011 年发电量分别为 720.7 亿 kW·h 和 1837.73 亿 kW·h,占 11.0% 和 27.9%。从省级行政区看,四川、湖北和云南 3 省 2011 年发电量较大,分别占全国规模以上水电站 2011 年发电量的 19.9%、17.9% 和 14.7%。

从水电站的开发方式看,闸坝式水电站 2011 年发电量较大的是湖北、云南、四川和广西 4 省(自治区),共占全国闸坝式水电站 2011 年发电量的 62.9%,分别为 30%、12.9%、10.4% 和 9.6%;引水式水电站 2011 年发电量较大的是四川和云南 2 省,共占全国引水式水电站 2011 年发电量的 53.6%,分别为 32% 和 21.6%;混合式水电站 2011 年发电量较大的是四川、云南和福建 3 省,共占全国混合式水电站 2011 年发电量的 56.7%,分别为 36.8%、11.3% 和 8.6%;抽水蓄能电站 2011 年发电量较大的是广东、浙江和湖南 3 省,共占全国抽水蓄能电站 2011 年发电量的 68.5%,分别为 33.8%、22.1% 和 12.6%。省级行政区规模以上不同开发方式水电站年发电量见附表 A28,省级行政区规模以上水电站年发电量分布见图 4-3-3。

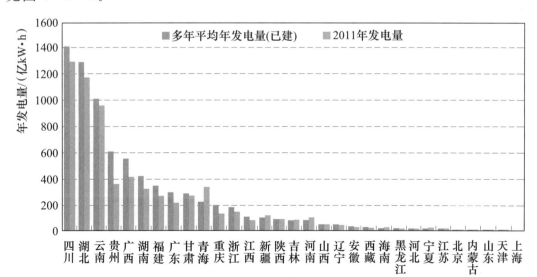

图 4-3-3　省级行政区规模以上水电站年发电量分布

第四节　水电站建设年代

一、已建和在建水电站

截止到 2011 年年底，在全国规模以上的水电站中，已建水电站共 20855 座，装机容量 21735.8 万 kW，分别占全国水电站数量和装机容量的 94.0％和 66.4％；在建水电站共 1324 座，装机容量 10992.3 万 kW，分别占全国水电站数量和装机容量的 6.0％和 33.6％。

从省级行政区看，已建水电站主要分布在广东、四川、福建和湖南 4 省，分别占全国已建水电站数量的 16.1％、11.8％、11.8％和 10.3％；已建水电站装机容量较大的是湖北、四川、云南和贵州 4 省，分别占全国已建水电站装机容量的 16.1％、14.9％、11.2％和 7.8％。在建水电站主要分布在四川、云南、甘肃和湖南 4 省，分别占全国在建水电站数量的 20.8％、13.2％、10.2％和 7.3％；在建水电站装机容量较大的是四川和云南 2 省，分别占全国在建水电站装机容量的 39.3％和 29.7％。省级行政区规模以上已建和在建水电站数量与装机容量见附表 A29，省级行政区规模以上已建和在建水电站数量和装机容量分布见图 4-4-1 和图 4-4-2。

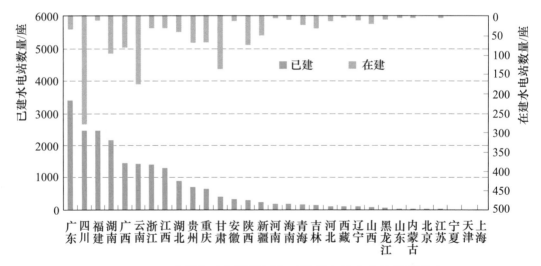

图 4-4-1　省级行政区规模以上已建和在建水电站数量分布

二、不同时期水电站建设情况

在规模以上水电站中，新中国成立以前建成的水电站共 13 座，装机容量 140.3 万 kW，分别占全国规模以上水电站数量和装机容量的 0.1％和 0.4％。

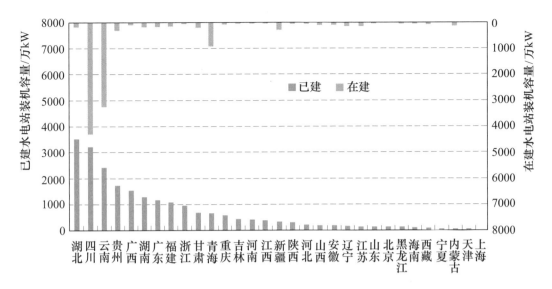

图 4-4-2　省级行政区规模以上已建和在建水电站装机容量分布

其中丰满和太平湾 2 座大型水电站的装机容量占新中国成立前水电站装机容量的 91%。

20 世纪 50 年代，仅建成 99 座水电站，装机容量 67.9 万 kW，分别占全国规模以上水电站数量和装机容量的 0.4% 和 0.2%，且无大型水电站。

20 世纪 60 年代，共建成水电站 409 座，装机容量 706.0 万 kW，分别占全国规模以上水电站数量和装机容量的 1.8% 和 2.2%。建成大型水电站 7 座，包括在黄河干流修建的刘家峡水电站和在新安江干流修建的新安江水电站等。

20 世纪 70 年代，水电站建设数量明显增加，共建成水电站 2100 座，装机容量 1139.4 万 kW，分别占全国规模以上水电站数量和装机容量的 9.5% 和 3.5%，多为中小型水电站。建成大型水电站 7 座，包括在汉江干流修建的丹江口水电站和岷江干流上修建的龚嘴水电站等。

20 世纪 80 年代，共建成水电站 2823 座，装机容量 1453.6 万 kW，分别占全国规模以上水电站数量和装机容量的 12.7% 和 4.4%，多为中小型水电站。建成包括葛洲坝水利枢纽在内的 7 座大型水电站。

20 世纪 90 年代，共建成水电站 3553 座，装机容量 3075.5 万 kW，分别占全国规模以上水电站数量和装机容量的 16% 和 9.4%。建成白山水电站、漫湾水电站和天生桥一级水电站等 18 座大型水电站。

2000 年至普查时点（2011 年 12 月 31 日），共建设水电站 13182 座，新增装机容量 26147.4 万 kW，分别占全国规模以上水电站数量和装机容量的 59.5% 和 79.9%。这一时期，主要建设了三峡、溪洛渡、糯扎渡、龙滩和小湾水电站等 101 座大型水电站。

全国不同年代、不同时期规模以上水电站建设数量与装机容量见表 4-4-1 和表 4-4-2，全国不同年代规模以上水电站建设数量与装机容量分布见图 4-4-3 和图 4-4-4，全国不同年代大型水电站建设数量与装机容量分布见图 4-4-5 和图 4-4-6。

表 4-4-1　全国不同年代规模以上水电站建设数量与装机容量

建设年代	合计		大型水电站		中型水电站		小型水电站	
	数量/座	装机容量/万 kW	数量/座	装机容量/万 kW	数量/座	装机容量/万 kW	数量/座	装机容量/万 kW
1949 年以前	13	140.3	2	131.8	0	0.0	11	8.5
20 世纪 50 年代	99	67.9	0	0.0	3	21.1	96	46.8
20 世纪 60 年代	409	706.0	7	463.6	8	104.1	394	138.3
20 世纪 70 年代	2100	1139.4	7	410.5	28	296.9	2065	432.0
20 世纪 80 年代	2823	1453.6	7	701.6	15	158.5	2801	593.5
20 世纪 90 年代	3553	3073.5	18	1655.5	37	366.8	3498	1051.2
2000 年至普查时点	13182	26147.4	101	17301.0	386	4294.6	12695	4551.8
合计	22179	32728.1	142	20664.0	477	5242.0	21560	6822.1

表 4-4-2　全国不同时期规模以上水电站建设数量与装机容量

建设时期	合计		大型水电站		中型水电站		小型水电站	
	数量/座	装机容量/万 kW	数量/座	装机容量/万 kW	数量/座	装机容量/万 kW	数量/座	装机容量/万 kW
1949 年以前	13	140.3	2	131.8	0	0	11	8.5
1960 年以前	112	208.2	2	131.8	3	21.1	107	55.3
1970 年以前	521	914.2	9	595.4	11	125.2	501	193.6
1980 年以前	2621	2053.6	16	1005.9	39	422.1	2566	625.6
1990 年以前	5444	3507.2	23	1707.5	54	580.6	5367	1219.1
2000 年以前	8997	6580.7	41	3363	91	947.4	8865	2270.3
2011 年以前	22179	32728.1	142	20664	477	5242	21560	6822.1

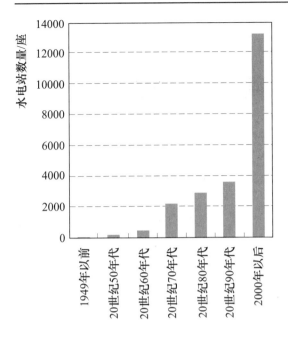

图 4-4-3　全国不同年代规模以上
水电站建设数量分布

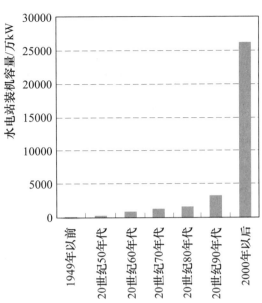

图 4-4-4　全国不同年代规模以上
水电站装机容量分布

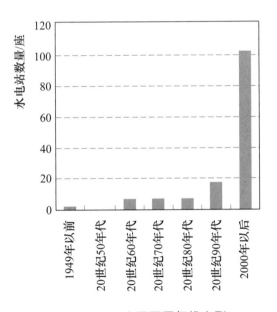

图 4-4-5　全国不同年代大型
水电站建设数量分布

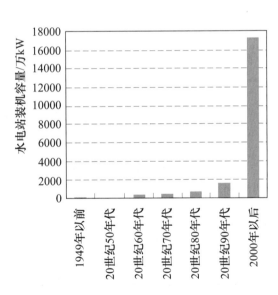

图 4-4-6　全国不同年代大型水电站
装机容量分布

第五章 水 闸 工 程

水闸是既能挡水又能泄水的低水头水工建筑物，一般通过闸门启闭来控制水位和流量，以满足防洪、灌溉和排涝等需要。本章主要对 $5m^3/s$ 及以上（以下简称"规模以上"）水闸的数量、过闸流量、引水能力以及工程建设情况等进行综合分析。

第一节 水闸数量与分布

一、数量与规模

全国共有过闸流量 $1m^3/s$ 及以上的水闸 268370 座。其中，规模以上水闸 97022 座（其中已建水闸 96228 座，在建水闸 794 座），占全国 $1m^3/s$ 及以上水闸数量的 36.2%；过闸流量 1（含）$\sim 5m^3/s$ 的水闸 171348 座，占全国 $1m^3/s$ 及以上水闸数量的 63.8%。另外，全国共有橡胶坝 2685 座，总坝长 249.27km。其中，坝长在 100m 以下的橡胶坝 1834 座，占全国橡胶坝数量的 68.3%；100（含）$\sim 200m$ 的橡胶坝 601 座，占全国的 22.4%；200m 及以上的橡胶坝 250 座，占全国的 9.3%。

在全国规模以上的水闸中，共有大型水闸 860 座、中型水闸 6334 座、小型水闸 89828 座，分别占全国规模以上水闸数量的 0.9%、6.5% 和 92.6%。全国规模以上水闸数量见表 5-1-1，全国规模以上水闸数量比例见图 5-1-1。全国大型水闸分布示意图见附图 E4。

表 5-1-1　　　　　　　全国规模以上水闸数量

项　目	合计	大型水闸			中型水闸	小型水闸		
		小计	大（1）型	大（2）型		小计	小（1）型	小（2）型
水闸数量/座	97022	860	133	727	6334	89828	22387	67441
占比/%	100	0.9	0.1	0.8	6.5	92.6	23.1	69.5

二、区域分布

(一)水资源一级区

在我国规模以上的水闸中,南方地区共有水闸 56765 座,占全国规模以上水闸数量的 58.5%;北方地区共有水闸 40257 座,占全国的 41.5%。从水资源一级区看,长江区、淮河区和珠江区的水闸数量较多,分别占全国规模以上水闸数量的 39.4%、

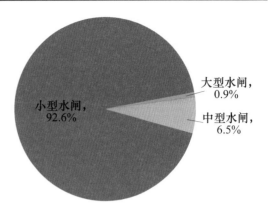

图 5-1-1 全国规模以上水闸数量比例

20.9% 和 11.3%。南方地区的大型水闸数量是北方地区的 1.7 倍,主要分布在长江区、珠江区和淮河区,分别占全国大型水闸数量的 30.8%、23.8% 和 19.1%。水资源一级区规模以上水闸数量见表 5-1-2。

表 5-1-2　　　　　　　水资源一级区规模以上水闸数量

水资源一级区	合计/座	大型水闸/座	中型水闸/座	小型水闸/座
全国	97022	860	6334	89828
北方地区	40257	320	2711	37226
南方地区	56765	540	3623	52602
松花江区	1889	15	176	1698
辽河区	2055	38	292	1725
海河区	6802	53	526	6223
黄河区	3179	23	164	2992
淮河区	20321	164	1252	18905
长江区	38196	265	2051	35880
其中:太湖流域	9805	0	147	9658
东南诸河区	7337	69	572	6696
珠江区	10989	205	965	9819
西南诸河区	243	1	35	207
西北诸河区	6011	27	301	5683

(二)省级行政区

我国规模以上水闸大多分布在东中部地区,西部地区数量较少。东部和中部地区的水闸分别为 50520 座和 33368 座,共占全国规模以上水闸数量的 86.5%,西部地区的水闸为 13134 座,仅占全国的 13.5%。从省级行政区看,

水闸主要分布在江苏、湖南、浙江、广东和湖北 5 省，分别占全国规模以上水闸数量的 18.0%、12.4%、8.8%、8.6% 和 7.0%；西藏、贵州和重庆 3 省（自治区、直辖市）的水闸较少，均不到 30 座，共占全国规模以上水闸数量的 0.08%。省级行政区规模以上水闸数量见附表 A30，省级行政区规模以上水闸数量分布见图 5-1-2。

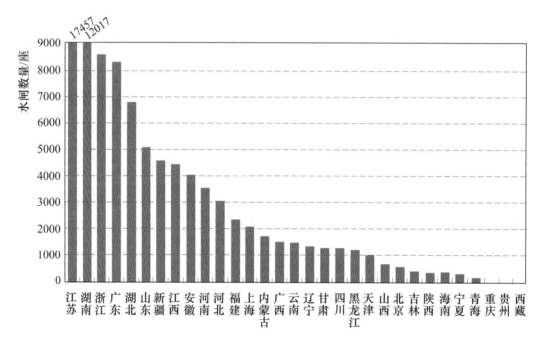

图 5-1-2　省级行政区规模以上水闸数量分布

从水闸规模看，我国东部地区大、中、小型水闸分别为 394 座、3106 座和 47020 座，占全国大、中、小型水闸数量的 45.8%、49.0% 和 52.32%；中部地区大、中、小型水闸分别为 322 座、2354 座和 30692 座，占全国大、中、小型水闸数量的 37.4%、37.2% 和 34.2%。省级行政区中，湖南、广东、山东、安徽和福建 5 省的大型水闸较多，分别占全国大型水闸数量的 17.6%、17.0%、10.0%、6.6% 和 5.9%；湖南、广东、山东、江苏和浙江 5 省的中型水闸较多，分别占全国中型水闸数量的 17.7%、11.6%、9.0%、7.5% 和 5.3%；江苏、湖南、浙江、广东和湖北 5 省的小型水闸较多，分别占全国小型水闸数量的 18.9%、12.0%、9.2%、8.3% 和 7.3%。

（三）粮食主产区

全国 17 个粮食产业带共有规模以上水闸 50156 座，占全国规模以上水闸数量 51.7%。其中，大型水闸 398 座，占全国大型水闸数量 46.3%；中型水闸 3329 座，占全国中型水闸数量的 52.6%；小型水闸 46429 座，占全国小型水闸数量的 51.7%。

粮食主产区内水闸主要分布在长江流域主产区和黄淮海平原主产区，分别占粮食主产区水闸数量的 46% 和 37.1%；河套灌区主产区、华南主产区和汾渭平原主产区 3 个粮食主产区的水闸较少，仅占粮食主产区水闸数量的 3.5%。大型水闸也主要分布在长江流域主产区和黄淮海平原主产区，分别占粮食主产区大型水闸数量的 44% 和 41.5%。全国粮食主产区规模以上水闸数量见表 5-1-3，全国粮食产业带规模以上水闸数量分布见图 5-1-3。

表 5-1-3 全国粮食主产区规模以上水闸数量

序号	粮食主产区	合计/座	大型水闸/座	中型水闸/座	小型水闸/座
1	东北平原主产区	3228	23	388	2817
1.1	辽河中下游区	1609	16	262	1331
1.2	三江平原	408	1	25	382
1.3	松嫩平原	1211	6	101	1104
2	黄淮海平原主产区	18631	165	1291	17175
2.1	黄海平原	3485	22	326	3137
2.2	黄淮平原	13579	117	763	12699
2.3	山东半岛区	1567	26	202	1339
3	长江流域主产区	23054	175	1377	21502
3.1	长江下游地区	4382	5	113	4264
3.2	洞庭湖湖区	10130	128	963	9039
3.3	江汉平原区	4445	11	72	4362
3.4	四川盆地区	531	18	48	465
3.5	鄱阳湖湖区	3566	13	181	3372
4	汾渭平原主产区	302	1	19	282
4.1	汾渭谷地区	302	1	19	282
5	河套灌区主产区	813	1	34	778
5.1	宁蒙河段区	813	1	34	778
6	华南主产区	671	15	64	592
6.1	粤桂丘陵区	199	12	18	169
6.2	云贵藏高原区	340	2	38	300
6.3	浙闽区	132	1	8	123
7	甘肃新疆主产区	3457	18	156	3283
7.1	甘新地区	3457	18	156	3283
	合计	50156	398	3329	46429

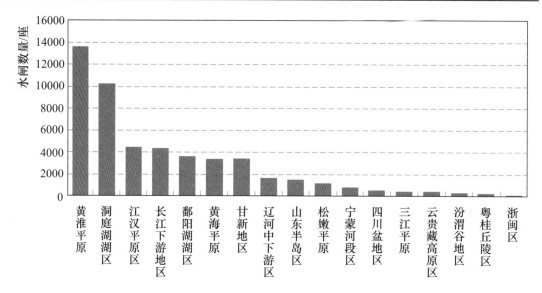

图 5-1-3　全国粮食产业带规模以上水闸数量分布

从粮食产业带水闸数量看，水闸主要分布在黄淮平原、洞庭湖湖区、江汉平原区和长江下游地区，分别占粮食主产区水闸数量的 27.1%、20.2%、8.9% 和 8.7%；浙闽区和粤桂丘陵区的水闸较少，仅占粮食主产区水闸数量的 0.3% 和 0.4%；大型水闸主要分布在洞庭湖湖区和黄淮平原，分别占粮食主产区大型水闸数量的 32.2% 和 29.4%。

三、主要河流水闸情况

在我国 50km² 及以上的河流中，建有规模以上水闸的河流共有 6789 条，占全国河流数量的 15.0%，共建有规模以上水闸 94443 座，占全国规模以上水闸数量的 97.3%。

在全国 97 条主要河流干流上，共建有规模以上水闸 10532 座，占全国规模以上水闸数量的 10.9%。其中，大型水闸 166 座，占全国大型水闸数量的 19.3%；中型水闸 562 座，占全国中型水闸数量的 8.9%；小型水闸 9804 座，占全国小型水闸数量的 10.9%。主要河流水系规模以上水闸数量见附表 A31。七大江河流域及其主要支流水闸分布情况如下。

1. 松花江流域

松花江流域共有规模以上水闸 1378 座，占全国规模以上水闸数量的 1.4%，其中大型水闸共 8 座。松花江干流（含嫩江）共有水闸 210 座，占松花江流域水闸数量的 15.2%，其中大型水闸 1 座。

2. 辽河流域

辽河流域共有规模以上水闸 1556 座，占全国规模以上水闸数量的 1.6%，其中大型水闸共 20 座。辽河干流（含西拉木伦河和西辽河），共有水闸 218 座，占辽河流域水闸数量的 14.0%，其中大型水闸 5 座。

3. 海河流域

海河流域共有规模以上水闸 6802 座，占全国规模以上水闸数量的 7%，其中大型水闸 53 座。永定河（含桑干河）干流共有水闸 134 座，占海河流域水闸数量的 2%，其中大型水闸 4 座。

4. 黄河流域

黄河流域共有规模以上水闸 3179 座，占全国规模以上水闸数量的 3.3%，其中大型水闸 23 座。黄河干流共有水闸 1089 座，占黄河流域水闸数量的 34.3%，其中大型水闸 9 座。

5. 淮河流域

淮河流域共有规模以上水闸 20321 座，占全国规模以上水闸数量的 20.9%，其中大型水闸 164 座。淮河干流（含入江河道）共有水闸 224 座，占淮河流域水闸数量的 1.1%，其中大型水闸 12 座。

6. 长江流域

长江流域共有规模以上水闸 38196 座，占全国规模以上水闸数量的 39.4%，其中大型水闸 265 座。长江干流（含金沙江、通天河、沱沱河）共有水闸 746 座，占长江流域水闸数量的 2%，其中大型水闸 5 座。雅砻江和嘉陵江无水闸工程，岷江-大渡河和汉江分别有 1 座和 2 座大型水闸。

7. 珠江流域

珠江流域共有规模以上水闸 10989 座，占全国规模以上水闸数量的 11.3%，其中大型水闸 205 座。西江干流（含浔江、黔江、红水河、南盘江）共有水闸 281 座，占珠江流域水闸数量的 2.6%，其中大型水闸共 2 座。

第二节　不同类型水闸情况

根据水闸的作用与任务，可分为引（进）水闸、节制闸、排（退）水闸、分（泄）洪闸和挡潮闸 5 种类型。本节主要对我国规模以上不同类型水闸数量和规模以上引水闸的引水能力进行了综合分析。

一、数量与分布

在全国规模以上水闸中，共有引（进）水闸 10968 座，占全国规模以上水闸数量的 11.3%；节制闸 55133 座，占全国的 56.8%；排水闸 17197 座，占全国的 17.7%；分（泄）洪闸 7920 座，占全国的 8.2%；挡潮闸 5804 座，占

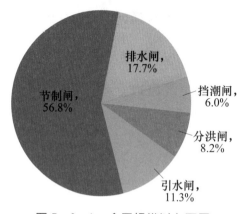

图 5-2-1　全国规模以上不同
类型水闸数量比例

全国的 6%。全国规模以上不同类型水闸数量比例见图 5-2-1。

水资源一级区中，长江区和淮河区的引（进）水闸数量较多，分别占全国引（进）水闸数量的 33% 和 17.5%；节制闸主要分布在长江区和淮河区，分别占全国节制闸数量的 45.6% 和 25.6%；排（退）水闸主要分布在长江区和珠江区，分别占全国排（退）水闸数量的 31.6% 和 23.4%；分（泄）洪闸主要分布在长江区和珠江区，分别占全国分（泄）洪闸数量的 45.5% 和 14.9%；挡潮闸主要分布在珠江区和东南诸河区，分别占全国挡潮闸数量的 44.5% 和 41.6%。水资源一级区规模以上不同类型水闸数量见表 5-2-1。

表 5-2-1　　　　　　　水资源一级区规模以上不同类型水闸数量　　　　　　单位：座

水资源一级区	引（进）水闸	节制闸	排（退）水闸	分（泄）洪闸	挡潮闸
全国	10968	55133	17197	7920	5804
北方地区	6313	24811	6221	2479	433
南方地区	4655	30322	10976	5441	5371
松花江区	404	701	477	307	0
辽河区	435	988	278	288	66
海河区	1234	3763	1237	506	62
黄河区	828	1607	521	193	30
淮河区	1924	14118	3430	574	275
长江区	3621	25161	5433	3607	374
其中：太湖流域	27	8674	665	161	278
东南诸河区	308	2469	1514	633	2413
珠江区	705	2499	4020	1181	2584
西南诸河区	21	193	9	20	0
西北诸河区	1488	3634	278	611	0

省级行政区中，湖北、江苏、新疆、山东和湖南 5 省（自治区）的引（进）水闸较多，分别占全国引（进）水闸数量的 12.1%、11.7%、11.4%、8.0% 和 7.9%；江苏、湖南和浙江 3 省的节制闸较多，分别占全国节制闸数量的 26.3%、16.7% 和 9.0%；广东、湖北、安徽、浙江和河南 5 省的排（退）水闸较多，分别占全国排（退）水闸数量的 20.1%、11.0%、8.3%、

8.2%和7.2%；湖南、江西、广东、湖北和安徽5省的分（泄）洪闸较多，分别占全国分（泄）洪闸数量的12.8%、11.9%、10.3%、8.1%和7.0%；广东和浙江2省的挡潮闸较多，分别占全国挡潮闸数量的37.3%和29.5%。省级行政区规模以上不同类型水闸数量与过闸流量见附表A32。

二、引水能力

水闸引水能力采用水闸的设计年引水量表示。区域水闸引水能力是区域内各水闸设计年引水量的累计值。

（一）总体情况

在全国规模以上水闸中，共有引（进）水闸10968座，占全国规模以上水闸数量的11.3%。其中，建在江（河）、湖泊和水库岸边的引（进）水闸〔以下简称"河流引（进）水闸"〕共3635座，占全国规模以上引（进）水闸数量的33.1%，过闸流量合计为106601m³/s，总引水能力3841.38亿m³。

从水闸数量和规模看，小型河流引（进）水闸数量较多，总引水能力较大，分别占全国河流引（进）水闸数量和引水能力的95.8%和78.4%，大中型河流引（进）水闸数量和引水能力分别占全国的4.2%和21.6%。全国规模以上河流引（进）水闸主要指标见表5-2-2，全国不同规模河流引（进）水闸数量比例与引水能力比例见图5-2-2和图5-2-3。

表5-2-2　　　　　　全国规模以上河流引（进）水闸主要指标

项　　目	合计	大型水闸	中型水闸	小型水闸
数量/座	3635	11	141	3483
过闸流量/（m³/s）	106601	22784	32342	51475
引水能力/亿m³	3841.38	108.16	723.31	3009.91

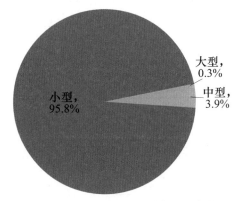

图5-2-2　全国不同规模河流引
（进）水闸数量比例

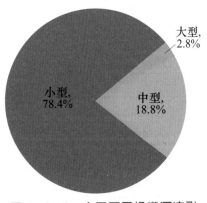

图5-2-3　全国不同规模河流引
（进）水闸引水能力比例

（二）区域引（进）水闸引水能力

1. 水资源一级区

从规模以上河流引（进）水闸的引水能力分布看，北方地区河流引（进）水闸引水能力为 2117.46 亿 m^3，占全国规模以上河流引（进）水闸的引水能力的 55.1%；南方地区的河流引（进）水闸引水能力为 1723.92 亿 m^3，占全国的 44.9%。水资源一级区中，长江区、西北诸河区、淮河区和黄河区的河流引（进）水闸引水能力较大，分别占全国规模以上河流引（进）水闸引水能力的 36.5%、18.1%、11.1% 和 10.2%；辽河区、东南诸河区和西南诸河区的河流引（进）水闸引水能力较小，分别占全国的 2.2%、1.3% 和 0.2%。

我国规模以上河流引（进）水闸引水能力占其多年平均地表水资源量的比例（以下简称"引水能力比例"）为 13.9%。北方地区引水能力比例为 40.26%，南方地区引水能力比例仅为 7.68%。各水资源一级区的引水能力比例在 0.12%～75.03% 之间，其中海河区、黄河区、淮河区和西北诸河区的引水能力比例均在 45% 以上，其他区域均在 20% 以下，其中东南诸河区和西南诸河区的引水能力比例不到 3%。水资源一级区规模以上河流引（进）水闸主要指标见表 5-2-3，水资源一级区规模以上河流引（进）水闸引水能力比例见图 5-2-4。

表 5-2-3　水资源一级区规模以上河流引（进）水闸主要指标

水资源一级区	数量/座	过闸流量/（m^3/s）	引水能力/亿 m^3	引水能力比例/%
全国	3635	106601	3841.38	13.9
北方地区	1948	68196	2117.46	40.3
南方地区	1687	38405	1723.92	7.7
松花江区	169	4591	241.88	16.2
辽河区	174	15335	83.17	16.7
海河区	453	11092	277.95	75.0
黄河区	247	7678	393.33	55.7
淮河区	489	9112	426.96	46.6
长江区	1378	21798	1403.64	14.1
其中：太湖流域	6	88.18	1.89	1.06
东南诸河区	54	1178	50.08	2.5
珠江区	247	15279	263.40	5.6
西南诸河区	8	149	6.80	0.1
西北诸河区	416	20388	694.17	54.4

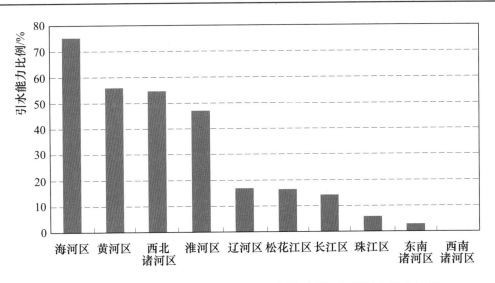

图 5 - 2 - 4 水资源一级区规模以上河流引（进）水闸引水能力比例

2. 省级行政区

从规模以上河流引（进）水闸数量分布看，我国东、中部地区的河流引（进）水闸分别为1144座和1662座，占全国河流引（进）水闸数量的31.5%和45.7%。省级行政区中，湖北、新疆、湖南、江苏和山东5省（自治区）的河流引（进）水闸较多，分别占全国河流引（进）水闸数量的20.7%、9.7%、9.1%、7.2%和7%。省级行政区规模以上河流引（进）水闸主要指标见附表A33，省级行政区规模以上河流引（进）水闸引水能力比例见图5-2-5。

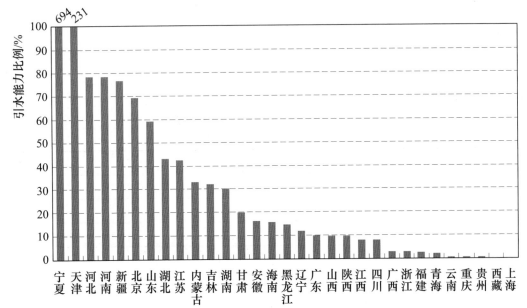

图 5 - 2 - 5 省级行政区规模以上河流引（进）水闸引水能力比例

从规模以上河流引（进）水闸的引水能力分布看，中部地区较大，西部地区次之，东部地区较小。中部地区河流引（进）水闸引水能力为 1748.36 亿 m^3，占我国河流引（进）水闸引水能力的 45.5%；西部地区为 1246.48 亿 m^3，占 32.5%；东部地区为 846.55 亿 m^3，占 22.0%。省级行政区中，新疆、湖南、湖北和河南 4 省（自治区）的河流引（进）水闸引水能力较大，分别占全国河流引（进）水闸引水能力的 17.5%、13.8%、12.2% 和 8.6%；青海、云南、西藏、贵州和重庆 5 省（自治区、直辖市）的河流引（进）水闸的引水能力较小，共占 0.7%。

从引水能力比例分布看，宁夏、天津、河北、河南、新疆、北京和山东等 7 省（自治区、直辖市）的引水能力比例均在 50% 以上；其他 24 个省级行政区的引水能力比例均在 45% 以下，其中广东、陕西、山西、浙江、西藏和重庆等 14 省（自治区、直辖市）的引水能力比例均不到 10%。

第三节　水闸建设年代

一、已建和在建情况

截止到 2011 年年底，在全国规模以上的水闸中，已建水闸共 96228 座，占全国水闸总数量的 99.2%；在建水闸 794 座，占全国水闸总数量的 0.8%。从省级行政区看，已建水闸主要分布在江苏、湖南、浙江、广东和湖北 5 省，分别占全国已建水闸数量的 18.1%、12.5%、8.7%、8.5% 和 7%；在建水闸主要分布在浙江、广东和江苏 3 省，分别占全国在建水闸数量的 24.6%、17.8% 和 10.7%。省级行政区规模以上已建和在建水闸数量见表 5-3-1，省级行政区规模以上已建和在建水闸数量分布见图 5-3-1。

表 5-3-1　　　　省级行政区规模以上已建和在建水闸数量　　　　单位：座

行政区划	已建	在建	行政区划	已建	在建
全国	96228	794	吉林	458	5
北京	625	7	黑龙江	1264	12
天津	1069	0	上海	2108	7
河北	3066	14	江苏	17372	85
山西	729	1	浙江	8386	195
内蒙古	1742	13	安徽	4032	34
辽宁	1383	4	福建	2351	30

续表

行政区划	已建	在建	行政区划	已建	在建
江西	4452	16	四川	1296	10
山东	5058	32	贵州	27	1
河南	3562	16	云南	1511	28
湖北	6752	18	西藏	15	0
湖南	11998	19	陕西	423	1
广东	8171	141	甘肃	1304	8
广西	1510	39	青海	208	15
海南	412	4	宁夏	367	0
重庆	28	1	新疆	4549	38

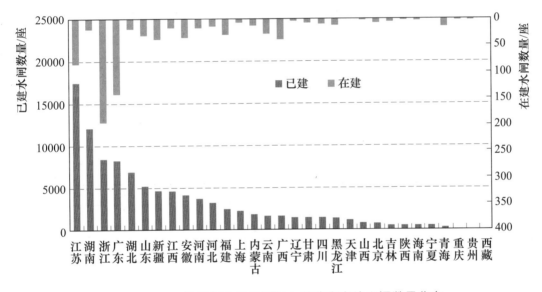

图 5-3-1　省级行政区规模以上已建和在建水闸数量分布

二、不同时期水闸建设情况

在规模以上的水闸中，新中国成立以前建成的水闸 505 座，占全国规模以上水闸数量的 0.5%；20 世纪 50—70 年代，共建成水闸 39552 座，占全国规模以上水闸数量的 40.8%，其中，20 世纪 70 年代建成的水闸较多，为 22651 座，占全国规模以上水闸数量的 23.3%；20 世纪 80—90 年代，共建成水闸 30740 座，占全国规模以上水闸数量的 31.7%；2000 年以后，共建设水闸 26225 座，占全国规模以上水闸数量的 27%。全国不同年代、不同时期规模以上水闸建设数量分别见表 5-3-2 和表 5-3-3，全国不同年代规模以上水闸建设数量分布见图 5-3-2，全国不同年代大型水闸建设数量分布见图 5-3-3。

表 5-3-2 全国不同年代规模以上水闸建设数量 单位：座

建设年代	合计	大型水闸	中型水闸	小型水闸
1949 年以前	505	8	35	462
20 世纪 50 年代	4926	81	490	4355
20 世纪 60 年代	11975	121	910	10944
20 世纪 70 年代	22651	186	1722	20743
20 世纪 80 年代	14360	98	792	13470
20 世纪 90 年代	16380	125	849	15406
2000 年至普查时点	26225	241	1536	24448
合计	97022	860	6334	89828

表 5-3-3 全国不同时期规模以上水闸数量 单位：座

建设时期	合计	大型水闸	中型水闸	小型水闸
1949 年以前	505	8	35	462
1960 年以前	5431	89	525	4817
1970 年以前	17406	210	1435	15761
1980 年以前	40057	396	3157	36504
1990 年以前	54417	494	3949	49974
2000 年以前	70797	619	4798	65380
2011 年以前	97022	860	6334	89828

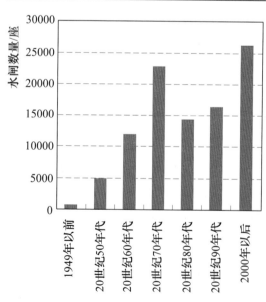

图 5-3-2 全国不同年代规模
以上水闸建设数量分布

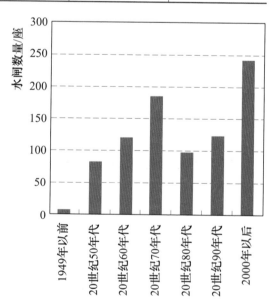

图 5-3-3 全国不同年代大型
水闸建设数量分布

第六章 泵 站 工 程

泵站是可以将低处的水提升到所需的高度，用于排水、灌溉、城镇生活和工业供水等的水利工程，为抗旱排涝、保证城镇和乡村供水发挥了显著的作用。本章主要对装机流量 1m³/s 及以上或装机功率 50kW 及以上（以下简称"规模以上"）泵站的数量、装机流量、装机功率、设计扬程等进行了综合分析。

第一节 泵站数量与分布

一、数量与规模

全国共有各类泵站 424293 处。其中，规模以上泵站 88970 处（已建泵站 88272 处，在建泵站 698 处），占全国泵站数量的 21%；装机流量 1m³/s 以下且装机功率 50kW 以下的泵站 335323 处，占全国泵站数量的 79%。

在全国规模以上泵站中，大型泵站 299 处、中型泵站 3714 处、小型泵站 84957 处，分别占全国规模以上泵站数量的 0.33%、4.17% 和 95.5%。全国规模以上泵站数量见表 6-1-1，全国规模以上泵站数量比例见图 6-1-1，全国大型泵站分布示意图见附图 E5。

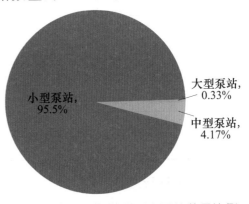

图 6-1-1 全国规模以上泵站数量比例

表 6-1-1　　　　　　　全国规模以上泵站数量

项　　目	合计	大型泵站			中型	小型泵站		
		小计	大（1）型	大（2）型		小计	小（1）型	小（2）型
数量/处	88970	299	23	276	3714	84957	37482	47475
占比/%	100	0.33	0.03	0.3	4.17	95.5	42.1	53.4

二、区域分布

(一) 水资源一级区

在规模以上泵站中，南方地区共有泵站 54477 处，占全国规模以上泵站数量的 61.2%，北方地区仅占 38.8%。从水资源一级区看，长江区、淮河区和珠江区规模以上泵站数量分别占全国的 49.6%、19.5% 和 9.1%，其大型泵站数量分别占全国大型泵站数量的 36.8%、18.7% 和 17.1%。水资源一级区规模以上泵站数量见表 6-1-2。

表 6-1-2　　　　　　　水资源一级区规模以上泵站数量　　　　　单位：处

水资源一级区	合计	大型泵站	中型泵站	小型泵站
全国	88970	299	3714	84957
北方地区	34493	129	1453	32911
南方地区	54477	170	2261	52046
松花江区	1515	11	108	1396
辽河区	1948	2	140	1806
海河区	4233	12	342	3879
黄河区	6072	47	463	5562
淮河区	17377	56	370	16951
长江区	44127	110	1517	42500
其中：太湖流域	6898	32	340	6526
东南诸河区	1823	9	153	1661
珠江区	8077	51	586	7440
西南诸河区	450	0	5	445
西北诸河区	3348	1	30	3317

(二) 省级行政区

我国东、中部地区规模以上泵站数量较多，分别为 35754 处和 32032 处，占全国规模以上泵站数量的 40.2% 和 36.0%，西部地区占 23.8%。省级行政区中，江苏、湖北、安徽、湖南和四川 5 省规模以上泵站较多，分别占全国规模以上泵站数量的 20.0%、11.5%、8.3%、8.1% 和 6.2%；大型泵站主要分布在江苏、湖北、广东和安徽 4 省，分别占全国大型泵站数量的 19.4%、15.4%、13.4% 和 5.0%；中型泵站主要分布在广东、安徽、江苏、湖北、湖南和上海 6 省（直辖市），分别占全国中型泵站数量的 12.8%、10.1%、9.6%、8.4%、7.2% 和 5.1%；小型泵站主要分布在江苏、湖北、安徽、湖南和四川 5 省，分别占全国小型泵站数量的 20.5%、11.6%、8.3%、8.2% 和 6.5%。省级行政区规模以上泵站数量见附表 A34，省级行政区规模以上泵站数量分布见图 6-1-2。

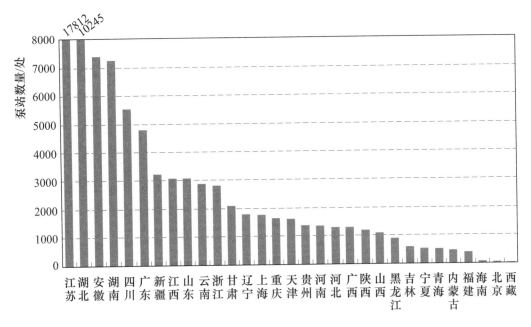

图 6-1-2　省级行政区规模以上泵站数量分布

（三）粮食主产区

全国 17 个粮食产业带共有规模以上的泵站 44989 处，占全国泵站数量 50.6%。其中，大型泵站 126 处，占全国大型泵站数量 42.1%；中型泵站 1259 处，占全国中型泵站数量的 33.9%；小型泵站 43604 处，占全国小型泵站数量的 51.3%。

粮食主产区内规模以上的泵站主要分布在长江流域主产区和黄淮海平原主产区，分别占粮食主产区规模以上泵站数量的 54.9% 和 29.6%；河套灌区主产区、华南主产区和汾渭平原主产区 3 个粮食主产区的泵站较少，仅占粮食主产区规模以上泵站数量 6.0%。大型泵站主要分布在长江流域主产区和黄淮海平原主产区，分别占粮食主产区大型泵站数量 34.9% 和 32.5%。全国粮食主产区规模以上泵站数量见表 6-1-3，全国粮食产业带规模以上泵站数量分布见图 6-1-3。

从粮食产业带泵站数量看，主要分布在黄淮平原、长江下游地区、江汉平原区和洞庭湖湖区，分别占粮食主产区规模以上泵站数量的 25.4%、16.2%、12.6% 和 12.3%；浙闽区和粤桂丘陵区的泵站较少，仅占粮食主产区规模以上泵站数量的 0.2% 和 0.4%；大型泵站主要分布在黄淮平原、江汉平原区、洞庭湖湖区和宁蒙河段区，分别占粮食主产区大型泵站数量的 26.2%、15.9%和 9.5%和 9.5%。

表 6-1-3　　全国粮食主产区规模以上泵站数量　　单位：处

序号	粮食主产区	合计	大型泵站	中型泵站	小型泵站
1	东北平原主产区	2704	9	181	2514
1.1	辽河中下游区	1573	2	109	1462
1.2	三江平原	373	4	33	336
1.3	松嫩平原	758	3	39	716
2	黄淮海平原主产区	13309	41	336	12932
2.1	黄海平原	1264	5	93	1166
2.2	黄淮平原	11411	33	217	11161
2.3	山东半岛区	634	3	26	605
3	长江流域主产区	24684	44	597	24043
3.1	长江下游地区	7295	9	139	7147
3.2	洞庭湖湖区	5549	12	178	5359
3.3	江汉平原区	5648	20	176	5452
3.4	四川盆地区	4003	1	22	3980
3.5	鄱阳湖湖区	2189	2	82	2105
4	汾渭平原主产区	820	7	53	760
4.1	汾渭谷地区	820	7	53	760
5	河套灌区主产区	578	12	52	514
5.1	宁蒙河段区	578	12	52	514
6	华南主产区	1285	2	16	1267
6.1	粤桂丘陵区	190	1	6	183
6.2	云贵藏高原区	984	1	8	975
6.3	浙闽区	111	0	2	109
7	甘肃新疆主产区	1609	11	24	1574
7.1	甘新地区	1609	11	24	1574
	合　计	44989	126	1259	43604

三、主要河流泵站情况

在我国流域面积 $50km^2$ 及以上河流中，建有规模以上泵站的河流共 7608 条，占全国河流数量的 16.8%，共建有规模以上泵站 83784 处，占全国规模以上泵站数量的 94.2%。

在我国 97 条主要河流干流上，共有规模以上泵站 13728 处，装机流量

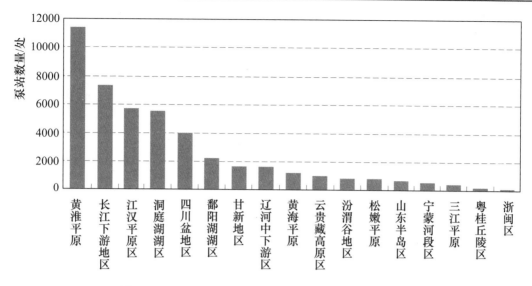

图 6-1-3 全国粮食产业带规模以上泵站数量分布

2.88 万 m^3/s，装机功率 556.02 万 kW，分别占全国规模以上泵站数量、装机流量和装机功率的 15.4%、17.1% 和 25.6%。其中，大型泵站 85 处，占主要河流泵站数量的 0.6%；中型泵站 1031 处，占主要河流泵站数量的 7.5%；小型泵站 12612 处，占主要河流泵站数量的 91.9%。主要河流水系规模以上泵站数量见附表 A35。七大江河流域及其主要支流规模以上泵站分布情况如下。

1. 松花江流域

松花江流域共有规模以上泵站 1090 处，占全国规模以上泵站数量的 1.2%，其中大型泵站 7 处。松花江干流（含嫩江）共有规模以上泵站 291 处，占松花江流域规模以上泵站数量的 26.7%，其中大型泵站 5 处，占松花江流域大型泵站数量的 71.4%。

2. 辽河流域

辽河流域共有规模以上泵站 1277 处，占全国规模以上泵站数量的 1.4%，其中大型泵站 1 处。辽河干流（含西拉木伦河和西辽河）共有规模以上泵站 106 处，占辽河流域规模以上泵站数量的 8.3%，无大型泵站。

3. 海河流域

海河流域共有规模以上泵站 4233 处，占全国规模以上泵站数量的 4.8%，其中大型泵站 12 处。永定河（含桑干河）干流共有规模以上泵站 111 处，占海河流域规模以上泵站数量的 2.6%，其中大型泵站 1 处。

4. 黄河流域

黄河流域共有规模以上泵站 6072 处，占全国规模以上泵站数量的 6.8%，其中大型泵站 47 处。黄河干流共有泵站 1915 处，其中大型泵站 24 处，分别占黄河流域规模以上泵站数量与大型泵站数量的 31.5％和 51.1％。

5. 淮河流域

淮河流域共有规模以上泵站 17377 处，占全国规模以上泵站数量的 19.5％，其中大型泵站 56 处。淮河干流（含入江水道）共有泵站 464 处，占淮河流域规模以上泵站数量的 2.7％，其中大型泵站 4 处。

6. 长江流域

长江流域共有规模以上泵站 44127 处，占全国规模以上泵站数量的 49.6％，其中大型泵站 110 处。长江干流（含金沙江、通天河、沱沱河）共有规模以上泵站 1710 处，其中大型泵站 13 处，分别占长江流域规模以上泵站数量与大型泵站数量的 3.9％和 11.8％。雅砻江、岷江-大渡河和嘉陵江干流规模以上泵站数量分别为 16 处、69 处和 350 处，均无大型泵站；汉江共有规模以上泵站 357 处，占长江流域规模以上泵站数量的 0.8％，其中大型泵站 5 处。

7. 珠江流域

珠江流域共有规模以上泵站 8077 处，占全国规模以上泵站数量的 9.1％，其中大型泵站 51 处。西江干流（含浔江、黔江、红水河、南盘江）共有规模以上泵站 615 处，其中大型泵站 8 处，分别占珠江流域规模以上泵站数量与大型泵站数量的 7.6％和 15.7％。

第二节　不同类型泵站情况

根据泵站的用途和作用，可分为供水泵站、排水泵站和供排结合泵站 3 种类型。本节主要对规模以上不同类型的泵站数量和规模及其分布进行了分析。

一、不同类型泵站数量

在全国规模以上泵站中，共有供水泵站 51708 处、排水泵站 28342 处、供排结合泵站 8920 处，分别占全国规模以上泵站数量的 58.1％、31.9％和 10％。全国规模以上不同类型泵站主要指标见表 6-2-1，全国规模以上不同类型泵站数量与装机功率比例见图 6-2-1 和图 6-2-2。

表 6-2-1　　　　全国规模以上不同类型泵站主要指标

项　目	合　计	供水泵站	排水泵站	供排结合泵站
数量/处	88970	51708	28342	8920
装机流量/（m³/s）	168845	43462	97538	27845
装机功率/万 kW	2175.9	1164.9	755.9	255.1

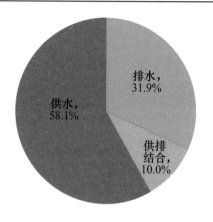

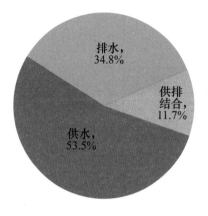

图 6-2-1　全国规模以上不同　　　　　图 6-2-2　全国规模以上不同
类型泵站数量比例　　　　　　　　　类型泵站装机功率比例

在供水泵站中，共有大型泵站 132 处、中型水泵站 1530 处、小型泵站 50046 处，分别占全国供水泵站数量的 0.3%、3.0% 和 96.7%；在排水泵站中，共有大型泵站 119 处、中型泵站 1679 处、小型泵站 26526 处，分别占全国排水泵站数量的 0.4%、6.0% 和 93.6%；在供排结合泵站中，共有大型泵站 48 处、中型泵站 487 处、小型泵站 8385 处，分别占全国供排结合泵站数量的 0.5%、5.5% 和 94.0%。

二、区域分布

（一）水资源一级区

我国南方地区供水、排水和供排结合泵站数量分别占全国供水、排水和供排结合泵站数量的 58.3%、68.3% 和 55.5%，北方地区供水、排水和供排结合泵站的数量分别占全国的 41.7%、31.7% 和 44.5%。水资源一级区中，长江区供水、排水和供排结合泵站数量分别占全国的 47.8%、52.9% 和 49.5%。水资源一级区规模以上不同类型泵站主要指标见表 6-2-2。

（二）省级行政区

我国中西部地区供水泵站数量均高于东部地区，排水泵站和供排结合泵站主要分布在东中部地区。东部、中部和西部地区的供水泵站数量分别为 12785 处、18472 处和 20451 处，占全国供水泵站数量的 24.7%、35.7% 和 39.6%；排水泵站分别为 18195 处、9625 处和 522 处，占全国排水泵站数量的 64.2%、34.0% 和 1.8%；供排结合泵站分别为 4774 处、3935 处和 211 处，占全国供排结合泵站数量的 53.5%、44.1% 和 2.4%。从省级行政区看，供水泵站主要分布在江苏、湖北、四川、湖南、安徽和新疆 6 省（自治区），分别占全国供水泵站数量的 11.8%、11.1%、10.6%、8.5%、6.6% 和 6.2%；排水泵站主

表6-2-2　　水资源一级区规模以上不同类型泵站主要指标

行政区域	合计			供水泵站			排水泵站			供排结合泵站		
	数量/处	装机流量/(m³/s)	装机功率/万kW	数量/处	装机流量/(m³/s)	装机功率/万kW	数量/处	装机流量/(m³/s)	装机功率/万kW	数量/处	装机流量/(m³/s)	装机功率/万kW
全国	88970	168845	2175.9	51708	43462	1164.9	28342	97538	755.9	8920	27845	255.1
北方地区	34493	62840	922.2	21552	24948	626.2	8972	24990	180.2	3969	12902	115.8
南方地区	54477	106005	1253.7	30156	18514	538.7	19370	72548	575.7	4951	14943	139.3
松花江区	1515	5135	69.7	944	2764	49.2	507	2042	16.8	64	329	3.7
辽河区	1948	5746	65.6	806	1427	27.3	915	3245	28.5	227	1073	9.7
海河区	4233	11364	124.0	2326	3077	51.5	1020	4742	42.7	887	3546	29.8
黄河区	6072	6436	309.3	5786	5655	300.8	219	657	5.9	67	123	2.6
淮河区	17377	33176	303.5	8405	11113	148.0	6257	14240	85.6	2715	7823	69.9
长江区	44127	75741	912.3	24731	13714	385.7	14985	48853	402.8	4411	13174	123.8
其中：太湖流域	6898	21857	143.5	990	2178	34.6	5213	17596	97.6	695	2083	11.2
东南诸河区	1823	5700	65.4	918	1147	31.5	783	3884	29.0	122	669	4.9
珠江区	8077	24349	267.9	4064	3441	113.5	3598	19810	143.8	415	1099	10.6
西南诸河区	450	215	8.1	443	213	8.0	4	1	0.05	3	1	0.02
西北诸河区	3348	984	50.2	3285	911	49.3	54	64	0.8	9	9	0.1

要分布在江苏、湖北、广东和安徽 4 省，分别占全国排水泵站数量的 32.9％、12.2％、11.9％和 10.4％；供排结合泵站主要分布在江苏、湖南、安徽和湖北 4 省，分别占全国供排结合泵站数量的 26.7％、14.4％、11.9％和 11.4％。

省级行政区规模以上不同类型泵站主要指标见附表 A36，省级行政区规模以上供水泵站、排水泵站和供排结合泵站数量分布见图 6-2-3～图 6-2-5。

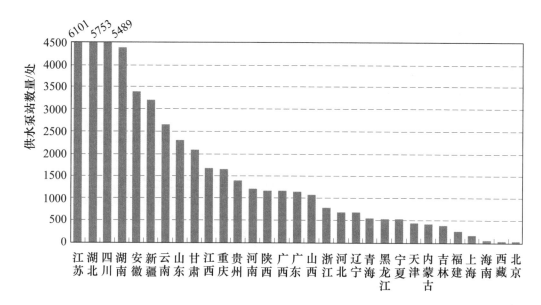

图 6-2-3 省级行政区规模以上供水泵站数量分布

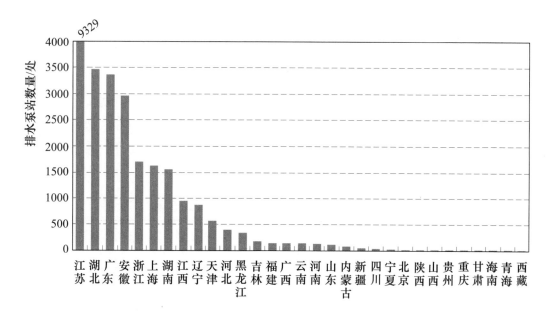

图 6-2-4 省级行政区规模以上排水泵站数量分布

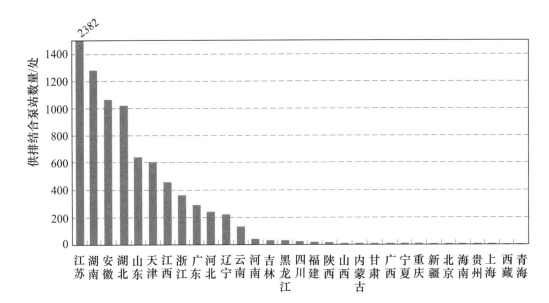

图 6-2-5 省级行政区规模以上供排结合泵站数量分布

第三节 泵站设计扬程

泵站设计扬程是指泵站水源、出水池出口设计水位的差值与水力损失之和。本节根据泵站设计扬程的大小，对设计扬程 50m 及以上、设计扬程 10 （含）～50m 和设计扬程 10m 以下 3 种类型的泵站情况及其分布进行分析。

一、不同设计扬程泵站数量

在全国规模以上泵站中，设计扬程 50m 及以上的泵站共有 13311 处，占全国的 15.0％；设计扬程 10（含）～50m 的泵站共有 26893 处，占全国的 30.2％；设计扬程小于 10m 的泵站共有 48766 处，占全国的 54.8％。全国规模以上不同设计扬程泵站主要指标见表 6-3-1，全国规模以上不同设计扬程泵站数量比例见图 6-3-1。

表 6-3-1　　全国规模以上不同设计扬程泵站主要指标

项　　目	合计	设计扬程 50m 及以上	设计扬程 10（含）～50m	设计扬程 10m 以下
数量/处	88970	13311	26893	48766
装机流量/（m³/s）	168845	3694	21640	143511
装机功率/万 kW	2175.9	406.2	612.2	1157.5

二、区域分布

我国设计扬程 50m 及以上泵站数量西部多、东中部少，西部地区共有设计扬程 50m 及以上的泵站 10206 处，占全国设计扬程 50m 及以上泵站数量的 76.7%；设计扬程 10（含）～50m 的泵站数量中西部多、东部少，中、西部地区设计扬程 10（含）～50m 的泵站为 12959 处和 9835 处，分别占全国设计扬程 10（含）～50m 泵站数量的 48.2% 和 36.6%；设计扬程 10m 以下的泵站数量东中部多、西部少，东、中部地区 10m 以下的泵

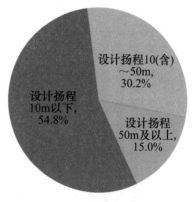

图 6-3-1 全国规模以上不同设计扬程泵站数量比例

站为 30787 处和 16836 处，分别占全国 10m 以下泵站数量的 63.1% 和 34.5%。

从省级行政区看，设计扬程 50m 及以上的泵站主要分布在四川、甘肃、贵州和云南 4 省，共有 7292 处，占全国设计扬程 50m 及以上泵站数量的 54.8%；设计扬程 10（含）～50m 的泵站主要分布在湖北、湖南、新疆、安徽和四川 5 省（自治区），共有 14854 处，占全国设计扬程 10（含）～50m 泵站数量的 55.2%；设计扬程 10m 以下的泵站主要分布在江苏、湖北和安徽 3 省，共有 27148 处，占全国设计扬程 10m 以下泵站数量的 55.7%。省级行政区规模以上不同设计扬程不同类型泵站数量见附表 A37，省级行政区规模以上不同扬程泵站数量分布见图 6-3-2～图 6-3-4。

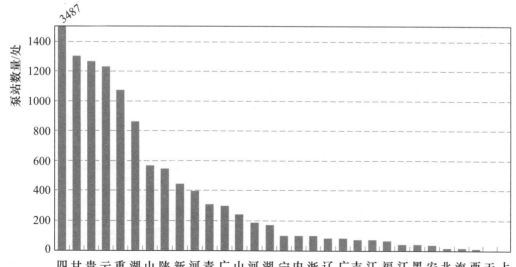

图 6-3-2 省级行政区规模以上设计扬程 50m 及以上的泵站数量分布

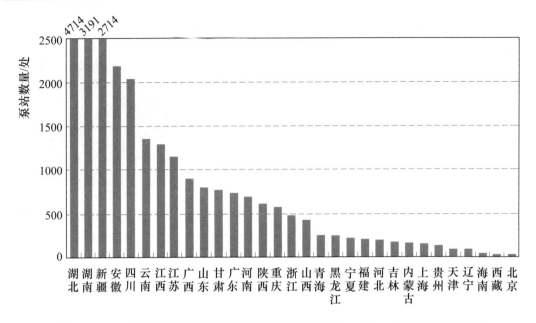

图 6-3-3 省级行政区规模以上设计扬程 10（含）～50m 的泵站数量分布

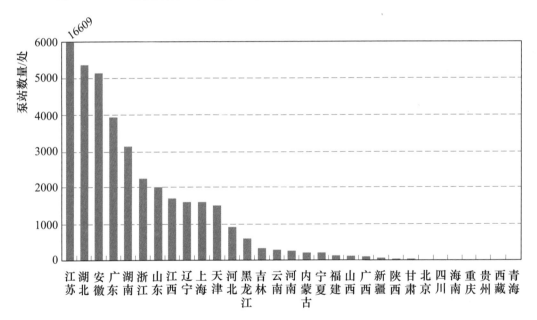

图 6-3-4 省级行政区规模以上设计扬程 10m 以下的泵站数量分布

第四节 泵 站 建 设 年 代

一、已建和在建泵站

截止到 2011 年年底，在全国规模以上的泵站中，已建泵站共 88272 处，占全国泵站数量的99.2%；在建泵站698处，占全国泵站数量的0.8%。从省级行政区看，已建泵站主要分布在江苏、湖北、安徽、湖南和四川5省，共47974处，分别占全国已建泵站数量的20%、11.6%、8.3%、8.1%和6.3%；在建泵站主要分布在江苏、广东、浙江、山东和安徽5省，共399处，分别占全国在建泵站数量的18.8%、16.2%、9%、6.7%和6.4%。省级行政区规模以上已建和在建泵站数量见表6-4-1，省级行政区规模以上已建和在建泵站数量分布见图6-4-1。

表6-4-1　　　　省级行政区规模以上已建和在建泵站数量　　　　单位：处

行政区划	已建数量	在建数量	行政区划	已建数量	在建数量
全国	88272	698	河南	1396	5
北京	75	2	湖北	10210	35
天津	1644	3	湖南	7186	31
河北	1338	7	广东	4697	113
山西	1108	23	广西	1291	35
内蒙古	511	14	海南	76	2
辽宁	1821	1	重庆	1652	13
吉林	624	2	四川	5527	17
黑龙江	900	10	贵州	1372	39
上海	1794	2	云南	2916	10
江苏	17681	131	西藏	57	0
浙江	2791	63	陕西	1221	5
安徽	7370	45	甘肃	2096	16
福建	421	12	青海	561	1
江西	3077	10	宁夏	570	2
山东	3033	47	新疆	3256	2

二、不同时期泵站建设情况

在规模以上泵站中，新中国成立以前建成的泵站56处，占全国规模以上泵站数量的0.06%，且无大型泵站；20世纪50年代，共建成泵站972处，占全国规模以上泵站数量的1.1%，仅有3处大型泵站；20世纪60—90年代，共建成泵站60896处，占全国规模以上泵站数量的68.4%，其中大型泵站168处，占全国大型泵站的56.2%；2000年以后，共建设泵站27046处，占全国

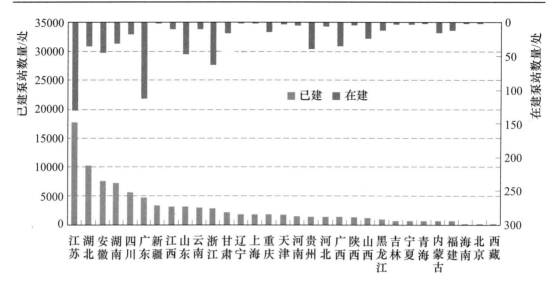

图 6-4-1　省级行政区规模以上已建和在建泵站数量分布

规模以上泵站数量的 30.4%，其中大型泵站 128 处，占全国大型泵站的 42.8%。全国不同年代、不同时期规模以上泵站建设数量见表 6-4-2 和表 6-4-3，全国不同年代规模以上泵站建设数量分布见图 6-4-2，全国不同年代大型泵站建设数量分布见图 6-4-3。

表 6-4-2　　　　　　**全国不同年代规模以上泵站建设数量**　　　　　　单位：处

建设年代	合计	大型泵站	中型泵站	小型泵站
1949 年以前	56	0	13	43
20 世纪 50 年代	972	3	56	913
20 世纪 60 年代	8465	11	346	8108
20 世纪 70 年代	22640	65	783	21792
20 世纪 80 年代	15742	41	425	15276
20 世纪 90 年代	14049	51	571	13427
2000 年至普查时点	27046	128	1520	25398
合计	88970	299	3714	84957

表 6-4-3　　　　　　**全国不同时期规模以上泵站建设数量**　　　　　　单位：处

建设时期	合计	大型泵站	中型泵站	小型泵站
1949 年以前	56	0	13	43
1960 年以前	1028	3	69	956
1970 年以前	9493	14	415	9064
1980 年以前	32133	79	1198	30856

建设时期	合计	大型泵站	中型泵站	小型泵站
1990 年以前	47875	120	1623	46132
2000 年以前	61924	171	2194	59559
2011 年以前	88970	299	3714	84957

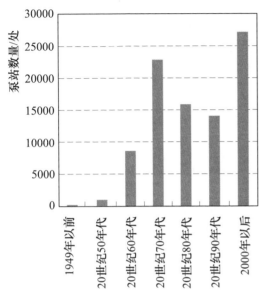

图 6-4-2 全国不同年代规模以上
泵站建设数量

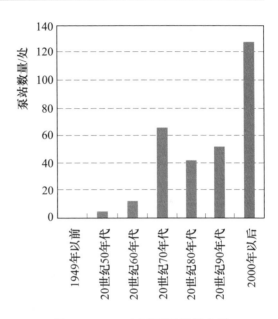

图 6-4-3 全国不同年代大型
泵站建设数量

第七章 农村供水工程

农村供水工程又称村镇供水工程，主要指向广大农村的镇区、村庄等居民点和分散农户供给生活和生产等用水，以满足村镇居民和单位日常用水需要为主的供水工程。本章主要对我国农村供水工程的数量、受益人口以及 2011 年实际供水量等进行了分析，重点对 200m³/d（或 2000 人）及以上集中式供水工程的主要指标按水源、工程类型、供水方式等进行了综合分析。

第一节 工程总体情况

农村供水工程包括集中式供水工程和分散式供水工程两大类。集中式供水工程指集中供水人口大于等于 20 人，且有输配水管网的供水工程。分散式供水工程指除集中式供水工程以外的，无输配水管网，以单户或联户为单元的供水工程。

一、总体情况

全国共有农村供水工程 5887.0 万处，受益人口 8.09 亿人。其中集中式供水工程 91.8 万处，受益人口 5.46 亿人，分别占全国农村供水工程数量和受益人口的 1.6% 和 67.5%；分散式供水工程 5795.2 万处，受益人口 2.63 亿人，分别占全国农村供水工程数量和受益人口的 98.4% 和 32.5%。全国不同类型农村供水工程数量和受益人口比例见图 7-1-1 和图 7-1-2。

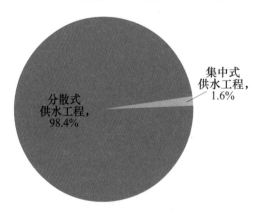

图 7-1-1　全国不同类型农村供水工程数量比例

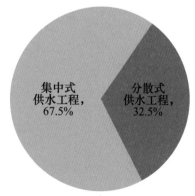

图 7-1-2　全国不同类型农村供水工程受益人口比例

（一）省级行政区分布

从省级行政区分布看，农村供水工程较多的是河南、四川、安徽和湖南 4 省，分别占全国农村供水工程数量的 13.8%、12.0%、10.9% 和 8.6%。省级行政区不同类型农村供水工程数量见附表 A38，省级行政区农村供水工程数量分布见图 7-1-3。

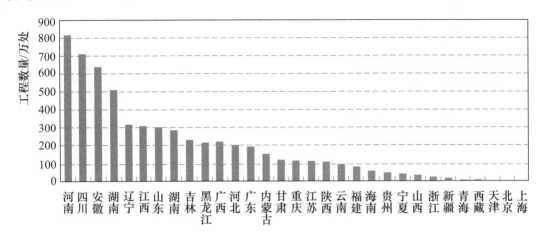

图 7-1-3　省级行政区农村供水工程数量分布

农村供水工程受益人口较多的是山东、河南、四川、广东、河北、江苏、安徽、湖南和广西 9 省（自治区），分别占全国农村供水工程受益人口的 8.2%、7.8%、6.8%、6.5%、6.3%、5.8%、5.4%、5.1% 和 4.9%。省级行政区不同类型农村供水工程受益人口数量见附表 A38，省级行政区农村供水工程受益人口分布见图 7-1-4。

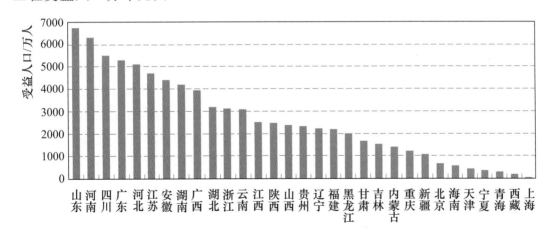

图 7-1-4　省级行政区农村供水工程受益人口分布

（二）区域分布情况

我国东部地区农村供水工程共 1271.9 万处，受益人口 3.10 亿人，分别占全国农村供水工程数量和受益人口的 21.6％和 38.3％；中部地区农村供水工程 3016.9 万处、受益人口 2.64 亿人，分别占 51.2％和 32.7％；西部地区农村供水工程 1598.2 万处、受益人口 2.35 亿人，分别占 27.2％和 29.0％。东、中、西部地区农村供水工程数量和受益人口比例见图 7-1-5 和图 7-1-6。

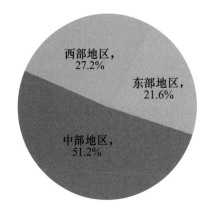 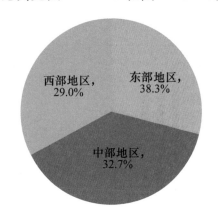

<table>
<tr><td>图 7-1-5　东、中、西部地区农村供水
工程数量比例</td><td>图 7-1-6　东、中、西部地区农村供水
工程受益人口比例</td></tr>
</table>

二、集中式供水工程

全国共有农村集中式供水工程 91.8 万处，受益人口 5.46 亿人，分别占全国农村供水工程数量和受益人口的 1.6％和 67.5％。

（一）省级行政区分布

从省级行政区分布看，农村集中式供水工程较多的是云南、四川、广西、湖南、贵州和河南 6 省（自治区），分别占全国农村集中式供水工程数量的 9.4％、8.6％、8.4％、7.3％、7.2％和 5.8％。省级行政区农村集中式供水工程数量见附表 A38，省级行政区农村集中式供水工程数量分布见图 7-1-7。

农村集中式供水工程受益人口较多的是山东、江苏、广东、河北、浙江和河南 6 省，分别占全国农村集中式供水工程受益人口数量的 10.1％、7.8％、7.5％、7.3％、5.4％和 5.2％。省级行政区农村集中式供水工程受益人口数量见附表 A38，省级行政区农村集中式供水工程受益人口数量分布见图 7-1-8。

（二）区域分布

我国东部地区共有农村集中式供水工程 23.6 万处，受益人口 2.52 亿人，分别占全国集中式供水工程数量和受益人口的 25.7％和 46.1％；中部地区共有农村集中式供水工程 25.6 万处，受益人口 1.37 亿人，分别占 27.8％和 25.1％；西部地区共有农村集中式供水工程 42.6 万处，受益人口 1.57 亿人，分别占 46.5％和 28.8％。东、中、西部地区集中式供水工程数量和受益人口

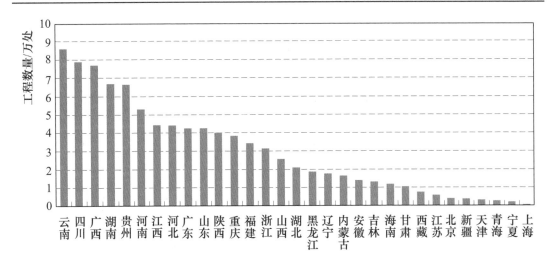

图 7-1-7　省级行政区农村集中式供水工程数量分布

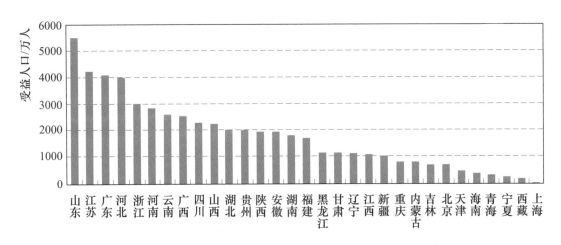

图 7-1-8　省级行政区农村集中式供水工程受益人口数量分布

比例见图 7-1-9 和图 7-1-10。

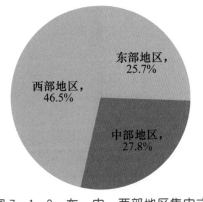

图 7-1-9　东、中、西部地区集中式
供水工程数量比例

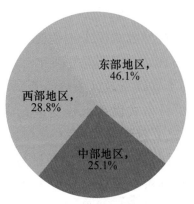

图 7-1-10　东、中、西部地区集中式
供水工程受益人口比例

三、分散式供水工程

全国共有农村分散式供水工程 5795.2 万处，受益人口 2.63 亿人，分别占全国农村供水工程数量和受益人口的 98.4% 和 32.5%。

（一）省级行政区分布

从省级行政区分布看，农村分散式供水工程较多的是河南、四川、安徽和湖南 4 省，分别占全国分散式农村供水工程数量的 13.9%、12.0%、11.0% 和 8.7%，接近全国数量的一半。上海市无分散式供水工程，北京市仅有 1893 处，天津、西藏、青海和新疆等省（自治区、直辖市）的数量亦较少。省级行政区分散式供水工程数量见附表 A38，省级行政区分散式供水工程数量分布见图 7-1-11。

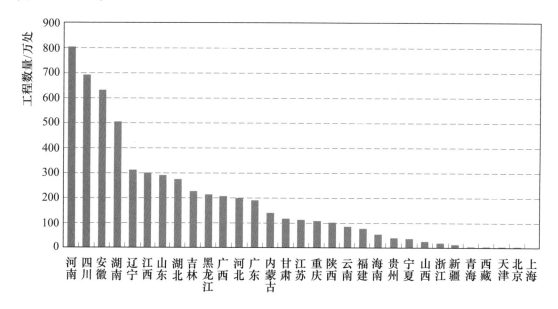

图 7-1-11 省级行政区农村分散式供水工程数量分布

农村分散式供水工程受益人口较多的是河南、四川、安徽和湖南 4 省，分别占全国农村分散式供水工程受益人口数量的 13.1%、12.2%、9.3% 和 8.9%。省级行政区农村分散式供水工程受益人口数量见附表 A38，省级行政区农村分散式供水工程受益人口数量分布见图 7-1-12。

（二）区域分布

我国东部地区共有农村分散式供水工程 1248.3 万处，受益人口 0.58 亿人，分别占全国农村分散式供水工程数量和受益人口的 21.6% 和 22.1%；中部地区共有农村分散式供水工程 2991.3 万处，受益人口 1.27 亿人，分别占 51.6% 和 48.5%；西部地区共有农村分散式供水工程 1555.6 万处，受益人口

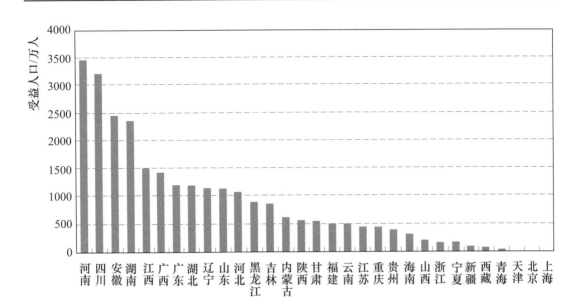

图 7-1-12　省级行政区农村分散式供水工程受益人口数量分布

0.77 亿人，分别占 26.8％和 29.4％。东、中、西部地区分散式供水工程数量和受益人口比例见图 7-1-13 和图 7-1-14。

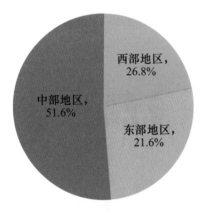

图 7-1-13　东、中、西部地区分散式
供水工程数量比例

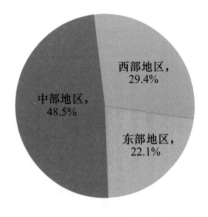

图 7-1-14　东、中、西部地区分散式
供水工程受益人口比例

第二节　200m³/d（或 2000 人）及以上集中式供水工程

一、总体情况

全国共有 200m³/d（或 2000 人）及以上（以下简称 200m³/d 规模以上）

集中式供水工程 56510 处（其中已建 54977 处，在建 1533 处），受益人口3.32 亿人，分别占全国农村集中式供水工程数量和受益人口的 6.2%和 60.8%。

在全国 200m³/d 规模以上的集中式供水工程中，1949 年以前建成的工程仅有 14 处；1949—1976 年自发建设阶段，建成工程 659 处；1977—1989 年国家启动解决农村人畜饮水困难阶段，建成工程 4766 处；1990—2004 年加快解决农村饮水困难阶段，建成工程 17945 处；2005—2011 年实施解决农村饮水安全阶段，建成工程 31593 处。全国千吨万人及以上农村集中式供水工程分布示意图见附图 E6。

（一）省级行政区分布

从省级行政区看，200m³/d 规模以上集中式供水工程较多的是江苏、河北、山东、河南、广东、广西、四川、安徽、山西和湖南 10 省（自治区），分别占全国同规模集中式供水工程数量的 8.4%、7.6%、7.4%、7.1%、5.2%、4.8%、4.8%、4.4%、4.2%和 3.7%。省级行政区 200m³/d 规模以上供水工程数量见附表 A39，省级行政区 200m³/d 规模以上供水工程数量分布见图 7-2-1。

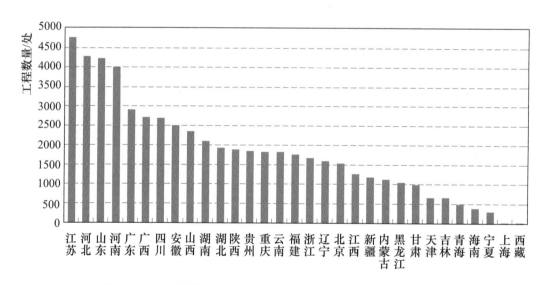

图 7-2-1　省级行政区 200m³/d 规模以上供水工程数量分布

200m³/d 规模以上集中式供水工程受益人口较多的是江苏、山东、广东、浙江、河南、河北、安徽和湖北 8 省，分别占全国同规模集中式供水工程受益人口数量的 12.6%、10.0%、9.9%、6.6%、5.4%、5.1%、4.9%和 4.8%。该规模集中式供水工程受益人口较少的是西藏、上海、海南、吉林和青海 5 省（自治区、直辖市），分别占全国同规模集中式供水工程受益人口数量的

0.01%、0.1%、0.5%、0.5%和0.6%。省级行政区 200m³/d 规模以上集中式供水工程受益人口数量见附表 A39，省级行政区 200m³/d 规模以上供水工程受益人口数量分布见图 7-2-2。

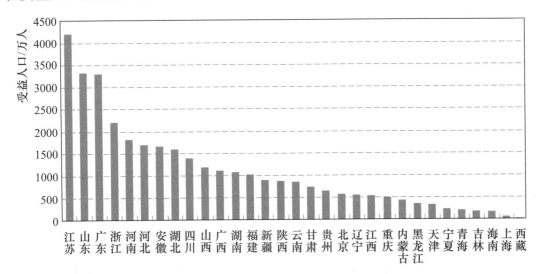

图 7-2-2 省级行政区 200m³/d 规模以上供水工程受益人口数量分布

（二）区域分布

东部地区 200m³/d 规模以上集中式供水工程 23793 处，受益人口 1.73 亿人，分别占全国同规模集中式供水工程数量和受益人口的 42.1%和 51.9%；中部地区同规模集中式供水工程 15825 处，受益人口 0.83 亿人，分别占 28.0%和 24.9%；西部地区同规模集中式供水工程 16892 处，受益人口 0.76 亿人，分别占 29.9%和 23.2%。东、中、西部地区 200m³/d 规模以上供水工程数量和受益人口比例见图 7-2-3 和图 7-2-4。

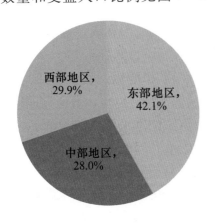

图 7-2-3 东、中、西部地区 200m³/d
规模以上供水工程数量比例

图 7-2-4 东、中、西部地区 200m³/d
规模以上供水工程受益人口比例

二、水源类型

按地表水和地下水两种水源类型，对 200m³/d 规模以上集中式供水工程的水源构成状况进行汇总分析。

（一）总体情况

200m³/d 规模以上集中式供水水源为地表水的工程 21702 处，受益人口 1.80 亿人，分别占全国同规模供水工程数量和受益人口的 38.4% 和 54.2%；供水水源为地下水的工程 34808 处，受益人口 1.52 亿人，分别占 61.6% 和 45.8%。全国不同水源 200m³/d 规模以上供水工程数量和受益人口比例见图 7－2－5 和图 7－2－6。

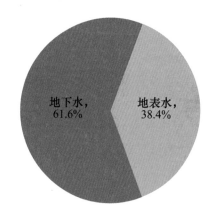

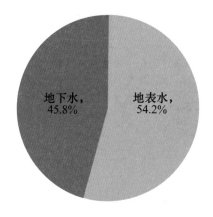

图 7－2－5　全国不同水源 200m³/d 规模
以上供水工程数量比例

图 7－2－6　全国不同水源 200m³/d 规模
以上供水工程受益人口比例

（二）省级行政区分布

从省级行政区分布看，以地表水为水源的 200m³/d 规模以上集中式供水工程数量占本省同规模集中式供水工程数量比例较高的是重庆、浙江、福建、云南、上海、贵州和广东 7 省（直辖市），分别为 95.4%、95.2%、90.9%、88.5%、82.6%、80.8% 和 80.0%，主要集中在南方地区。南方地区河湖、水库数量多，地表水资源丰富，除江苏和海南 2 省低于 30%，其他省份以地表水为水源的工程数量比例均在 50% 以上。以地下水为水源的 200m³/d 规模以上集中式供水工程数量占本省同规模集中式供水工程数量比例较高的是北京、河北、内蒙古、黑龙江、河南、山西、天津、辽宁、山东、江苏、吉林和陕西 12 省（自治区、直辖市），分别为 99.6%、99.1%、97.8%、96.2%、95.8%、95.2%、92.7%、92.2%、91.8%、90.9%、81.9% 和 81.1%，主要集中在北方地区。北方地区河湖及水库数量少，地表水资源相对不足，各省以地下水为水源的工程数量比例均在 50% 以上。省级行政区不同水源 200m³/d

规模以上工程数量见附表 A39，省级行政区不同水源 200m³/d 规模以上工程数量比例见图 7－2－7。

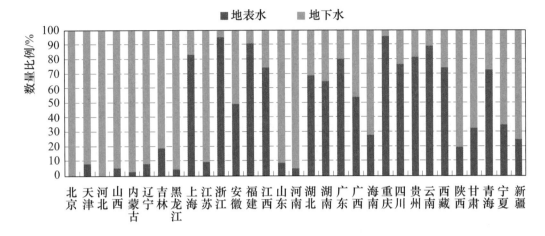

图 7－2－7 省级行政区不同水源 200m³/d 规模以上工程数量比例

以地表水为水源的 200m³/d 规模以上集中式供水工程受益人口占本省同规模集中式供水工程受益人口比例较高的是浙江、重庆、福建、广东、云南、贵州、湖北和四川 8 省（直辖市），分别为 97.6％、96.9％、95.5％、94.7％、89.9％、84.9％、81.3％和 80.5％。以地下水为水源的 200m³/d 规模以上集中式供水工程受益人口占本省同规模集中式供水工程受益人口比例较高的是河北、北京、内蒙古、河南、黑龙江、山西和辽宁 7 省（自治区、直辖市），分别为 98.9％、98.1％、96.6％、93.5％、92.2％、91.4％和 86.0％。省级行政区不同水源 200m³/d 规模以上工程受益人口数量见附表 A39，省级行政区不同水源 200m³/d 规模以上工程受益人口数量比例见图 7－2－8。

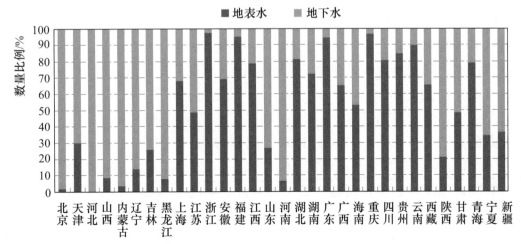

图 7－2－8 省级行政区不同水源 200m³/d 规模以上工程受益人口数量比例

131

三、工程类型

按城镇管网延伸工程、联村工程和单村工程 3 种工程类型，对 200m³/d 规模以上集中式供水工程的类别构成状况进行汇总分析。

（一）总体情况

全国 200m³/d 规模以上集中式供水工程中，城镇管网延伸工程共 6584 处，受益人口 1.06 亿人，分别占全国同规模集中式供水工程数量和受益人口的 11.7％和 31.9％；联村工程共 19467 处，受益人口 1.52 亿人，分别占 34.4％和 45.8％；单村工程共 30459 处，受益人口 0.74 亿人，分别占 53.9％和 22.3％。全国不同类型 200m³/d 规模以上供水工程数量和受益人口比例见图 7 - 2 - 9 和图 7 - 2 - 10。

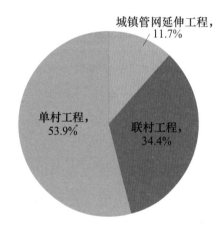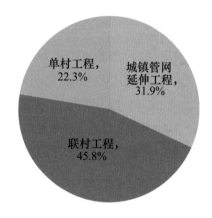

图 7 - 2 - 9　全国不同类型 200m³/d 规模以上供水工程数量比例

图 7 - 2 - 10　全国不同类型 200m³/d 规模以上供水工程受益人口比例

（二）省级行政区分布

从省级行政区看，200m³/d 规模以上集中式供水工程中，城镇管网延伸工程数量占本省同规模集中式供水工程数量比例较高的是西藏、四川、湖北、广东、海南、湖南和江西 7 省（自治区），分别为 36.8％、32.7％、24.9％、24.1％、21.4％、21.4％和 20.1％；联村工程数量占本省同规模工程数量比例较高的是宁夏、上海、新疆、甘肃、湖南和青海 6 省（自治区、直辖市），分别为 82.3％、78.3％、68.1％、62.7％、54.3％和 51.0％；单村工程数量占本省同规模工程数量比例较高的是黑龙江、河北、吉林、内蒙古和辽宁 5 省（自治区），分别为 85.2％、80.4％、73.5％、72.7％和 72.1％。省级行政区不同类型 200m³/d 规模以上工程数量见附表 A40，省级行政区不同类型 200m³/d 规模以上工程数量比例见图 7 - 2 - 11。

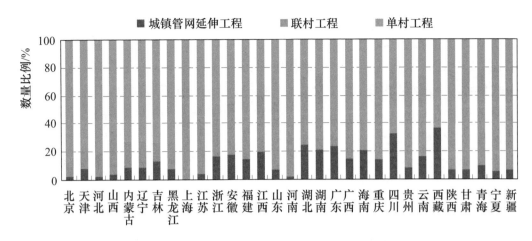

图 7-2-11　省级行政区不同类型 200m³/d 规模以上工程数量比例

城镇管网延伸工程受益人口占本省同规模集中式供水工程受益人口比例较高的是浙江、广东、四川、湖北、福建、西藏、海南和江苏 8 省（自治区），分别为 63.2％、52.3％、49.7％、47.6％、46.7％、43.2％、43.1％ 和41.6％。联村工程受益人口占本省同规模工程受益人口比例较高的是上海、宁夏、甘肃、新疆、青海和河南 6 省（自治区、直辖市），分别为 94.9％、85.0％、84.8％、81.5％、74.4％ 和 63.0％；单村工程受益人口占本省同规模工程受益人口比例较高的是黑龙江、吉林、河北、内蒙古、辽宁、西藏和陕西 7 省（自治区），分别为 70.0％、53.7％、52.6％、47.7％、46.3％、43.2％ 和 41.2％。省级行政区不同类型 200m³/d 规模以上工程受益人口数量见附表 A40，省级行政区不同类型 200m³/d 规模以上工程受益人口数量比例见图 7-2-12。

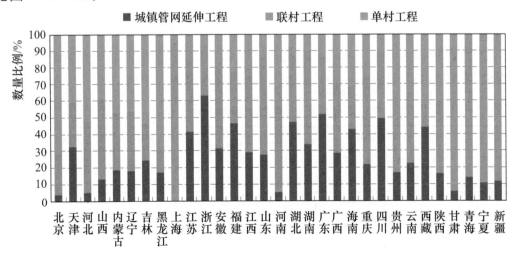

图 7-2-12　省级行政区不同类型 200m³/d 规模以上工程受益人口数量比例

（三）区域分布

在我国东部地区 200m³/d 规模以上集中式供水工程中，共有城镇管网延伸工程 2155 处、联村工程 6989 处和单村工程 14649 处，分别占该地区同规模集中式供水工程数量的 9.0％、29.4％和 61.6％；中部地区共有同规模城镇管网延伸工程 1975 处、联村工程 5707 处和单村工程 8143 处，分别占该地区同规模工程数量的 12.5％、36.0％和 51.5％；西部地区共有城镇管网延伸工程 2454 处、联村工程 6771 处和单村工程 7667 处，分别占该地区同规模工程数量的 14.5％、40.1％和 45.4％。东、中、西部地区不同类型 200m³/d 规模以上工程数量见表 7-2-1。

表 7-2-1　东、中、西部地区不同类型 200m³/d 规模以上工程数量

项　目	全国		东部地区		中部地区		西部地区	
	数量/处	比例/％	数量/处	比例/％	数量/处	比例/％	数量/处	比例/％
合计	56510	100.0	23793	100.0	15825	100.0	16892	100.0
城镇管网延伸	6584	11.7	2155	9.0	1975	12.5	2454	14.5
联村	19467	34.5	6989	29.4	5707	36.0	6771	40.1
单村	30459	53.8	14649	61.6	8143	51.5	7667	45.4

在东部地区 200m³/d 规模以上集中式供水工程受益人口中，城镇管网延伸工程 0.66 亿人、联村工程 0.70 亿人和单村工程 0.37 亿人，分别占东部地区该规模工程受益人口的 38.1％、40.5％和 21.4％；中部地区同规模城镇管网延伸工程受益人口 0.22 亿人、联村工程受益人口 0.41 亿人和单村工程受益人口 0.20 亿人，分别占该地区同规模工程受益人口的 25.8％、49.8％和 24.4％；西部地区城镇管网延伸工程受益人口 0.18 亿人、联村工程受益人口 0.41 亿人和单村工程受益人口 0.17 亿人，分别占该地区同规模工程受益人口的 23.6％、53.9％和 22.5％。东、中、西部地区不同类型 200m³/d 规模以上工程受益人口数量见表 7-2-2。

表 7-2-2　东、中、西部地区不同类型 200m³/d 规模以上工程受益人口数量

项　目	全国		东部地区		中部地区		西部地区	
	数量/亿人	比例/％	数量/亿人	比例/％	数量/亿人	比例/％	数量/亿人	比例/％
合计	3.32	100.0	1.73	100.0	0.83	100.0	0.76	100.0
城镇管网延伸	1.06	31.9	0.66	38.1	0.22	25.8	0.18	23.6
联村	1.52	45.8	0.70	40.5	0.41	49.8	0.41	53.9
单村	0.74	22.3	0.37	21.4	0.20	24.4	0.17	22.5

四、供水方式

按供水到户和供水到集中供水点两种供水方式，对 200m³/d 规模及以上集中式供水工程的供水方式构成状况进行分析。

（一）总体情况

全国 200m³/d 规模以上集中式供水工程中，供水到户工程共 54480 处，受益人口 3.18 亿人，分别占全国同规模工程数量和受益人口的 96.4% 和 95.8%；供水到集中供水点工程共 2030 处，受益人口 0.14 亿人，分别占 3.6% 和 4.2%。全国不同供水方式 200m³/d 规模以上供水工程数量和受益人口比例见图 7-2-13 和图 7-2-14。

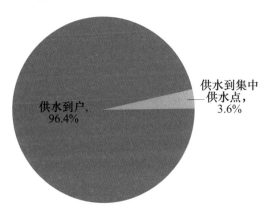

图 7-2-13　全国不同供水方式 200m³/d 规模以上供水工程数量比例

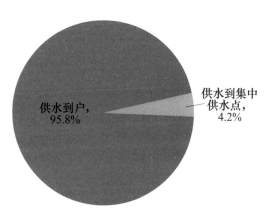

图 7-2-14　全国不同供水方式 200m³/d 规模以上供水工程受益人口比例

（二）省级行政区分布

从省级行政区分布看，200m³/d 规模以上集中式供水工程中，供水到户工程数量占本省同规模集中式供水工程数量比例较高的是吉林、上海、辽宁、北京、江苏、安徽和黑龙江 7 省（直辖市），分别为 100.0%、100.0%、99.5%、99.5%、99.3%、99.2% 和 99.0%；供水到集中供水点工程数量占本省同规模工程数量比例较高的是青海、西藏、海南、广东和贵州 5 省（自治区），分别为 31.0%、21.1%、19.8%、12.2% 和 11.8%，大部分省区低于 10%。省级行政区不同供水方式 200m³/d 规模以上工程数量见附表 A41，省级行政区不同供水方式 200m³/d 规模以上工程数量比例见图 7-2-15。

供水到户工程受益人口占本省同规模集中式供水工程受益人口比例较高的是吉林、上海、北京、辽宁、安徽、内蒙古、河南和浙江 8 省（自治区、直辖市），分别为 100.0%、100.0%、99.6%、99.5%、99.4%、99.4%、99.2% 和 99.0%，其他各省的供水到户受益人口比例均在 90% 以上；供水到集中供

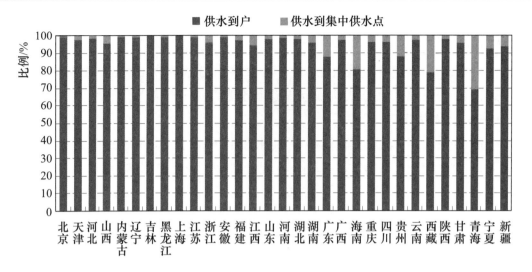

图 7 - 2 - 15　省级行政区不同供水方式 200m³/d 规模以上工程数量比例

水点工程受益人口占本省同规模工程受益人口比例较高的是西藏、广东、新疆和青海 4 省（自治区），分别为 20.5%、17.8%、16.2% 和 10.7%，除西藏以外，各省均低于 20%。省级行政区不同供水方式 200m³/d 规模以上工程受益人口数量见附表 A41，省级行政区不同供水方式 200m³/d 规模以上工程受益人口比例见图 7 - 2 - 16。

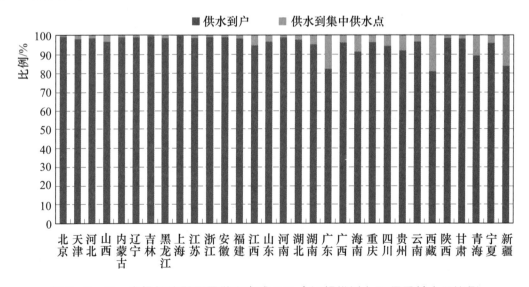

图 7 - 2 - 16　省级行政区不同供水方式 200m³/d 规模以上工程受益人口比例

（三）区域分布

在东部地区 200m³/d 规模以上集中式供水工程中，共有供水到户工程 2.3 万处，供水到集中供水点工程 0.08 万处，分别占该地区同规模集中式供水工程数量的 96.7% 和 3.3%；中部地区共有该规模供水到户工程 1.5 万处，供水到集中供水点 0.04 万处，分别占该地区同规模工程数量的 97.6％和 2.4％；西部地区共有供水到户工程 1.6 万处，供水到集中供水点工程 0.09 万处，分别占该地区同规模工程数量的 95.3％和 4.7％。东、中、西部地区不同供水方式 200m³/d 规模以上工程数量见表 7 - 2 - 3。

表 7 - 2 - 3　　东、中、西部地区不同供水方式 200m³/d 规模以上工程数量

项　　目	全国		东部地区		中部地区		西部地区	
	数量/处	比例/％	数量/处	比例/％	数量/处	比例/％	数量/处	比例/％
合　计	56510	100.0	23793	100.0	15825	100.0	16892	100.0
供水到户	54480	96.4	23016	96.7	15441	97.6	16023	95.3
供水到集中供水点	2030	3.6	777	3.3	384	2.4	869	4.7

在东部地区 200m³/d 规模以上集中式供水工程受益人口中，供水到户工程受益人口 1.65 亿人，供水到集中供水点工程受益人口 0.08 亿人，分别占该地区同规模集中式供水工程受益人口数量的 95.4％和 4.6％；中部地区该规模供水到户工程受益人口 0.81 亿人，供水到集中供水点受益人口 0.02 亿人，分别占该地区同规模工程受益人口的 97.9％和 2.1％；西部地区供水到户受益人口 0.72 亿人，供水到集中供水点工程受益人口 0.04 亿人，分别占该地区同规模工程受益人口的 94.7％和 5.3％。中部地区供水到户受益人口比例最高，其次是东部地区，西部地区较低。东、中、西部地区不同供水方式 200m³/d 规模以上工程受益人口数量见表 7 - 2 - 4。

表 7 - 2 - 4　　东、中、西部地区不同供水方式 200m³/d 规模以上
工程受益人口数量

项　　目	全国		东部地区		中部地区		西部地区	
	数量/亿人	比例/％	数量/亿人	比例/％	数量/亿人	比例/％	数量/亿人	比例/％
合　计	3.32	100.0	1.73	100.0	0.83	100.0	0.76	100.0
供水到户	3.18	95.8	1.65	95.4	0.81	97.9	0.72	94.7
供水到集中供水点	0.14	4.2	0.08	4.6	0.02	2.1	0.04	5.3

五、2011 年实际供水量

2011 年实际供水量是指 2011 年农村集中式供水工程实际供出的水量，包括生活供水量和生产供水量。全国 200m³/d 规模以上集中式供水工程 2011 年实际供水量为 129.54 亿 m³。

（一）省级行政区分布

200m³/d 规模以上集中式供水工程中，2011 年实际供水量较多的是广东、江苏和浙江 3 省，分别占全国同规模工程 2011 年实际供水量的 20.9%、13.2% 和 12.1%。2011 年实际供水量相对较低的是西藏、上海、宁夏、海南和青海 5 省（自治区、直辖市），供水量占全国同规模工程供水总量的比例均低于 0.5%。省级行政区 200m³/d 规模以上工程 2011 年实际供水量见表 7-2-5，省级行政区 200m³/d 规模以上工程 2011 年实际供水量分布见图 7-2-17。

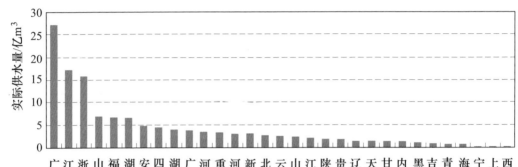

图 7-2-17 省级行政区 200m³/d 规模以上工程 2011 年实际供水量分布

表 7-2-5 省级行政区 200m³/d 规模以上工程 2011 年实际供水量

行政区划	2011 年实际供水量/亿 m³	行政区划	2011 年实际供水量/亿 m³
全国	129.54	河南	3.07
北京	2.59	湖北	6.44
天津	1.24	湖南	3.82
河北	3.28	广东	27.06
山西	2.27	广西	3.60
内蒙古	1.11	海南	0.52
辽宁	1.33	重庆	3.19
吉林	0.66	四川	4.45
黑龙江	0.91	贵州	1.64
上海	0.20	云南	2.40
江苏	17.07	西藏	0.01
浙江	15.68	陕西	1.65
安徽	4.77	甘肃	1.21
福建	6.59	青海	0.55
江西	1.94	宁夏	0.30
山东	6.93	新疆	3.06

（二）区域分布

在200m³/d规模以上集中式供水工程中，东、中、西部地区2011年实际供水量分别为82.49亿m³、23.89亿m³和23.19亿m³，占全国同规模工程2011年实际供水量的63.7%、18.4%和17.9%。东部地区2011年实际供水量最多，占比大于60%；中部和西部地区占比均在18%左右，明显低于东部地区。东、中、西部地区200m³/d规模以上工程2011年实际供水量比例见图7-2-18。

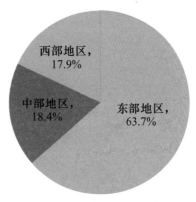

图7-2-18　东、中、西部地区200m³/d规模以上工程2011年实际供水量比例

六、工程管理情况

200m³/d规模以上集中式供水工程管理主体包括县级水利部门、乡镇、村集体、企业、用水合作组织及其他。

（一）总体情况

200m³/d规模以上集中式供水工程中，由县级水利部门管理的10195处、乡镇管理的12866处、村集体管理的25790处、企业管理的4749处、用水合作组织管理的692处以及其他管理方式的2218处，分别占全国同规模工程数量的18.0%、22.8%、45.7%、8.4%、1.2%和3.9%。全国不同管理主体200m³/d规模以上工程数量比例见图7-2-19。

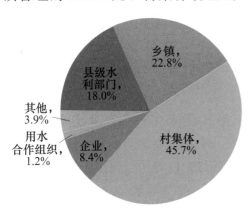

图7-2-19　全国不同管理主体200m³/d规模以上工程数量比例

（二）省级行政区情况

200m³/d规模以上集中式供水工程中，由县级水利部门管理的工程数量占本省同规模工程数量比例较高的是宁夏、新疆、甘肃和青海4省（自治区），分别为75.2%、61.9%、61.2%和54.0%；乡镇管理工程数量占本省同规模工程数量比例较高的是上海、江西、贵州、西藏和云南5省（自治区、直辖市），分别为95.7%、44.9%、43.2%、42.1%和40.4%；村集体管理的工程数量占本省同规模工程数量比例较高的是北京、河北、天津、辽宁、山西、河南和黑龙江7省（直辖市），分别为85.5%、80.4%、69.9%、

68.0%、66.0%、64.0%和60.7%；企业管理工程数量占本省同规模工程数量比例较高的是安徽、重庆、浙江、西藏和江苏5省（自治区、直辖市），分别为22.1%、17.3%、17.3%、15.8%和15.1%；用水合作组织管理工程数量占本省同规模工程数量比例较高的是云南、重庆、江西和福建4省（直辖市），分别为3.8%、3.8%、3.7%和3.2%；其他方式管理工程数量占本省同规模工程数量比例较高的是江苏、湖北、海南、宁夏、浙江和四川6省（自治区），分别为14.3%、8.2%、7.9%、7.1%、6.6%和5.6%。省级行政区不同管理主体200m³/d规模以上工程数量见附表A42，省级行政区不同管理主体200m³/d规模以上工程数量比例见图7-2-20。

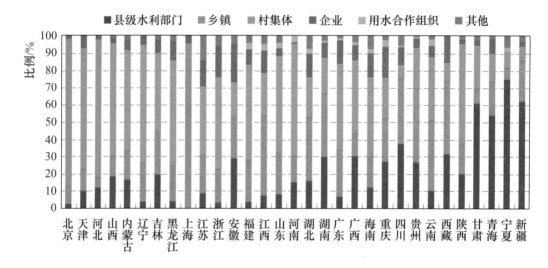

图7-2-20　省级行政区不同管理主体200m³/d规模以上工程数量比例

（三）区域管理情况

在我国东部地区200m³/d规模以上集中式供水工程中，共有县级水利部门管理的工程1758处、乡镇管理4609处、村集体管理13990处、企业管理2007处、用水合作组织管理258处以及其他管理1171处，分别占该地区同规模工程数量的7.4%、19.4%、58.8%、8.4%、1.1%和4.9%；中部地区该类规模工程中，共有县级水利部门管理的工程3004处、乡镇管理3920处、村集体管理6720处、企业管理1444处、用水合作组织管理208处以及其他管理529处，分别占该地区同规模工程数量的18.9%、24.8%、42.5%、9.1%、1.3%和3.4%；西部地区该类规模工程中，共有县级水利部门管理的工程5433处、乡镇管理4337处、村集体管理5080处、企业管理1298处、用水合作组织管理226处以及其他管理518处，分别占该地区同规模工程数量的32.2%、25.7%、30.1%、7.7%、1.3%和3.0%。东、中、西部地区不同管理主体200m³/d规模以上工程数量见表7-2-6。

表7-2-6　东、中、西部地区不同管理主体 200m³/d 规模以上工程数量

地　区	项　目	工程数量/处	比例/%
东部地区	小计	23793	100.0
	县级水利部门	1758	7.4
	乡镇	4609	19.4
	村集体	13990	58.8
	企业	2007	8.4
	用水合作组织	258	1.1
	其他	1171	4.9
中部地区	小计	15825	100.0
	县级水利部门	3004	18.9
	乡镇	3920	24.8
	村集体	6720	42.5
	企业	1444	9.1
	用水合作组织	208	1.3
	其他	529	3.4
西部地区	小计	16892	100.0
	县级水利部门	5433	32.2
	乡镇	4337	25.7
	村集体	5080	30.1
	企业	1298	7.7
	用水合作组织	226	1.3
	其他	518	3.0

　　我国 200m³/d 规模以上集中式供水工程的管理方式大多以村集体、乡镇、县级水利管理部门为主，三者之和均占到本地区工程数量的80%以上，企业、用水合作组织及其他管理形式所占比例普遍较低，三者之和在本地区所占比例均不到20%。东部地区村集体为管理主体的工程在本地区的占比接近60%，其次为乡镇；中部地区村集体所占比例为42.5%，其次为乡镇、县级水利部门；西部地区县级水利部门在本地区所占比例为32.2%，其次为村集体、乡镇。企业在各地区中所占比例接近，均在8%左右。

第三节　分散式供水工程

　　分散式农村供水工程包括分散供水井工程、引泉供水工程和雨水集蓄供水工程3类。

一、工程数量

(一) 总体情况

全国农村共有各类分散式供水工程 5795.2 万处，受益人口 2.63 亿人，分别占全国农村供水工程数量和受益人口数量的 98.4% 和 32.5%。其中，分散供水井工程共 5338.5 万处，占农村分散式供水工程数量的 92.1%；引泉供水工程 169.2 万处，占 2.9%；雨水集蓄供水工程 287.5 万处，占

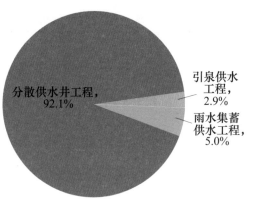

图 7-3-1　全国不同类型分散式
供水工程数量比例

5.0%。全国不同类型分散式供水工程数量比例见图 7-3-1。

(二) 省级行政区分布

从省级行政区分布看，农村分散供水井工程较多的是河南、四川、安徽、湖南和辽宁 5 省，分别占全国农村分散供水井工程数量的 15.0%、12.4%、11.8%、8.5% 和 5.8%。上海市无农村分散供水井工程。省级行政区农村分散供水井工程数量见附表 A43，省级行政区农村分散供水井工程数量分布见图 7-3-2。

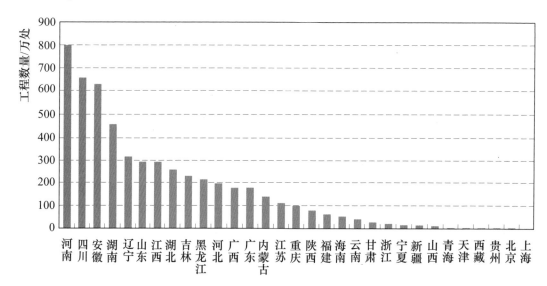

图 7-3-2　省级行政区农村分散供水井工程数量分布

农村引泉供水工程较多的是湖南、四川、广西、江西和福建 5 省（自治区），分别占全国农村引泉供水工程数量的 28.5%、16.3%、8.6%、7.1% 和 6.9%。天津、上海 2 市无引泉供水工程。省级行政区农村引泉供水工程数量

见附表 A43，省级行政区农村引泉供水工程数量分布见图 7-3-3。

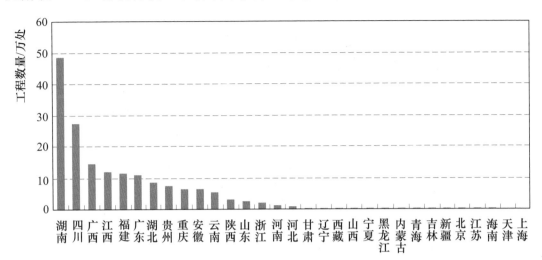

图 7-3-3 省级行政区农村引泉供水工程数量分布

农村雨水集蓄供水工程较多的是甘肃、云南、贵州、陕西和宁夏 5 省（自治区），分别占到全国农村雨水集蓄工程数量的 32.3%、14.2%、9.9%、7.8% 和 7.2%。黑龙江、上海和江苏 3 省（直辖市）无雨水集蓄供水工程。省级行政区农村雨水集蓄供水工程数量见附表 A43，省级行政区农村雨水集蓄供水工程数量分布见图 7-3-4。

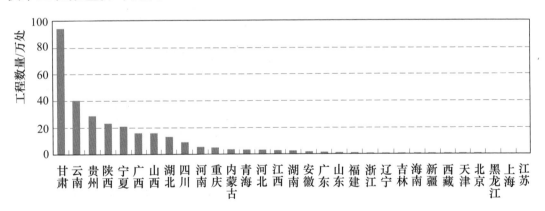

图 7-3-4 省级行政区农村雨水集蓄供水工程数量分布

（三）区域分布

东部地区共有农村分散式供水工程 1248.4 万处，包括分散供水井工程 1214.1 万处、引泉供水工程 28.5 万处和雨水集蓄供水工程 5.8 万处，分别占该地区分散式供水工程数量的 97.2%、2.3% 和 0.5%；中部地区共有分散式供水工程 2991.2 万处，包括分散供水井工程 2874.7 万处、引泉供水工程 76.1 万处和雨水集蓄供水工程 40.4 万处，分别占该地区分散式供水工程数量的 96.1％、2.5％和 1.4％。西部地区共有分散式供水工程 1555.6 万处，包括分散供水井工程 1249.7 万处、引泉供水工程 64.7 万处和雨水集蓄供水工程 241.2 万处，分别占该地区分散式供水工程数量的 80.3％、4.2％和 15.5％。东、中、西部地区农村不同类型分散式供水工程数量见表 7-3-1。

表 7-3-1　　　东、中、西部地区农村不同类型分散式供水工程数量

项　　目	全国		东部地区		中部地区		西部地区	
	数量/万处	比例/％	数量/万处	比例/％	数量/万处	比例/％	数量/万处	比例/％
合计	5795.2	100.0	1248.4	100.0	2991.2	100.0	1555.6	100.0
分散供水井工程	5338.5	92.1	1214.1	97.2	2874.7	96.1	1249.7	80.3
引泉供水工程	169.2	2.9	28.5	2.3	76.1	2.5	64.7	4.2
雨水集蓄供水工程	287.5	5.0	5.8	0.5	40.4	1.4	241.2	15.5

东、中、西部地区农村不同类型的分散式供水工程均以分散供水井工程为主，其工程数量所占比例均在 80％以上。引泉供水工程数量占比均不足 5％，西部为 4.2％略高于东中部地区；西部的雨水集蓄供水工程数量占比较大，为 15.5％。

二、受益人口

（一）总体情况

全国农村分散供水井工程受益人口共 2.28 亿人，占全国农村分散式供水工程受益人口的 86.7％；引泉供水工程受益人口共 0.23 亿人，占 8.7％；雨水集蓄供水工程受益人口共 0.12 亿人，占 4.6％。全国农村不同类型分散式供水工程受益人口数量比例见图 7-3-5。

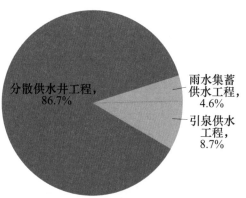

图 7-3-5　全国农村不同类型分散式供水工程受益人口数量比例

（二）省级行政区分布

从省级行政区分布看，农村分散供水井工程受益人口较多的是河南、四川、安徽、湖南和江西 5 省，分别占全国农村分散式供水井工程受益人口数量的 14.8％、12.3％、10.4％、8.4％和 5.9％。省级行政区农村分散供水井工程受益人口数量见附表 A43，省级行政区农村分散供水井工程受益人口数量分布见图 7-3-6。

农村引泉供水工程受益人口较多的是湖南、四川、广西、广东和贵州 5 省

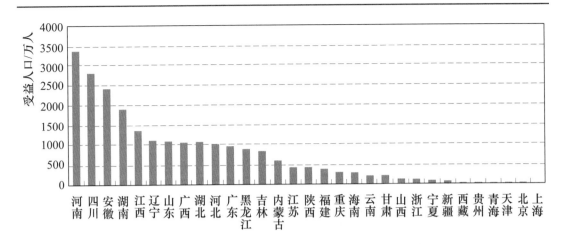

图7-3-6 省级行政区农村分散供水井工程受益人口数量分布

（自治区），分别占全国农村引泉供水工程受益人口数量的17.5%、14.1%、11.5%、9.2%和8.2%。省级行政区农村引泉供水工程受益人口数量见附表A43，省级行政区农村引泉供水工程受益人口数量分布见图7-3-7。

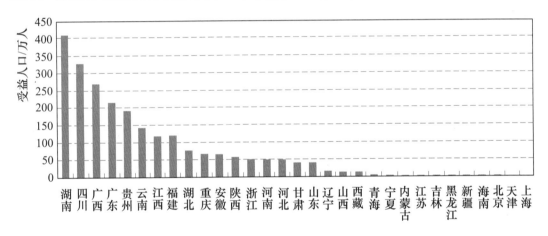

图7-3-7 省级行政区农村引泉供水工程受益人口数量分布

农村雨水集蓄供水工程受益人口较多的是甘肃、云南、贵州、广西和陕西5省（自治区），分别占全国农村雨水集蓄供水工程受益人口数量的25.3%、12.7%、12.3%、8.2%和6.6%。省级行政区农村雨水集蓄供水工程受益人口数量见附表A43，省级行政区农村雨水集蓄供水工程受益人口数量分布见图7-3-8。

（三）区域分布

我国东部地区农村分散式供水工程受益人口共0.58亿人，包括分散供水井工程0.53亿人、引泉供水工程0.05亿人和雨水集蓄工程0.004亿人，分别占该地区分散式供水工程受益人口的90.9%、8.4%和0.7%。中部地区

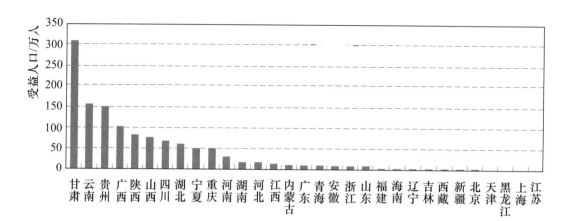

图7-3-8　省级行政区农村雨水集蓄供水工程受益人口数量分布

分散式供水工程受益人口共1.28亿人，包括分散供水井工程1.18亿人、引泉供水工程0.07亿人和雨水集蓄供水工程0.03亿人，分别占该地区分散式供水工程受益人口的92.7%、5.7%和1.6%。西部地区分散式供水工程受益人口共0.77亿人，包括分散供水井工程0.57亿人、引泉供水工程0.11亿人和雨水集蓄供水工程0.09亿人，分别占该地区分散式供水工程受益人口的73.1%、14.3%和12.6%。东、中、西地区农村不同类型分散式供水工程受益人口数量见表7-3-2。

表7-3-2　　东、中、西部地区农村不同类型分散式供水工程受益人口数量

项　　目	全国		东部地区		中部地区		西部地区	
	数量/亿人	比例/%	数量/亿人	比例/%	数量/亿人	比例/%	数量/亿人	比例/%
合计	2.63	100.0	0.58	100.0	1.28	100.0	0.77	100.0
分散供水井工程	2.28	86.7	0.53	90.9	1.18	92.7	0.57	73.1
引泉供水工程	0.23	8.7	0.05	8.4	0.07	5.7	0.11	14.3
雨水集蓄供水工程	0.12	4.6	0.004	0.7	0.03	1.6	0.09	12.6

东、中、西部地区农村不同类型的分散式供水工程受益人口所占比例，均以分散供水井工程最高。各地区引泉供水工程受益人口占比均高于本地区雨水集蓄供水工程，其中西部地区的引泉供水工程和雨水集蓄供水工程的受益人口较为接近，分别为14.3%和12.6%。

第八章 塘坝和窖池工程

塘坝工程是指在地面开挖（修建）或在洼地上形成的拦截和贮存当地地表径流，用于农业灌溉、农村供水的蓄水工程。窖池工程是指采取防渗措施，拦蓄、收集自然降雨或地表径流，用于抗旱补水、农业灌溉、居民生活的蓄水工程。本章主要对塘坝和窖池工程的数量、容积、灌溉面积、2011年实际抗旱补水面积以及供水人口等进行了分析。

第一节 塘 坝 工 程

一、总体情况

全国有塘坝工程的行政村共计221411个，占全国行政村数量的31.7%。全国共有塘坝工程456.3万处，总容积3008928.3万m^3，2011年实际灌溉面积7583.3万亩，供水人口2236.3万人。其中，500（含）~1万m^3的塘坝388.7万处，容积1085077.1万m^3，2011年实际灌溉面积3350.9万亩，供水人口1047.8万人；1万（含）~5万m^3的塘坝57.7万处，容积1147412.6万m^3，2011年实际灌溉面积2860.3万亩，供水人口744.0万人；5万（含）~10万m^3的塘坝9.0万处，容积599765.2万m^3，2011年实际灌溉面积1137.1万亩，供水人口323.6万人；10万m^3及以上的塘坝0.9万处，容积176673.5万m^3，2011年实际灌溉面积235.0万亩，供水人口120.9万人。全国不同规模塘坝工程数量、容积、2011年实际灌溉面积和供水人口比例见图8-1-1~图8-1-4。

二、区域分布

从塘坝工程在东中西部地区分布看，塘坝工程数量最多的为中部地区，共有351.8万处，总容积2090661.4万m^3，2011年实际灌溉面积4388.0万亩，供水人口1205.9万人；其次是西部地区，共有塘坝工程66.4万处，总容积476054.4万m^3，2011年实际灌溉面积1741.1万亩，供水人口523.1万人。东部地区塘坝工程数量最少，为38.2万处，总容积442212.6万m^3，2011年实际灌溉面积 1454.2 万亩，供水人口 507.3 万人。

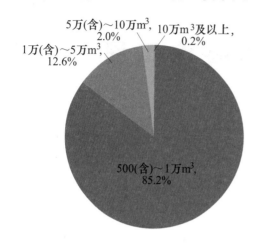

图 8-1-1　全国不同规模塘坝
工程数量比例

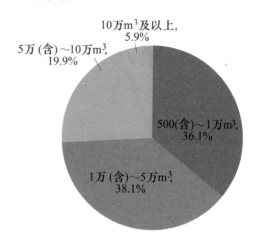

图 8-1-2　全国不同规模塘坝
工程容积比例

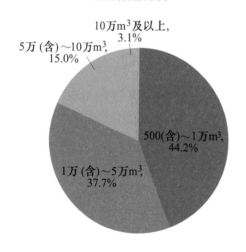

图 8-1-3　全国不同规模塘坝工程
2011 年实际灌溉面积比例

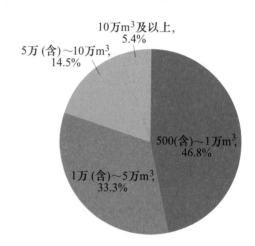

图 8-1-4　全国不同规模塘坝工程
供水人口比例

　　从省级行政区分布看，塘坝工程数量最多的是湖南省，共有 166.4 万处，其次为湖北、安徽、四川和江西 4 省，工程数量分别为 83.8 万处、61.7 万处、40.0 万处和 23.0 万处，上述 5 省塘坝工程共占全国塘坝工程数量的 82.3%。

　　塘坝工程容积最大的也是湖南省，工程总容积为 738788.8 万 m^3；其次为安徽、湖北、江西和四川 4 省，工程总容积分别为 481923.4 万 m^3、415677.7 万 m^3、289085.2 万 m^3 和 251970.2 万 m^3，上述 5 省塘坝工程容积之和占全国塘坝总容积的 72.4%。其中，容积大于 1 万 m^3 的单个塘坝工程数量较多的省依次为湖南、安徽、湖北、江西和四川省。

　　塘坝工程 2011 年实际灌溉面积大于 100 万亩的是湖南、湖北、安徽、江苏、浙江、江西、山东、河南、广东、广西、重庆、四川、贵州和云南 14 省（自治区、直辖市）；2011 年实际灌溉面积小于 10 万亩的是北京、天津、内蒙古、上海、宁夏、新疆和青海 7 省（自治区、直辖市）。湖南、安徽、四川和湖北等省的塘坝灌溉面积在全省灌溉面积中占有重要地位和作用。省级行政区塘坝工程主要指标见附表 A44，省级行政区塘坝工程数量、容积、2011年实际灌溉面积和供水人口分布见图 8-1-5～图 8-1-8。东、中、西部地区塘坝工程数量、容积、2011 年实际灌溉面积和供水人口比例见图 8-1-9～图 8-1-12。

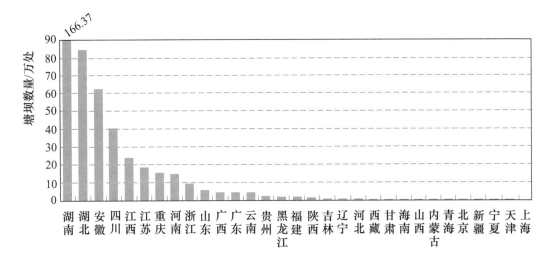

图 8-1-5　省级行政区塘坝工程数量分布

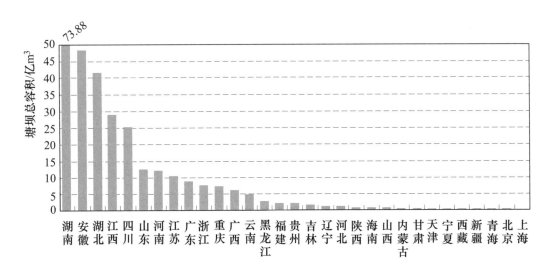

图 8-1-6　省级行政区塘坝工程容积分布

149

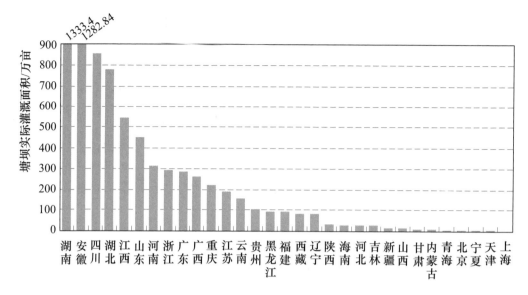

图 8-1-7　省级行政区塘坝工程 2011 年实际灌溉面积分布

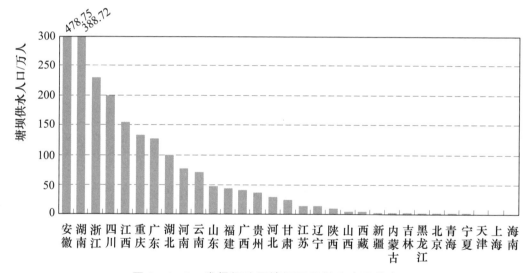

图 8-1-8　省级行政区塘坝工程供水人口分布

三、不同类型地区塘坝工程情况

（一）不同降雨带塘坝工程分布

全国共有 3078 个县级行政区普查单元。按照多年平均年降雨量 200mm 以下、200（含）～400mm、400（含）～800mm、800mm 及以上 4 个降雨分区对上述 3078 个区域进行归类汇总，对归类后相同降雨量区域内的塘坝工程数量进行汇总，得出如下结果。

多年平均年降雨量在 200mm 以下的区域共有塘坝工程数量 693 处，占全国塘坝工程数量的 0.02％；多年平均年降雨量在 200（含）～400mm 之间的区

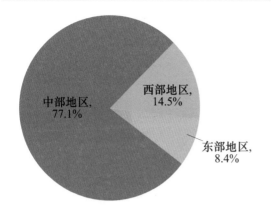

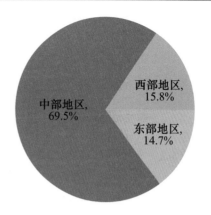

图 8-1-9　东、中、西部地区塘坝
工程数量比例

图 8-1-10　东、中、西部地区塘坝
工程容积比例

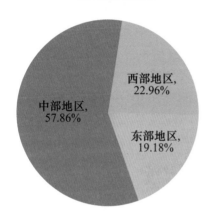

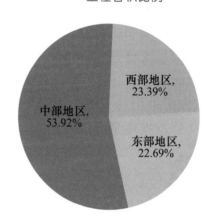

图 8-1-11　东、中、西部地区塘坝工程
2011 年实际灌溉面积比例

图 8-1-12　东、中、西部地区塘坝工程
供水人口比例

域共有塘坝工程数量 4269 处，占全国塘坝工程数量的 0.09％；多年平均年降雨量在 400（含）～800mm 之间的区域塘坝工程数量为 111344 处，占全国塘坝工程数量的 2.44％；多年平均年降雨量在 800mm 以上的塘坝工程数量为 4447111 处，占全国塘坝工程数量的 97.45％。塘坝工程数量按降雨量分布见图 8-1-13。

　　塘坝工程主要分布在多年平均年降雨量为 800mm 以上的地区，主要包括湖北、湖南、安徽、江苏、浙江、福建、江西、海南、广东、广西、山东、河南、重庆、四川、陕西、云南和贵州 17 省（自治区、直辖市）的 1430 个县级普查单元，这一分布规律与全国降雨径流分布规律相一致。

　　（二）不同地形条件塘坝工程情况

　　按照平原区、山地区和丘陵区 3 种地形特征对全国 3078 个区域的塘坝工程进行归类分析，得出如下结果。

151

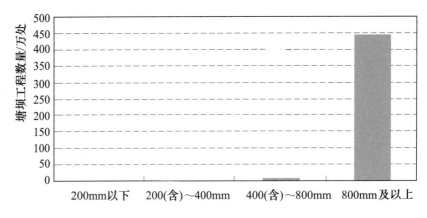

图 8-1-13　塘坝工程数量按降雨量分布

全国平原区塘坝工程数量 53.0 万处，占全国塘坝工程数量的 11.6％；全国山地地区塘坝工程数量 76.4 万处，占全国塘坝工程数量的 16.8％；全国丘陵地区塘坝工程数量 326.9 处，占全国塘坝工程数量的 71.6％。山地地区和丘陵地区塘坝工程数量总和为 403.3 万处，占全国塘坝工程数量的 88.4％（以上分析采用的平原、山地、丘陵地区名录依据《中国水利统计年鉴》）。塘坝工程数量按地形分布见图 8-1-14。

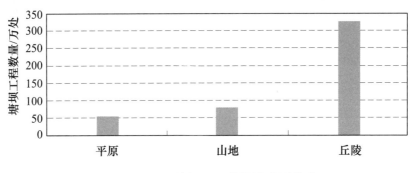

图 8-1-14　塘坝工程数量按地形分布

我国塘坝工程主要集中在地形特征为丘陵的地区，主要涉及河北、山西、内蒙古、辽宁、吉林、黑龙江、江苏、浙江、安徽、福建、江西、山东、河南、湖北、湖南、广东、广西、海南、重庆、四川、贵州、甘肃、宁夏、新疆和青海 25 省（自治区、直辖市）处于丘陵地区的 1118 个县级行政区。

第二节　窨　池　工　程

一、总体情况

全国有窨池工程的行政村共计 85847 个，占全国行政村数量的 12.3％。

全国共有窖池工程 689.3 万处，总容积 25141.8 万 m³，窖池工程的 2011 年实际抗旱补水面积 872.2 万亩，供水人口 2426.0 万人。其中，10（含）～100m³ 的窖池工程共有 660.0 万处，容积 18738.5 万 m³，2011 年实际抗旱补水面积 636.8 万亩，供水人口 2010.3 万人；100（含）～500m³ 的窖池工程共有 29.3 万处，容积 6403.2 万 m³，2011 年实际抗旱补水面积 235.4 万亩，供水人口 415.7 万人。全国不同规模窖池工程数量、容积、2011 年实际抗旱补水面积、供水人口比例见图 8-2-1～图 8-2-4。

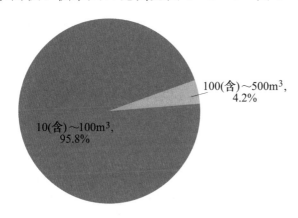

图 8-2-1　全国不同规模窖池
工程数量比例

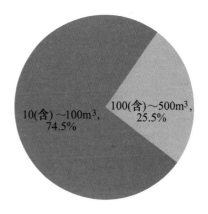

图 8-2-2　全国不同规模窖池
工程容积比例

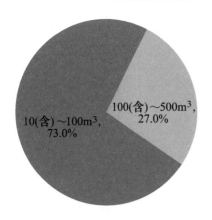

图 8-2-3　全国不同规模窖池工程
2011 年实际抗旱补水面积比例

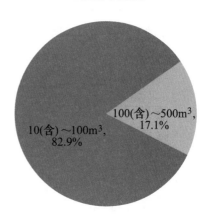

图 8-2-4　全国不同规模窖池工程
供水人口比例

二、区域分布

从窖池工程在东中西部地区的分布看，窖池工程数量最多的为西部地区，共有 575.2 万处，总容积 20893.3 万 m³，2011 年实际抗旱补水面积 731.1 万亩，供水人口 1835.8 万人；其次是中部地区，共有 84.0 万处窖池工程，总容积 3011.5 万 m³，2011 年实际抗旱补水面积 54.6 万亩，供水人口 390.7 万人；东部地区窖池工程相对较少，共有 30.1 万处，总容积为 1236.9 万 m³，2011 年实际抗旱补水面积为 86.4 万亩，供水人口为 199.6 万人。

从省级行政区看，窖池工程数量最多的是云南省，共 178.4 万处，甘肃、四川、贵州和陕西 4 省的窖池工程数量分别为 154.5 万处、70.2 万处、47.9 万处和 37.4 万处，上述 5 省窖池工程数量之和占全国窖池工程数量的 70.9%。窖池工程之所以在这 5 个省数量较多主要与这些省的山丘区较多、干旱少雨长期缺水、地形复杂难以修建一定规模的蓄引提灌工程等因素有关。四川省窖池工程总容积最大，为 5271.1 万 m³，其次为云南、甘肃、贵州和重庆 4 省（直辖市），容积分别为 4405.7 万 m³、4017.5 万 m³、1790.2 万 m³ 和 1663.3 万 m³，上述 5 省（直辖市）的窖池工程容积之和占全国窖池工程总容积的 68.2%。

窖池工程供水人口超过 10 万人的是河北、山西、内蒙古、浙江、福建、山东、河南、湖北、湖南、广东、广西、重庆、四川、贵州、云南、山西、甘肃、宁夏和青海 19 省（自治区、直辖市）。供水人口小于 1 万人的是天津、吉林、黑龙江、上海、新疆和海南等 6 省（自治区、直辖市）。省级行政区窖池工程主要指标见附表 A45。省级行政区窖池工程数量、总容积、2011 年实际抗旱补水面积和供水人口分布见图 8-2-5～图 8-2-8。东、中、西部地区窖池工程数量、容积、2011 年实际抗旱补水面积和供水人口比例见图 8-2-9～图 8-2-12。

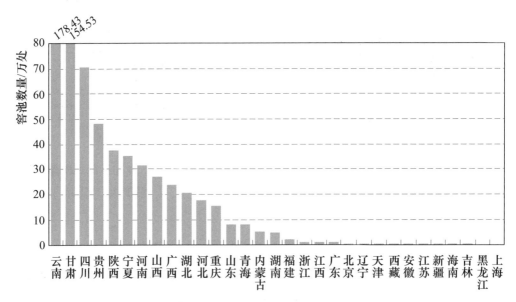

图 8-2-5　省级行政区窖池工程数量分布

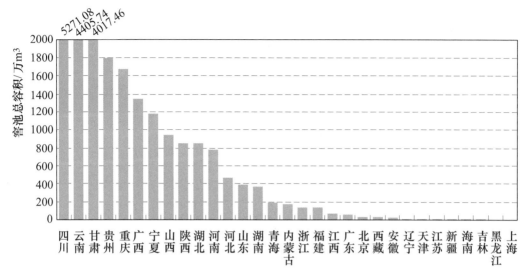

图 8-2-6　省级行政区窖池工程总容积分布

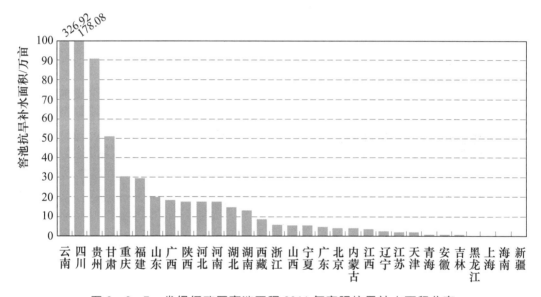

图 8-2-7　省级行政区窖池工程 2011 年实际抗旱补水面积分布

三、不同类型地区窖池工程情况

全国共有 3078 个县级行政区普查单元，按照平原区、山地区和丘陵区 3 种地形特征对窖池工程数量进行汇总分析，得出如下结果：

全国平原地区窖池工程数量 31.6 万处，占全国窖池工程数量的 4.6%，山地地区窖池工程数量 477.3 万处，占全国窖池工程数量的 69.3%，丘陵地区窖池工程数量 180.2 万处，占全国窖池工程数量的 26.1%（以上分析采用的平原、山地、丘陵地区名录依据《中国水利统计年鉴》）。不同地形窖池工程数量分布见图 8-2-13。

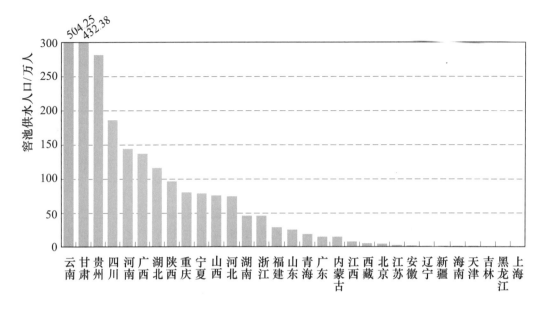

图8-2-8　省级行政区窖池工程供水人口分布

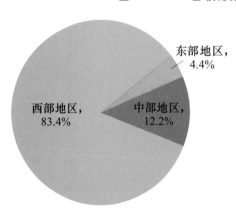

图8-2-9　东、中、西部地区窖池
工程数量比例

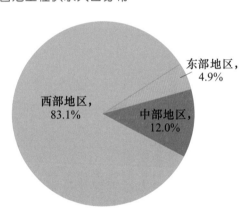

图8-2-10　东、中、西部地区窖池
工程容积比例

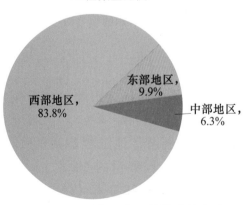

图8-2-11　东、中、西部地区窖池
工程2011年实际抗旱补水面积比例

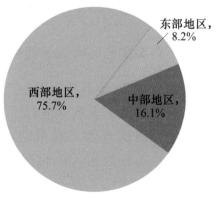

图8-2-12　东、中、西部地区窖池
工程供水人口比例

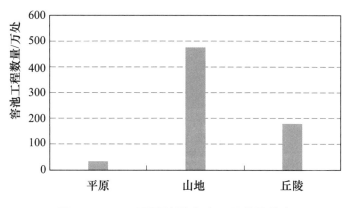

图 8-2-13　不同地形窖池工程数量分布

　　窖池工程主要集中在地形特征为丘陵和山地地区。平原区河湖较多，地表水资源充裕，即便地表水缺乏，但地下水资源条件相对较好，可用打机井开发利用地下水等措施解决农业生产和农民生活用水，一般窖池工程数量较少。

附录 A 附 表

附表 A1　　　　　　　　我 国 主 要 河 流 名 录

序号	水资源一级区及流域水系	主要河流	备　注
	松花江一级区		
1	松花江流域	松花江	以嫩江为主源
2		洮儿河	
3		霍林河	
4		雅鲁河	
5		诺敏河	
6		第二松花江	
7		呼兰河	
8		拉林河	
9		牡丹江	
	辽河一级区		
10	辽河流域	辽河	以西辽河为主源，由西辽河和原辽河干流组成
11		乌力吉木仁河	
12		老哈河	
13		东辽河	
14		绕阳河	
15		浑河	又称浑太河，以浑河为主源，含大辽
	东北沿黄渤海诸河		
16		大凌河	
	海河一级区		
17	滦河水系	滦河	
	北三河水系		
18		潮白河	密云水库以下，不含潮白新河
19		潮白新河	
20	永定河水系	永定河	
21		洋河	

序号	水资源一级区及流域水系	主要河流	备 注
	大清河水系		
22		唐河	
23		拒马河	
	子牙河水系		
24		滹沱河	
25		滏阳河	
	漳卫河水系		
26		漳河	
27		卫河	
28	黄河一级区	黄河	
29	洮河水系	洮河	
30	湟水-大通河水系	湟水-大通河	以大通河为主源，含湟水与大通河汇入口以下河段
31		湟水	为大通河交汇口以上段
32	无定河水系	无定河	
33	汾河水系	汾河	
34	渭河水系	渭河	
35		泾河	
36		北洛河	
37	伊洛河水系	伊洛河	伊洛河
38	沁河水系	沁河	
39	大汶河水系	大汶河	
	淮河一级区		
40	淮河干流洪泽湖以上流域	淮河干流洪泽湖以上段	
41		洪汝河	
42		史河	
43		淠河	
44		沙颍河	
45		茨淮新河	
46		涡河	
47		怀洪新河	
	淮河洪泽湖以下水系		

序号	水资源一级区及流域水系	主要河流	备 注
48		淮河入海水道	干流
49		淮河（下游入江水道）	干流
	沂沭泗水系		
50		沂河	
51		沭河	
52	长江一级区	长江	
53	雅砻江水系	雅砻江	
54	岷江-大渡河水系	岷江-大渡河	以大渡河为主源，含原岷江干流段
55		岷江	
56	嘉陵江水系	嘉陵江	
57		渠江	
58		涪江	
59	乌江-六冲河水系	乌江-六冲河	以六冲河为主源
60	汉江水系	汉江	
61		丹江	
62		唐白河	
	洞庭湖水系		
63		湘江	
64		资水	
65		沅江	
	鄱阳湖水系		
66		赣江	
67		抚河	
68		信江	
	太湖水系		
	东南诸河区		
69	钱塘江水系	钱塘江	
70		新安江	
71	瓯江水系	瓯江	
72	闽江水系	闽江	

续表

序号	水资源一级区及流域水系	主要河流	备 注
73		富屯溪-金溪	
74		建溪	
75	九龙江水系	九龙江	
	珠江一级区		
76	西江水系	西江	以南盘江为主源
77		北盘江	
78		柳江	
79		郁江	
80		桂江	
81		贺江	
82	北江水系	北江	
83	东江水系	东江	
	珠江三角洲水系		
84	韩江水系	韩江	
	海南岛诸河水系		
85		南渡江	
	西北诸河区		
86	石羊河	石羊河	
87	黑河	黑河	
88	疏勒河	疏勒河	
89	柴达木河	柴达木河	
90	格尔木河	格尔木河	
91	奎屯河	奎屯河	
92	玛纳斯河	玛纳斯河	
93	孔雀河	孔雀河	
94	开都河	开都河	
95	塔里木河	塔里木河	
96		木扎尔特河-渭干河	
97		和田河	

注 本次河湖基本情况普查中将大通河作为湟水主源,称为为湟水-大通河,而湟水为其支流;将大渡河作为岷江主源,称为岷江-大渡河,而岷江为其支流。

省级行政区水利工程主要普查成果

附表 A2

行政区划	水库		水电站				水闸		橡胶坝	泵站	
			规模以上		规模以下		规模以上	规模以下		规模以上	规模以下
	数量/座	总库容/亿m³	数量/座	装机容量/万kW	数量/座	装机容量/万kW	数量/座	数量/座	数量/座	数量/处	数量/处
全国	97985	9323.77	22179	32728.0	24517	558.2	97022	171348	2685	88970	335323
北京	87	52.17	29	103.7	32	0.6	632	416	145	77	278
天津	28	26.79	1	0.6	0	0.0	1069	2039	30	1647	1619
河北	1079	206.08	123	183.7	102	2.5	3080	3765	261	1345	1737
山西	643	68.53	97	306.0	66	1.6	730	1492	128	1131	2810
内蒙古	586	104.92	34	132.0	10	0.2	1755	7086	95	525	440
辽宁	921	375.33	116	269.3	73	1.5	1387	5383	164	1822	1390
吉林	1654	334.46	188	441.7	73	2.1	463	1113	105	626	1292
黑龙江	1148	277.9	70	130.0	17	0.5	1276	2578	49	910	396
上海	4	5.49	0	0.0	0	0.0	2115	81	11	1796	769
江苏	1079	35.98	28	264.2	11	0.2	17457	15862	59	17812	71075
浙江	4334	445.26	1419	953.4	1792	40.4	8581	4187	169	2854	45227
安徽	5826	324.78	339	279.2	469	10.1	4066	11494	62	7415	13147
福建	3692	200.73	2463	1184.2	4215	90.0	2381	1886	57	433	2065
江西	10819	320.81	1357	415.0	2335	53.1	4468	6853	47	3087	16485
山东	6424	219.18	47	106.8	83	1.7	5090	5560	575	3080	6316

续表

行政区划	水库		水电站				水闸		橡胶坝	泵站	
			规模以上		规模以下		规模以上	规模以下		规模以上	规模以下
	数量/座	总库容/亿m³	数量/座	装机容量/万kW	数量/座	装机容量/万kW	数量/座	数量/座	数量/座	数量/处	数量/处
河南	2650	420.17	200	413.1	326	5.1	3578	5162	153	1401	3542
湖北	6459	1262.35	936	3671.5	903	19.2	6770	15801	58	10245	42064
湖南	14121	530.72	2240	1480.1	2227	54.7	12017	22808	32	7217	45972
广东	8408	453.07	3397	1330.8	6261	148.8	8312	7671	65	4810	10968
广西	4556	717.99	1506	1592.1	935	22.3	1549	2627	30	1326	9747
海南	1105	111.38	204	76.1	128	3.3	416	990	6	78	617
重庆	2996	120.63	704	643.5	802	18.3	29	94	13	1665	6218
四川	8146	648.78	2736	7541.5	1870	40.0	1306	2858	49	5544	24693
贵州	2379	468.52	792	2023.9	651	16.7	28	136	28	1411	7822
云南	6050	751.3	1591	5694.9	347	8.5	1539	1869	43	2926	5776
西藏	97	34.16	110	129.7	196	3.8	15	106	1	57	100
陕西	1125	98.98	389	317.8	330	6.6	424	913	127	1226	5845
甘肃	387	108.52	572	877.4	99	2.6	1312	13800	52	2112	2134
青海	204	370.04	196	1563.7	58	1.4	223	437	38	562	260
宁夏	323	30.39	3	42.6	0	0.0	367	1112	12	572	510
新疆	655	198.38	292	559.5	106	2.5	4587	25169	21	3258	4009

续表

行政区划	堤 防		农村供水工程					塘 坝		窖 池	
	5级及以上长度/km	5级以下长度/km	集中式供水工程		分散式供水工程		工程数量/处	总容积/万 m³	工程数量/处	总容积/万 m³	
			数量/万处	受益人口/万人	数量/万处	受益人口/万人					
全国	275531	138182	91.84	54630.70	5795.21	26292.00	4563417	3008928.27	6892795	251417649
北京	1408	138	0.37	684.04	0.19	1.47	379	567.53	5075	277731
天津	2161	0	0.26	448.79	1.09	4.56	160	2477.06	1746	73192
河北	10276	14443	4.41	4013.28	198.62	1051.55	4555	9869.77	174655	4618681
山西	5834	3848	2.56	2223.13	26.01	175.87	1581	4263.38	267012	9408459
内蒙古	5572	1148	1.62	807.69	142.12	594.12	1307	4005.24	47634	1684313
辽宁	11805	8355	1.76	1108.03	312.43	1132.50	5318	11230.12	2289	121049
吉林	6896	1190	1.29	694.26	226.43	835.19	7094	14036.51	1	12
黑龙江	12292	1921	1.84	1149.54	212.63	869.12	14155	27136.60	0	0
上海	1952	0	0.0023	37.17	0.00	0.00	0	0	0	0
江苏	49567	5765	0.57	4255.95	111.47	417.67	175868	104281.32	354	61738
浙江	17441	19083	3.13	2976.68	18.60	137.66	88201	75599.12	9559	1371048
安徽	21073	13731	1.37	1915.76	637.53	2443.96	617226	481923.28	1001	166476
福建	3751	3933	3.40	1706.44	72.52	477.12	13738	21514.59	19911	1345279
江西	7601	5428	4.44	1058.38	303.96	1476.48	229726	289085.24	8402	682547
山东	23239	6963	4.23	5537.78	294.10	1118.67	51476	123012.00	78981	3895609

续表

行政区划	堤防		农村供水工程				塘坝		窖池	
	5级及以上长度/km	5级以下长度/km	集中式供水工程		分散式供水工程		工程数量/处	总容积/万m³	工程数量/处	总容积/万m³
			数量/万处	受益人口/万人	数量/万处	受益人口/万人				
河南	18587	6038	5.31	2842.23	805.77	3436.59	146383	119749.91	314904	7747391
湖北	17465	8822	2.08	2000.20	276.58	1167.54	838113	415577.66	202836	8412354
湖南	11794	6891	6.67	1810.59	502.30	2336.49	1663709	738788.79	46031	3697985
广东	22130	6769	4.26	4095.84	187.71	1173.46	40140	86679.34	7997	604018
广西	1941	2337	7.69	2532.07	206.73	1403.95	40904	61047.24	235274	13397076
海南	436	134	1.15	323.24	51.66	286.61	1831	6981.61	16	960
重庆	1109	213	3.79	813.30	110.01	410.33	147955	73875.89	153244	16633008
四川	3856	1891	7.91	2270.33	696.23	3201.72	400042	251970.24	702262	52710804
贵州	1362	1838	6.64	1979.63	36.79	359.23	19785	19658.83	478782	17901756
云南	4702	3146	8.60	2596.12	85.39	470.28	38142	49486.45	1784255	44057402
西藏	693	1330	0.75	161.57	1.30	36.05	2655	1818.29	1580	237660
陕西	3682	4494	4.00	1929.98	103.87	540.23	9603	7846.01	374250	8512067
甘肃	3192	1081	1.04	1140.20	120.32	525.30	2338	2704.47	1545277	40174639
青海	592	65	0.21	283.95	5.29	26.51	448	673.27	77152	1921211
宁夏	769	50	0.15	235.01	36.05	129.43	229	2016.45	352293	11701827
新疆	2353	7137	0.33	999.51	11.49	52.34	356	952.06	22	1357

附表 A3

省级行政区水库数量与总库容

行政区划	合计		大型水库		中型水库		小型水库		山丘水库		平原水库	
	数量/座	总库容/亿m³	数量/座	总库容/亿m³	数量/座	总库容/亿m³	数量/座	总库容/亿m³	数量/座	总库容/亿m³	数量/座	总库容/亿m³
全国	97985	9323.77	756	7499.34	3941	1121.23	93288	703.20	70538	8588.25	27449	735.52
北京	87	52.17	3	46.33	17	4.96	67	0.88	81	51.26	6	0.91
天津	28	26.79	3	22.39	13	3.98	12	0.41	9	15.99	19	10.80
河北	1079	206.08	23	181.66	47	16.54	1009	7.88	874	183.04	205	23.03
山西	643	68.53	12	39.65	67	19.50	564	9.38	551	60.28	92	8.25
内蒙古	586	104.92	15	61.17	93	33.43	478	10.32	319	76.29	267	28.63
辽宁	921	375.33	36	343.40	77	21.86	808	10.07	681	362.67	240	12.65
吉林	1654	334.46	20	289.57	109	30.96	1525	13.93	160	282.15	1494	52.31
黑龙江	1148	277.90	30	225.47	103	35.05	1015	17.38	161	212.70	987	65.20
上海	4	5.49	1	5.27	1	0.12	2	0.10	0	0.00	4	5.49
江苏	1079	35.98	6	12.58	47	12.73	1026	10.66	531	20.09	548	15.89
浙江	4334	445.26	33	370.15	158	46.40	4143	28.71	4294	441.87	40	3.39
安徽	5826	324.78	16	263.20	113	31.13	5697	30.45	3111	186.37	2715	138.41
福建	3692	200.73	21	122.74	185	49.02	3486	28.98	3534	198.69	158	2.04
江西	10819	320.81	30	189.90	263	64.73	10526	66.18	6130	295.55	4689	25.26
山东	6424	219.18	37	129.15	207	53.46	6180	36.57	5997	159.11	427	60.06

续表

行政区划	合计		大型水库		中型水库		小型水库		山丘水库		平原水库	
	数量/座	总库容/亿 m³	数量/座	总库容/亿 m³	数量/座	总库容/亿 m³	数量/座	总库容/亿 m³	数量/座	总库容/亿 m³	数量/座	总库容/亿 m³
河南	2650	420.17	25	363.98	123	35.30	2502	20.89	2232	373.92	418	46.25
湖北	6459	1262.35	77	1135.18	282	78.93	6100	48.23	3043	1230.89	3416	31.46
湖南	14121	530.72	47	361.75	372	98.33	13702	70.64	6903	479.13	7218	51.59
广东	8408	453.07	39	294.01	343	94.45	8026	64.60	6805	418.02	1603	35.05
广西	4556	717.99	61	601.55	231	68.05	4264	48.39	3602	698.65	954	19.34
海南	1105	111.38	10	76.46	76	22.45	1019	12.46	772	102.77	333	8.61
重庆	2996	120.63	16	75.39	97	26.73	2883	18.51	2996	120.63	0	0.00
四川	8146	648.78	50	537.85	219	63.96	7877	46.97	7800	645.96	347	2.82
贵州	2379	468.52	26	412.99	114	33.76	2239	21.77	2379	468.52	0	0.00
云南	6050	751.30	39	649.34	249	63.31	5762	38.65	5614	748.10	437	3.20
西藏	97	34.16	7	28.94	11	4.37	79	0.85	57	29.89	40	4.27
陕西	1125	98.98	13	55.51	85	31.18	1027	12.29	968	93.66	157	5.32
甘肃	387	108.52	9	86.91	44	15.28	334	6.34	243	103.13	144	5.39
青海	204	370.04	14	363.67	14	3.80	176	2.56	198	369.91	6	0.12
宁夏	323	30.39	4	13.95	44	10.42	275	6.02	279	27.61	44	2.77
新疆	655	198.38	33	139.23	137	47.03	485	12.12	214	131.39	441	66.99

主要河流水系水库数量与总库容

附表 A4

水资源区或流域	主要河流	河流水系 合计 数量/座	河流水系 合计 总库容/亿m³	河流水系 大型水库 数量/座	河流水系 大型水库 总库容/亿m³	河流水系 中型水库 数量/座	河流水系 中型水库 总库容/亿m³	河流水系 小型水库 数量/座	河流水系 小型水库 总库容/亿m³	干流 合计 数量/座	干流 合计 总库容/亿m³	干流 大型水库 数量/座	干流 大型水库 总库容/亿m³	干流 中型水库 数量/座	干流 中型水库 总库容/亿m³	干流 小型水库 数量/座	干流 小型水库 总库容/亿m³
合计		7868	4616.26	227	4459.79	299	107.79	7342	48.67	2710	572.24	50	475.52	202	65.95	2458	30.77
松花江一级区	松花江流域	2200	477.88	33	411.02	149	44.16	2018	22.70	42	104.60	3	102.14	3	1.68	36	0.77
	洮儿河	27	19.63	2	14.74	10	4.14	15	0.74	11	14.84	1	12.53	3	1.91	7	0.40
	霍林河	16	3.56	0	0.00	7	3.21	9	0.35	9	2.64	0	0.00	5	2.49	4	0.15
	雅鲁河	9	1.17	0	0.00	1	0.96	8	0.21	2	0.04	0	0.00	0	0.00	2	0.04
	诺敏河	5	0.49	0	0.00	1	0.38	4	0.11	0	0.00	0	0.00	0	0.00	0	0.00
	第二松花江	1134	230.27	13	211.90	46	9.97	1075	8.39	47	180.67	5	179.52	1	0.91	41	0.24
	呼兰河	183	11.10	2	3.26	20	5.54	161	2.30	35	2.26	1	1.13	3	0.96	31	0.18
	拉林河	234	14.24	3	9.93	11	2.81	220	1.50	21	5.36	1	5.23	0	0.00	20	0.13
	牡丹江	120	48.27	2	43.12	13	3.41	105	1.74	30	43.05	1	41.80	3	0.94	26	0.32
辽河一级区	辽河流域	1276	494.44	48	439.58	134	40.05	1094	14.81	17	7.32	4	6.30	3	0.72	10	0.30
	辽河	648	174.86	21	140.66	79	25.50	548	8.71	6	1.69	0	0.00	3	1.49	3	0.20
	乌力吉木仁河	32	7.45	1	1.58	13	5.12	18	0.75								
	老哈河	35	31.39	3	29.81	3	0.96	29	0.63	5	25.68	1	25.60	0	0.00	4	0.08
	东辽河	99	23.23	2	18.93	12	3.24	85	1.06	26	19.67	2	18.93	3	0.49	21	0.26
	绕阳河	37	2.59	0	0.00	6	1.99	31	0.60	7	0.66	0	0.00	2	0.47	5	0.19

续表

水资源区或流域	主要河流	河流水系 合计 数量/座	总库容/亿m³	河流水系 大型水库 数量/座	总库容/亿m³	河流水系 中型水库 数量/座	总库容/亿m³	河流水系 小型水库 数量/座	总库容/亿m³	干流 合计 数量/座	总库容/亿m³	干流 大型水库 数量/座	总库容/亿m³	干流 中型水库 数量/座	总库容/亿m³	干流 小型水库 数量/座	总库容/亿m³
东北沿黄渤海诸河	洋河	126	65.64	4	59.34	15	4.84	107	1.46	17	23.94	1	22.68	4	1.13	12	0.13
东北沿黄渤海诸河	大凌河	517	79.10	18	65.15	38	9.01	461	4.94	17	19.92	3	19.71	0	0.00	14	0.21
		100	23.94	4	21.16	7	1.56	89	1.22								
海河一级区		1854	332.70	36	271.44	155	44.27	1663	16.99								
滦河水系	滦河	225	48.35	5	44.09	12	2.82	208	1.44	43	35.35	3	33.67	3	1.33	37	0.35
北三河水系		158	73.33	6	64.98	21	7.03	131	1.32								
	潮白河	63	48.59	3	46.21	6	1.94	54	0.44	6	45.74	2	44.77	1	0.91	3	0.07
	潮白新河	4	1.51	0	0.00	4	1.51	0	0.00	4	1.51	0	0.00	4	1.51	0	0.00
永定河水系	永定河	192	56.91	3	48.56	19	6.00	170	2.35	30	48.70	2	47.40	4	1.18	24	0.12
	洋河	47	2.95	1	1.16	4	1.13	42	0.66	3	1.75	1	1.16	1	0.58	1	0.01
大清河水系		146	44.85	8	39.91	13	3.50	125	1.44								
	唐河	38	12.00	1	11.37	1	0.13	36	0.50	16	11.55	1	11.37	0	0.00	15	0.18
	拒马河	8	0.29	0	0.00	1	0.23	7	0.06	3	0.02	0	0.00	0	0.00	3	0.02
子牙河水系		418	48.03	5	36.63	28	7.97	385	3.43								
	滹沱河	191	34.29	2	29.14	15	3.29	174	1.86	34	17.76	1	17.04	2	0.41	31	0.31
	滏阳河	105	3.42	1	1.62	2	1.19	102	0.61	8	1.64	1	1.62	0	0.00	7	0.03
漳卫河水系		360	41.95	7	28.27	34	10.58	319	3.10								

续表

水资源区或流域	主要河流	河流水系 合计 数量/座	河流水系 合计 总库容/亿m³	河流水系 大型水库 数量/座	河流水系 大型水库 总库容/亿m³	河流水系 中型水库 数量/座	河流水系 中型水库 总库容/亿m³	河流水系 小型水库 数量/座	河流水系 小型水库 总库容/亿m³	干流 合计 数量/座	干流 合计 总库容/亿m³	干流 大型水库 数量/座	干流 大型水库 总库容/亿m³	干流 中型水库 数量/座	干流 中型水库 总库容/亿m³	干流 小型水库 数量/座	干流 小型水库 总库容/亿m³
徒骇马颊河水系	漳河	119	26.16	4	20.11	14	4.62	101	1.43	23	4.67	1	4.27	1	0.32	21	C.07
	卫河	234	13.18	2	7.15	16	4.47	216	1.56	2	0.26	0	0.00	1	0.17	1	0.10
		88	6.46	0		20	4.13	68	2.33								
黄河一级区	黄河	3339	906.34	47	788.39	247	77.42	3045	40.53	140	524.90	16	616.92	20	7.02	104	0.96
洮河水系	洮河	30	10.47	1	9.43	3	0.60	26	0.44	18	10.21	1	9.43	2	0.41	15	3.37
湟水-大通河水系	湟水-大通河	120	21.25	3	19.00	4	0.80	113	1.45	22	17.65	2	17.18	0	0.00	20	0.47
	湟水	94	3.51	1	1.82	4	0.80	89	0.89	1	0.29	0	0.00	1	0.29	0	0.00
无定河水系	无定河	95	18.60	2	4.92	25	12.05	68	1.63	19	9.98	2	4.92	7	4.77	10	0.28
汾河水系	汾河	143	19.47	5	11.88	13	5.46	125	2.13	17	9.38	2	8.66	1	0.56	14	0.16
渭河水系	渭河	632	39.55	6	16.35	46	13.09	580	10.11	27	0.20	0	0.00	0	0.00	27	0.20
	泾河	147	11.27	1	5.40	13	3.15	133	2.73	19	0.68	0	0.00	1	0.30	18	0.39
	北洛河	73	4.67	1	2.01	5	1.46	67	1.20	12	0.14	0	0.00	0	0.00	12	0.14
伊洛河水系	伊洛河	238	30.37	2	24.95	12	2.49	224	2.93	12	12.10	1	11.75	1	0.28	10	0.07
沁河水系	沁河	105	7.85	1	3.94	9	2.34	95	1.57	9	4.53	1	3.94	2	0.46	6	0.14
大汶河水系	大汶河	803	52.88	3	42.55	20	5.88	780	4.45	121	40.89	1	39.79	3	0.55	117	0.55
淮河一级区		9586	507.58	58	370.55	292	80.57	9236	56.45	138	123.08	1	121.30	4	0.94	133	0.83
淮河干流洪泽湖以上流域	淮河干流洪泽湖以上段	3796	328.46	21	274.75	111	30.38	3664	23.33								

续表

水资源区或流域	主要河流	河流水系								干流							
		合计		大型水库		中型水库		小型水库		合计		大型水库		中型水库		小型水库	
		数量/座	总库容/亿m³	数量/座	总库容/亿m³	数量/座	总库容/亿m³	数量/座	总库容/亿m³	数量/座	总库容/亿m³	数量/座	总库容/亿m³	数量/座	总库容/亿m³	数量/座	总库容/亿m³
	洪汝河	144	33.36	4	30.71	6	1.13	134	1.52	8	23.61	2	23.31	1	0.26	5	0.04
	史河	314	33.44	2	31.79	2	0.52	310	1.14	146	23.16	1	22.63	1	0.14	144	0.39
	潢河	299	41.43	4	39.11	2	0.69	293	1.63	153	13.52	3	12.98	0	0.00	150	0.54
	沙颍河	403	40.81	5	30.40	24	6.43	374	3.98	9	16.41	2	16.35	0	0.00	7	0.06
	茨淮新河	0	0.00	0	0.00	0	0.00	0	0.00	0	0.00	0	0.00	0	0.00	0	0.00
	涡河	8	0.14	0	0.00	0	0.00	8	0.14	0	0.00	0	0.00	0	0.00	0	0.00
	怀洪新河	13	0.06	0	0.00	0	0.00	13	0.06	7	0.04	0	0.00	0	0.00	7	0.04
淮河洪泽湖以下水系		257	7.80	1	1.14	13	4.23	243	2.43								
	淮河入海水道	0	0.00	0	0.00	0	0.00	0	0.00	0	0.00	0	0.00	0	0.00	0	0.00
	淮河（下游入江水道）	10	0.02	0	0.00	0	0.00	10	0.02	10	0.02	0	0.00	0	0.00	10	0.02
沂沭泗水系		2184	80.47	19	48.80	65	18.79	2100	12.88								
	沂河	588	25.80	5	18.35	22	4.04	561	3.42	70	6.88	2	6.48	0	0.00	68	0.39
	沭河	459	12.56	4	9.33	4	1.27	451	1.96	119	5.77	2	5.06	1	0.12	116	0.59
长江一级区	长江	51655	3608.69	283	2882.24	1541	414.67	49831	311.78	582	693.58	10	690.20	4	0.46	568	2.93
雅砻江水系	雅砻江	187	163.58	7	157.78	9	4.39	171	1.42	7	144.31	3	143.20	2	1.10	2	0.01

续表

水资源区或流域	主要河流	河流水系								干流							
		合计		大型水库		中型水库		小型水库		合计		大型水库		中型水库		小型水库	
		数量/座	总库容/亿m³	数量/座	总库容/亿m³	数量/座	总库容/亿m³	数量/座	总库容/亿m³	数量/座	总库容/亿m³	数量/座	总库容/亿m³	数量/座	总库容/亿m³	数量/座	总库容/亿m³
岷江-大渡河水系	岷江-大渡河	832	143.73	19	127.42	40	9.61	773	6.70	63	91.88	9	90.70	2	0.81	52	0.37
	岷江	333	26.96	5	22.73	10	1.83	318	2.40	62	17.19	2	16.47	2	0.30	58	0.42
嘉陵江水系	嘉陵江	5127	236.17	25	170.30	125	41.48	4977	24.39	417	106.16	12	101.65	6	2.94	399	1.57
	渠江	1705	30.72	5	10.25	35	13.23	1665	7.24	295	7.64	2	3.47	4	2.85	289	1.32
	涪江	1664	35.87	4	11.62	45	14.97	1615	9.27	230	13.36	2	7.25	11	5.05	217	1.06
乌江-六冲河水系	乌江-六冲河	1422	275.31	21	239.33	77	24.33	1324	11.66	119	192.63	9	192.15	0	0.00	110	3.48
汉江水系	汉江	2664	552.70	35	490.92	146	40.28	2483	21.50	239	388.70	8	385.57	8	1.39	223	1.73
	丹江	130	5.06	0	0.00	8	4.14	122	0.93	24	1.93	0	0.00	2	1.76	22	0.17
	唐白河	701	38.84	5	18.76	47	14.42	649	5.66	77	14.03	1	13.39	0	0.00	76	0.64
洞庭湖水系	湘江	14731	627.09	56	434.94	424	113.98	14251	78.17	625	48.18	9	43.97	8	2.03	608	2.19
	资水	6923	235.00	19	162.54	178	40.38	6726	32.08	448	44.33	4	39.60	5	2.88	439	1.85
	沅江	3107	225.22	22	165.87	125	37.69	2960	21.66	282	127.59	10	124.29	7	1.79	265	1.51
	澧水	1947	62.76	6	42.21	40	10.50	1901	10.05								
鄱阳湖水系	赣江	10518	315.37	30	189.90	249	61.16	10239	64.31	291	39.33	2	34.01	6	3.09	283	2.23
	抚河	4302	127.14	16	69.05	127	28.41	4159	29.68	237	6.50	1	4.32	3	0.93	233	1.25
	信江	1080	29.37	2	16.46	21	6.18	1057	6.73	290	6.82	2	4.14	7	1.25	281	1.43
	饶河	1412	26.41	4	8.70	38	9.70	1370	8.02								
太湖水系		447	19.14	8	11.36	20	4.67	419	3.11								

续表

水资源区或流域	主要河流	河流水系 合计 数量/座	合计 总库容/亿m³	大型水库 数量/座	大型水库 总库容/亿m³	中型水库 数量/座	中型水库 总库容/亿m³	小型水库 数量/座	小型水库 总库容/亿m³	干流 合计 数量/座	合计 总库容/亿m³	大型水库 数量/座	大型水库 总库容/亿m³	中型水库 数量/座	中型水库 总库容/亿m³	小型水库 数量/座	小型水库 总库容/亿m³
东南诸河区		7581	608.34	48	464.52	319	89.46	7214	54.36								
钱塘江水系	钱塘江	2566	303.55	15	266.71	64	21.18	2487	15.65	139	9.90	1	8.76	2	0.56	136	0.58
	新安江	323	220.20	1	216.26	6	2.18	316	1.76	83	216.55	1	216.26	0	0.00	82	0.29
瓯江水系	瓯江	431	67.56	2	55.83	33	8.43	396	3.30	53	16.97	1	13.93	8	2.78	44	0.26
闽江水系	闽江	1330	105.53	9	71.66	85	22.83	1236	11.05	90	36.82	2	33.35	10	2.95	78	0.53
	富屯溪-金溪	223	17.90	1	8.70	26	7.20	196	2.00	30	11.60	1	8.70	9	2.61	20	0.29
	建溪	329	8.80	1	1.13	19	5.04	309	2.63	39	2.70	1	1.13	3	1.39	35	0.18
九龙江水系	九龙江	336	13.01	3	5.86	18	4.12	315	3.04	58	7.21	2	4.28	9	2.41	47	0.52
珠江一级区		16588	1507.85	119	1149.78	753	214.98	15716	143.09								
西江水系	西江	6226	885.90	64	737.96	299	89.64	5863	58.29	273	400.75	11	396.46	6	2.58	256	1.71
	北盘江	282	52.09	3	43.70	18	5.98	261	2.41	41	46.03	3	43.70	6	1.93	32	0.41
	柳江	798	73.57	8	48.98	48	15.08	742	9.50	68	45.75	5	44.83	1	0.17	62	0.74
	郁江	1420	239.12	24	201.61	77	22.98	1319	14.53	180	144.07	10	141.71	3	0.49	167	1.86
	桂江	357	32.29	8	21.14	20	7.51	329	3.64	68	11.30	4	10.70	0	0.00	64	0.60
	贺江	300	16.98	3	11.03	10	2.00	287	3.95	83	9.75	2	8.91	0	0.00	81	0.84
北江水系	北江	1581	89.01	12	55.63	76	22.83	1493	10.55	198	33.95	5	30.55	6	2.09	187	1.31
东江水系	东江	1322	193.44	4	171.72	51	11.89	1267	9.83	266	26.46	2	20.56	14	4.23	250	1.67
珠江三角洲水系		1248	46.02	7	16.95	60	16.93	1181	12.13								

173

续表

水资源区或流域	主要河流	河流水系 合计 数量/座	总库容/亿m³	大型水库 数量/座	总库容/亿m³	中型水库 数量/座	总库容/亿m³	小型水库 数量/座	总库容/亿m³	干流 合计 数量/座	总库容/亿m³	大型水库 数量/座	总库容/亿m³	中型水库 数量/座	总库容/亿m³	小型水库 数量/座	总库容/亿m³
韩江水系	韩江	1071	43.04	4	24.88	35	10.64	1032	7.52	163	1.85	0	0.00	2	0.84	161	1.01
海南岛诸河水系		1105	111.38	10	76.46	76	22.45	1019	12.46								
南渡江	南渡江	258	40.75	1	33.45	15	4.65	242	2.65	55		1	33.45	4	1.46	50	0.56
西北诸河区		1026	229.33	38	149.25	183	62.40	805	17.68								
石羊河	石羊河	18	3.14	0	0.00	6	2.93	12	0.21	3	1.33	0	0.00	3	1.33	0	0.00
黑河	黑河	136	6.34	1	1.05	12	3.57	123	1.72	35	2.13	0	0.00	4	1.30	31	3.83
疏勒河	疏勒河	23	4.70	2	3.94	1	0.46	20	0.30	15	4.16	2	3.94	0	0.00	13	0.22
柴达木河	柴达木河	4	0.10	0	0.00	0	0.00	4	0.10	0	0.00	0	0.00	0	0.00	0	0.00
格尔木河	格尔木河	7	3.11	1	2.55	2	0.35	4	0.21	5	3.05	1	2.55	2	0.35	2	0.14
奎屯河	奎屯河	27	1.97	1	1.02	1	0.40	25	0.55	14	0.27	0	0.00	0	0.00	14	0.27
玛纳斯河	玛纳斯河	14	6.75	4	5.71	4	0.96	6	0.08	15	6.97	4	5.71	5	1.15	6	0.10
孔雀河	孔雀河	6	1.50	0	0.00	3	1.36	3	0.13	6	1.50	0	0.00	3	1.36	3	0.13
开都河	开都河	5	2.83	1	1.25	3	1.57	1	0.00	5	2.83	1	1.25	3	1.57	1	0.00
塔里木河	塔里木河	125	53.80	12	36.18	41	15.15	72	2.46	38	15.19	5	6.52	19	8.11	14	0.55
木扎尔特河-渭干河	木扎尔特河-渭干河	6	8.32	1	7.25	2	0.97	3	0.10	5	8.32	1	7.25	2	0.97	2	0.10
和田河	和田河	17	4.92	1	3.34	5	1.20	11	0.38	11	4.49	1	3.34	3	0.83	7	0.32

附表 A5

省级行政区不同功能水库数量与特征库容

行政区划	有防洪作用的水库			有发电作用的水库			有供水作用的水库			有灌溉作用的水库			有航运作用的水库			有养殖作用的水库			有其他作用的水库		
	数量/座	总库容/亿m³	已建水库防洪库容/亿m³	数量/座	总库容/亿m³	已建水库兴利库容/亿m³	数量/座	总库容/亿m³	已建水库兴利库容/亿m³	数量/座	总库容/亿m³	已建水库兴利库容/亿m³	数量/座	总库容/亿m³	已建水库兴利库容/亿m³	数量/座	总库容/亿m³	已建水库兴利库容/亿m³	数量/座	总库容/亿m³	已建水库兴利库容/亿m³
全国	49849	7011.20	1600.97	7520	7179.19	3109.65	69446	4303.55	2103.85	88350	4163.59	2036.03	202	2316.16	847.31	30579	2768.72	1436.23	2369	1231.85	652.14
北京	81	52.05	12.25	8	46.43	37.42	67	49.91	39.75	48	48.06	38.71	0	0.00	0.00	5	1.83	1.42	6	1.21	0.57
天津	10	16.00	11.62	1	15.59	3.85	16	22.75	9.84	15	6.41	5.35	0	0.00	0.00	3	5.41	4.72	8	3.59	2.58
河北	982	194.47	52.11	38	107.12	53.27	637	198.30	81.30	974	168.82	60.38	0	0.00	0.00	114	58.22	10.42	15	2.95	1.65
山西	569	67.21	23.45	28	23.35	7.28	323	58.66	17.87	413	47.82	14.70	2	0.93	0.47	63	16.20	4.87	18	4.21	1.14
内蒙古	446	96.94	19.47	22	51.73	18.40	356	92.82	31.25	336	82.82	27.84	0	0.00	0.00	240	69.61	23.83	93	9.90	4.03
辽宁	843	365.92	46.27	51	312.05	153.25	378	204.95	95.16	703	165.23	77.24	1	34.60	8.20	447	311.01	156.07	31	18.64	9.46
吉林	1072	268.43	74.27	98	263.43	138.12	1091	85.30	31.56	1265	91.77	34.20	1	109.88	61.64	1082	259.13	126.74	37	1.78	0.87
黑龙江	855	204.15	52.99	36	203.70	109.97	145	143.46	84.64	926	188.08	107.17	1	86.10	59.68	665	230.01	126.70	72	27.32	13.84
上海	0	0.00	0.00	0	0.00	0.00	4	5.49	2.14	0	0.00	0.00	0	0.00	0.00	0	0.00	0.00	0	0.00	0.00
江苏	946	32.15	10.69	9	6.82	2.93	580	28.85	14.12	1024	33.00	16.73	0	0.00	0.00	434	21.13	10.31	15	8.42	4.28
浙江	1448	413.35	62.99	923	411.51	203.12	2228	142.51	79.09	3572	122.59	70.40	12	27.49	7.71	969	59.32	31.97	58	3.74	2.14
安徽	3178	302.49	54.31	258	146.08	66.95	5047	169.01	77.45	5635	290.74	78.24	9	4.93	2.72	2237	144.86	71.47	123	26.02	10.05
福建	743	114.34	16.44	1343	166.18	91.11	2130	57.09	38.48	2401	56.40	38.62	2	34.70	15.01	275	17.97	13.26	87	1.61	0.95
江西	5957	264.00	62.87	634	209.58	104.05	9040	259.58	139.84	10479	260.81	146.07	13	90.94	41.15	5356	185.35	101.23	126	15.67	8.04
山东	5772	198.29	52.90	44	71.23	35.59	3083	189.61	93.07	5350	196.59	95.68	1	0.00	0.00	1595	105.16	47.97	146	4.56	3.26

续表

行政区划	有防洪作用的水库			有发电作用的水库			有供水作用的水库			有灌溉作用的水库			有航运作用的水库			有养殖作用的水库			有其他作用的水库		
	数量/座	总库容/亿m³	已建水库防洪库容/亿m³	数量/座	总库容/亿m³	已建水库兴利库容/亿m³	数量/座	总库容/亿m³	已建水库兴利库容/亿m³	数量/座	总库容/亿m³	已建水库兴利库容/亿m³	数量/座	总库容/亿m³	已建水库兴利库容/亿m³	数量/座	总库容/亿m³	已建水库兴利库容/亿m³	数量/座	总库容/亿m³	已建水库兴利库容/亿m³
河南	2155	414.52	159.86	65	332.08	107.32	1843	303.68	127.27	2286	296.14	123.77	4	16.33	7.79	986	101.95	41.74	166	142.84	57.24
湖北	94	1025.78	356.23	316	1110.80	527.21	5437	634.94	323.25	6172	600.92	307.56	18	882.95	425.31	2989	163.49	92.28	55	465.72	228.82
湖南	10050	460.96	100.09	737	427.26	211.53	13316	193.09	131.61	13692	191.84	130.48	50	183.34	81.50	6298	212.66	128.95	68	54.25	28.94
广东	3313	390.49	86.71	1075	364.90	180.98	3887	352.07	183.79	7397	235.07	133.40	21	39.23	6.46	774	41.70	23.27	240	27.50	5.49
广西	1768	411.04	123.00	394	426.54	125.42	2169	323.36	109.59	4307	326.75	128.32	24	249.03	25.05	1817	120.05	34.25	31	35.19	2.79
海南	2	4.82	1.56	34	70.10	44.19	1066	93.07	60.33	1068	99.26	60.12	1	33.45	20.83	107	38.57	23.30	10	0.09	0.05
重庆	1860	64.29	11.78	143	94.98	33.41	2577	47.46	26.28	2792	44.36	26.11	7	28.47	2.52	962	26.90	17.90	113	18.04	10.68
四川	6448	460.21	45.71	473	581.18	115.31	6274	197.99	70.97	7638	162.39	70.74	24	150.71	39.17	2623.5	145.69	63.95	535	21.45	9.80
贵州	105	106.47	7.38	344	442.26	217.54	735	63.83	24.21	2014	47.79	20.69	3	17.67	0.00	42	1.31	0.81	29	4.06	1.07
云南	432	450.13	18.40	167	659.90	167.91	5596	112.86	77.65	5779	116.36	75.76	5	265.33	0.01	191.5	66.92	16.31	53	2.02	1.11
西藏	39	18.78	2.33	30	14.00	3.92	60	24.46	3.31	71	24.73	3.50	0	0.00	0.00	0	0.00	0.00	4	0.09	0.02
陕西	31	42.45	7.38	79	60.11	31.34	735	48.46	21.57	815	42.49	18.92	2	3.10	0.60	210	24.68	7.52	169	10.40	4.72
甘肃	172	97.19	45.08	71	92.20	58.60	276	93.52	59.62	286	84.21	53.74	1	57.00	41.50	14	61.22	44.13	19	57.66	41.63
青海	35	322.56	59.65	48	363.43	214.15	11	32.33	3.53	135	5.71	3.90	0	0.00	0.00	8	257.51	193.81	27	257.63	193.81
宁夏	290	29.11	10.34	4	7.63	1.00	128	16.27	2.38	153	15.85	2.16	0	0.00	0.00	1	0.03	0.01	6	0.08	0.01
新疆	153	122.61	12.84	47	97.01	44.53	211	57.85	42.95	604	110.60	65.55	0	0.00	0.00	71	20.84	17.04	9	5.18	3.09

主要河流水系不同功能水库数量与特征库容

附表 A6

流域水系	防洪 数量/座	防洪 总库容/亿m³	防洪 已建水库防洪库容/亿m³	发电 数量/座	发电 总库容/亿m³	发电 已建水库兴利库容/亿m³	供水 数量/座	供水 总库容/亿m³	供水 已建水库兴利库容/亿m³	灌溉 数量/座	灌溉 总库容/亿m³	灌溉 已建水库兴利库容/亿m³	航运 数量/座	航运 总库容/亿m³	航运 已建水库兴利库容/亿m³	养殖 数量/座	养殖 总库容/亿m³	养殖 已建水库兴利库容/亿m³	其他 数量/座	其他 总库容/亿m³	其他 已建水库兴利库容/亿m³
松花江一级区	1882	471.53	126.42	97	422.61	224.37	1225	226.70	121.33	2146	280.05	147.60	2	195.98	121.32	1721	482.28	255.80	112	31.99	16.05
松花江流域	1442	403.07	107.58	69	359.79	194.71	1154	198.84	107.34	1823	233.13	125.07	2	195.98	121.32	1398	421.88	224.80	69	6.86	3.67
洮儿河	21	19.33	4.81	1	12.53	10.33	7	14.85	11.60	7	14.85	11.60	0	0.00	0.00	17	15.06	11.48	0	0.00	0.00
霍林河	8	1.65	0.48	0	0.00	0.00	5	1.88	1.62	3	1.33	1.20	0	0.00	0.00	10	1.77	0.67	0	0.00	0.00
雅鲁河	6	1.13	0.05	0	0.00	0.00	5	1.05	0.03	8	1.17	0.07	0	0.00	0.00	8	0.21	0.08	2	0.05	0.02
诺敏河	5	0.49	0.27	0	0.00	0.00	5	0.49	0.11	5	0.49	0.11	0	0.00	0.00	5	0.49	0.11	1	0.00	0.00
第二松花江	684	208.61	53.27	45	194.92	98.64	885	45.70	15.13	970	40.79	13.43	1	109.88	61.64	829	205.44	104.31	19	0.81	0.47
呼兰河	153	9.61	2.69	5	2.31	0.84	19	3.50	0.97	174	11.04	4.69	0	0.00	0.00	115	7.94	3.63	8	0.05	0.00
拉林河	219	14.19	3.54	1	2.77	1.44	148	12.24	3.25	194	14.17	4.07	0	0.00	0.00	45	7.72	3.47	1	0.02	0.01
牡丹江	75	6.10	2.32	9	44.36	16.55	17	1.14	0.72	68	4.57	2.67	0	0.00	0.00	82	47.18	17.95	2	1.33	0.85
辽河一级区	1072	440.20	60.19	102	405.41	193.95	553	278.97	116.20	903	233.48	95.65	1	34.60	8.20	647	379.84	175.20	94	24.74	11.77
辽河流域	501	168.28	46.83	32	122.74	54.77	0	0.00	0.00	0	0.00	0.00	0	0.00	0.00	0	0.00	0.00	0	0.00	0.00
乌力吉木仁河	24	6.57	2.83	0	0.00	0.00	25	6.39	2.43	24	5.75	2.35	0	0.00	0.00	12	3.08	1.35	4	0.41	0.24

续表

流域水系	防洪 数量/座	防洪 总库容/亿m³	防洪 已建水库防洪库容/亿m³	发电 数量/座	发电 总库容/亿m³	发电 已建水库兴利库容/亿m³	供水 数量/座	供水 总库容/亿m³	供水 已建水库兴利库容/亿m³	灌溉 数量/座	灌溉 总库容/亿m³	灌溉 已建水库兴利库容/亿m³	航运 数量/座	航运 总库容/亿m³	航运 已建水库兴利库容/亿m³	养殖 数量/座	养殖 总库容/亿m³	养殖 已建水库兴利库容/亿m³	其他 数量/座	其他 总库容/亿m³	其他 已建水库兴利库容/亿m³
老哈河	30	31.29	0.77	7	30.49	4.03	34	31.39	4.21	34	31.39	4.21	0	0.00	0.00	30	31.24	4.18	3	1.33	0.66
东辽河	85	23.03	6.31	1	17.92	7.04	35	21.66	8.61	69	20.25	7.92	0	0.00	0.00	59	20.80	8.03	3	0.26	0.10
绕阳河	29	1.84	0.49	0	0.00	0.00	3	0.91	0.32	25	2.02	0.76	0	0.00	0.00	10	1.06	0.46	8	0.10	0.05
浑河	83	63.81	22.90	13	61.24	36.83	28	62.35	37.45	111	35.64	21.31	0	0.00	0.00	72	49.59	29.94	3	1.23	0.46
东北沿黄渤海诸河	513	78.20	6.21	19	44.64	22.37	248	75.21	33.96	370	60.17	30.20	0	0.00	0.00	248	56.69	28.77	22	17.33	8.96
大凌河	100	23.94	4.33	10	20.53	10.81	37	22.77	11.41	56	19.78	10.10	0	0.00	0.00	75	22.27	11.37	20	17.24	8.94
海河一级区	1563	301.88	92.62	71	176.42	97.57	1082	310.52	146.54	1416	258.09	116.71	2	0.93	0.47	207	83.58	23.67	72	10.07	6.09
滦河水系	223	39.72	8.93	14	37.57	23.12	125	46.08	30.19	170	12.58	8.39	0	0.00	0.00	63	2.71	0.99	3	0.04	0.02
北三河水系	148	70.79	23.71	11	63.27	41.61	123	70.86	46.35	120	52.84	41.04	0	0.00	0.00	30	3.99	2.04	15	3.80	2.07
潮白河	63	48.59	10.69	6	46.12	36.59	58	48.57	37.98	39	47.05	37.28	0	0.00	0.00	6	1.48	0.42	3	0.38	0.27
潮白新河	0	0.00	0.00	0	0.00	0.00	1	0.40	0.30	0	0.00	0.00	0	0.00	0.00	0	0.00	0.00	3	1.11	0.77
永定河水系	158	55.90	4.29	4	0.27	0.10	123	54.98	6.27	144	54.84	6.00	0	0.00	0.00	11	44.13	3.39	5	0.20	0.13
洋河	46	2.95	1.02	1	0.07	0.03	38	2.51	1.09	37	2.66	1.08	0	0.00	0.00	1	1.16	0.49	1	0.01	0.00
大清河水系	143	37.77	12.51	5	28.85	12.05	85	40.85	19.54	111	42.17	20.00	0	0.00	0.00	17	9.53	6.41	1	1.80	1.41

续表

流域水系	防洪			发电（水库功能）			供水			灌溉			航运			养殖			其他		
	数量/座	总库容/亿m³	已建水库防洪库容/亿m³	数量/座	总库容/亿m³	已建水库兴利库容/亿m³	数量/座	总库容/亿m³	已建水库兴利库容/亿m³	数量/座	总库容/亿m³	已建水库兴利库容/亿m³	数量/座	总库容/亿m³	已建水库兴利库容/亿m³	数量/座	总库容/亿m³	已建水库兴利库容/亿m³	数量/座	总库容/亿m³	已建水库兴利库容/亿m³
唐河	38	12.00	3.39	2	11.47	5.15	5	11.49	5.16	13	11.76	5.30	0	0.00	0.00	1	0.02	0.01	0	0.00	0.00
拒马河	8	0.29	0.01	0	0.00	0.00	7	0.27	0.13	7	0.27	0.13	0	0.00	0.00	3	0.24	0.12	0	0.00	0.00
子牙河水系 滹沱河	335	47.11	18.91	18	24.11	10.30	226	43.67	19.63	388	47.01	21.14	0	0.00	0.00	15	6.20	3.78	9	1.90	1.05
滏阳河	125	33.90	13.65	6	13.36	4.15	68	32.61	13.12	165	33.35	13.43	0	0.00	0.00	6	0.40	0.17	3	0.25	0.07
	105	3.42	0.72	3	2.40	1.81	81	3.25	2.26	101	3.35	2.30	0	0.00	0.00	2	2.35	1.78	1	0.00	0.00
漳卫河水系 漳河	316	39.00	20.10	17	18.48	8.97	230	37.58	17.50	245	35.79	16.14	2	0.93	0.47	32	15.59	6.16	2	0.89	0.47
卫河	119	26.16	14.96	5	16.36	7.69	64	24.02	10.07	68	24.33	10.20	2	0.93	0.47	16	8.07	2.42	1	0.87	0.45
	197	12.84	5.13	12	2.12	1.29	161	11.18	5.77	176	11.25	5.80	0	0.00	0.00	16	7.53	3.74	0	0.00	0.00
徒骇马颊河一级区	1	0.19	0.00	0	0.00	0.00	37	5.17	3.57	10	1.16	0.33		0.00	0.00	21	0.45	0.39	30	1.05	0.71
黄河一级区 黄河	2076	804.19	246.67	125	717.64	350.18	1297	424.91	168.59	2178	367.79	157.27	1	57.00	41.50	656	386.96	259.15	366	453.28	290.15
洮河水系 洮河	15	9.73	1.48	18	10.40	5.91	15	9.97	5.81	14	0.54	0.09	0	0.00	0.00	0	0.00	0.00	1	0.00	0.00
湟水—大通河水系 湟水—大通河	20	20.08	0.39	22	18.06	0.58	10	11.87	1.42	75	3.31	2.56	0	0.00	0.00	6	10.07	0.21	24	10.18	0.20
湟水	17	2.89	0.39	3	0.49	0.35	4	1.86	1.35	68	3.14	2.48	0	0.00	0.00	5	0.22	0.21	23	0.33	0.20

续表

流域水系		防洪 数量/座	防洪 总库容/亿m³	防洪 已建水库防洪库容/亿m³	发电 数量/座	发电 总库容/亿m³	发电 已建水库兴利库容/亿m³	供水 数量/座	供水 总库容/亿m³	供水 已建水库兴利库容/亿m³	灌溉 数量/座	灌溉 总库容/亿m³	灌溉 已建水库兴利库容/亿m³	航运 数量/座	航运 总库容/亿m³	航运 已建水库兴利库容/亿m³	养殖 数量/座	养殖 总库容/亿m³	养殖 已建水库兴利库容/亿m³	其他 数量/座	其他 总库容/亿m³	其他 已建水库兴利库容/亿m³
无定河水系	无定河	12	1.29	0.20	3	1.20	0.63	58	12.89	2.35	56	13.06	2.31	0	0.00	0.00	25	8.91	1.83	25	3.02	0.80
汾河水系	汾河	125	19.25	3.51	5	3.66	0.61	65	16.28	5.14	115	17.81	6.03	0	0.00	0.00	20	5.28	1.57	11	2.97	0.57
渭河水系	渭河	198	20.73	5.87	14	10.87	6.58	328	31.75	12.61	441	34.58	13.83	0	0.00	0.00	79	3.88	1.83	69	1.66	0.80
	泾河	88	9.17	3.50	5	0.73	0.42	58	8.77	1.50	105	9.46	1.58	0	0.00	0.00	6	0.23	0.07	6	0.34	0.04
	北洛河	3	2.03	0.01	1	2.01	0.00	43	4.29	1.03	44	4.04	0.93	0	0.00	0.00	10	0.15	0.06	13	0.22	0.07
伊洛河水系	伊洛河	181	29.55	8.79	8	12.55	5.43	93	28.14	12.63	107	16.74	7.63	0	0.00	0.00	37	1.23	0.54	43	0.32	0.12
沁河水系	沁河	105	7.85	1.30	10	5.06	0.32	34	6.75	0.65	38	2.58	0.72	0	0.00	0.00	7	0.94	0.18	1	0.21	0.17
大汶河水系	大汶河	803	52.88	18.59	5	2.62	1.79	232	48.00	16.48	786	52.73	19.36				251	46.28	15.41	0	0.00	0.00
淮河一级区		7115	476.92	105.46	164	214.19	89.82	6223	346.73	161.94	8722	482.45	169.33	10	21.21	10.48	2817	200.64	92.23	78	24.89	11.83
淮河干流洪泽湖以上段		1865	309.74	62.89	125	140.28	53.67	3086	191.46	81.32	3619	315.47	82.46	9	21.21	10.48	1230	122.86	51.59	36	13.40	5.28
	洪汝河	122	33.21	13.96	7	29.92	7.17	115	32.91	8.50	133	33.19	8.60	1	6.75	2.36	99	31.26	7.74	12	13.12	5.14
	史河	208	33.19	7.58	27	32.45	15.11	307	33.41	15.79	310	33.41	15.80	2	9.54	5.40	121	10.11	5.81	0	0.00	0.00
	淠河	158	41.00	14.66	68	40.72	16.65	273	40.59	16.68	280	40.60	16.69	1	4.91	2.71	67	35.46	16.38	3	0.03	0.02

续表

流域水系	防洪			发电			供水			灌溉			航运			养殖			其他		
	数量/座	总库容/亿m³	已建水库防洪库容/亿m³	数量/座	总库容/亿m³	已建水库兴利库容/亿m³	数量/座	总库容/亿m³	已建水库兴利库容/亿m³	数量/座	总库容/亿m³	已建水库兴利库容/亿m³	数量/座	总库容/亿m³	已建水库兴利库容/亿m³	数量/座	总库容/亿m³	已建水库兴利库容/亿m³	数量/座	总库容/亿m³	已建水库兴利库容/亿m³
沙颍河	380	40.52	16.51	5	19.37	5.61	283	29.79	10.75	325	29.73	10.44	0	0.00	0.00	49	10.20	2.40	4	0.06	0.03
茨淮新河	0	0.00	0.00	0	0.00	0.00	0	0.00	0.00	0	0.00	0.00	0	0.00	0.00	0	0.00	0.00	0	0.00	0.00
涡河	2	0.02	0.01	0	0.00	0.00	1	0.01	0.01	2	0.10	0.01	0	0.00	0.00	2	0.02	0.01	5	0.03	0.01
怀洪新河	11	0.05	0.02	0	0.00	0.00	11	0.05	0.02	11	0.05	0.02	0	0.00	0.00	1	0.01	0.00	1	0.00	0.00
淮河洪泽湖以下水系	84	4.60	0.28	1	0.00	0.00	168	6.05	2.45	255	7.39	3.36	0	0.00	0.00	170	6.44	2.88	2	0.81	0.52
淮河入海水道	0	0.00	0.00	0	0.00	0.00	0	0.00	0.00	0	0.00	0.00	0	0.00	0.00	0	0.00	0.00	0	0.00	0.00
淮河（下游入江水道）	3	0.01	0.00	0	0.00	0.00	8	0.01	0.01	10	0.02	0.01	0	0.00	0.00	0	0.00	0.00	0	0.00	0.00
沂沭泗水系	2173	79.17	18.22	22	42.28	23.45	851	64.73	35.85	1896	79.46	44.36	1	0.00	0.00	895	41.63	23.35	13	8.98	4.60
沂河	588	25.80	1.71	7	19.05	10.85	53	18.64	10.58	560	25.72	14.77	1	0.00	0.00	242	7.93	4.56	3	1.36	0.78
沭河	457	12.56	2.35	6	10.35	6.10	333	11.86	6.97	316	12.20	7.21	0	0.00	0.00	180	9.07	5.63	0	0.00	0.00
长江一级区 长江	28027	2731.84	645.10	2854	3023.12	1219.04	43143	1576.60	810.12	49205	1482.59	792.01	123	1372.44	590.29	20420	923.02	478.41	1136	611.10	300.37
雅砻江水系 雅砻江	99	74.57	3.82	29	161.90	38.72	150	16.27	6.82	161	8.70	6.84	1	58.00	33.00	42	58.31	33.25	0	0.00	0.00

181

续表

流域水系		防洪			发电			供水			灌溉			航运			养殖			其他		
		数量/座	总库容/亿m³	已建水库防洪库容/亿m³	数量/座	总库容/亿m³	已建水库兴利库容/亿m³	数量/座	总库容/亿m³	已建水库兴利库容/亿m³	数量/座	总库容/亿m³	已建水库兴利库容/亿m³	数量/座	总库容/亿m³	已建水库兴利库容/亿m³	数量/座	总库容/亿m³	已建水库兴利库容/亿m³	数量/座	总库容/亿m³	已建水库兴利库容/亿m³
岷江-大渡河水系	岷江-大渡河	693	85.76	6.66	127	135.96	26.14	656	23.17	15.22	714	23.50	15.45	0	0.00	0.00	256	6.48	4.14	3	0.06	0.05
	岷江	278	18.11	3.57	37	24.20	10.97	274	18.07	12.33	302	18.22	12.44	0	0.00	0.00	149	5.31	3.46	2	0.05	0.04
嘉陵江水系	嘉陵江	4128	173.58	30.36	196	196.58	48.19	4229	121.28	38.24	4840	107.22	33.82	19	92.78	6.39	1661	48.17	22.53	432	20.61	9.42
	渠江	1564	21.15	6.18	71	19.53	11.22	1341	17.58	10.99	1576	14.77	8.37	1	2.77	1.48	535	7.63	4.25	3	0.02	0.01
	涪江	1304	28.14	7.78	38	17.73	5.41	1558	27.32	12.16	1633	26.75	12.36	3	1.79	0.55	620	10.11	6.50	221	1.91	1.20
乌江-六冲河水系	乌江-六冲河	160	124.15	9.22	130	258.30	117.41	534	59.49	21.58	1269	34.73	14.27	2	12.30	0.37	76	9.11	5.58	16	1.65	0.49
汉江水系	汉江	446	445.88	125.25	152	477.45	222.23	1926	430.70	212.73	2465	430.52	213.66	12	368.77	172.17	1105	92.36	45.95	95	9.12	3.37
	丹江	66	1.65	0.81	8	3.30	1.10	106	3.81	2.05	112	3.88	2.07	1	0.81	0.38	25	1.01	0.49	11	0.03	0.02
	唐白河	332	27.03	6.87	14	18.66	10.71	498	35.48	19.64	691	38.66	21.28	1	0.04	0.03	497	32.85	18.34	37	0.44	0.10
洞庭湖水系		9930	486.59	101.51	915	515.03	249.40	13403	208.33	139.78	14123	209.69	141.08	50	190.75	81.88	6234	220.46	133.77	76	54.84	29.30
	湘江	5530	203.38	24.04	305	183.00	94.57	6615	96.30	61.58	6757	98.67	63.76	25	43.28	13.44	3208	42.47	30.69	40	10.88	2.57
	资水	1017	52.52	16.05	75	50.45	28.91	1904	19.72	15.35	1906	19.73	15.35	6	38.35	22.59	621	42.03	26.69	2	36.24	22.29
	沅江	1905	143.51	37.86	438	206.10	88.24	2520	45.03	31.38	2778	41.51	28.52	15	85.58	30.99	1229	91.12	47.55	26	0.99	0.53

注：水库功能

182

续表

流域水系	防洪 数量/座	防洪 总库容/亿m³	防洪 已建水库防洪库容/亿m³	发电 数量/座	发电 总库容/亿m³	发电 已建水库兴利库容/亿m³	供水 数量/座	供水 总库容/亿m³	供水 已建水库兴利库容/亿m³	灌溉 数量/座	灌溉 总库容/亿m³	灌溉 已建水库兴利库容/亿m³	航运 数量/座	航运 总库容/亿m³	航运 已建水库兴利库容/亿m³	养殖 数量/座	养殖 总库容/亿m³	养殖 已建水库兴利库容/亿m³	其他 数量/座	其他 总库容/亿m³	其他 已建水库兴利库容/亿m³
鄱阳湖水系	5844	259.73	61.54	611	206.46	102.55	8800	254.56	136.83	10173	255.73	143.02	14	90.95	41.15	5363	183.91	100.50	120	15.64	8.02
赣江	2363	104.63	25.31	382	82.24	42.14	3530	84.91	49.27	4084	90.19	53.37	5	8.29	4.77	2385	65.40	39.91	84	14.83	7.49
抚河	12	17.93	6.61	28	8.48	3.78	1002	26.89	12.29	1067	16.61	9.87	1	0.40	0.13	174	7.19	3.17	5	0.01	0.01
信江	916	18.52	4.40	70	13.88	8.50	921	15.78	10.92	1374	21.53	14.87	3	1.87	0.85	967	10.11	7.38	23	0.12	0.10
太湖水系	319	17.48	5.50	25	10.41	3.80	262	14.40	7.15	419	14.27	6.24	1	0.01	0.00	52	5.32	1.68	10	0.04	0.03
东南诸河区	2183	496.93	73.38	2071	544.01	277.54	4263	190.93	113.18	5702	167.27	103.78	13	62.18	22.72	1219	73.72	44.34	139	5.34	3.08
钱塘江水系	1142	291.53	27.57	337	284.54	139.82	1455	76.84	43.03	2384	75.39	42.91	2	8.76	0.76	807	15.09	10.41	26	1.53	0.93
新安江	212	218.79	10.32	43	219.09	104.37	160	2.42	1.52	289	2.30	1.67	0	0.00	0.00	38	0.37	0.27	1	0.01	0.00
瓯江水系	30	60.55	22.56	248	66.06	31.79	148	2.88	1.96	225	2.76	1.93	7	16.38	5.66	26	0.30	0.21	4	0.04	0.03
闽江水系	188	54.28	8.28	593	92.94	47.33	679	18.20	11.27	794	16.95	11.10	2	34.70	15.01	130	14.02	10.32	24	0.28	0.19
富屯溪-金溪	39	11.13	1.21	89	16.72	9.19	80	1.86	1.15	134	2.18	1.38	1	8.70	6.61	46	9.73	7.20	6	0.06	0.04
建溪	11	3.56	1.09	129	7.53	4.54	238	3.14	2.19	244	3.49	2.47	0	0.00	0.00	5	1.41	0.99	2	0.00	0.00
九龙江水系	46	6.96	0.82	170	12.02	6.76	172	3.89	2.33	186	4.22	2.48	0	0.00	0.00	37	0.14	0.09	2	0.04	0.00
珠江一级区	5354	834.57	218.39	1827	1059.28	456.95	9025	806.38	379.91	14979	702.92	348.40	48	323.41	52.34	2749	200.27	80.66	329	63.54	8.57

续表

流域水系		防洪			发电			供水			水库功能 灌溉			航运			养殖			其他		
		数量/座	总库容/亿m³	已建水库防洪库容/亿m³	数量/座	总库容/亿m³	已建水库兴利库容/亿m³	数量/座	总库容/亿m³	已建水库兴利库容/亿m³	数量/座	总库容/亿m³	已建水库兴利库容/亿m³	数量/座	总库容/亿m³	已建水库兴利库容/亿m³	数量/座	总库容/亿m³	已建水库兴利库容/亿m³	数量/座	总库容/亿m³	已建水库兴利库容/亿m³
西江水系	西江	1832	397.38	121.20	551	577.19	207.23	3385	329.29	119.03	5801	332.17	135.91	25	250.73	25.05	1520	113.20	29.82	69	37.58	2.86
	北盘江	36	1.09	0.51	35	47.83	22.44	187	4.24	2.42	238	7.03	2.42	1	1.70	0.00	3	0.01	0.00	8	2.32	0.01
	柳江	193	16.84	3.85	129	63.40	9.55	389	46.41	8.62	689	47.17	11.46	4	39.58	3.47	286	36.10	6.40	15	30.11	2.44
	郁江	481	142.21	31.49	94	210.01	59.47	722	112.87	52.62	1354	111.01	52.57	9	83.28	6.93	566	54.85	10.28	10	0.53	0.22
	桂江	151	23.16	2.17	39	28.43	8.90	109	15.45	7.83	344	20.05	10.49	5	11.74	0.99	61	4.00	2.73	3	4.38	0.00
	贺江	60	12.89	1.68	61	14.06	7.71	66	3.31	2.27	257	14.91	8.65	1	2.96	1.12	3	0.00	0.00	0	0.00	0.00
北江水系	北江	785	72.91	25.59	295	77.58	28.26	802	52.88	22.05	1363	61.48	26.77	19	37.17	5.74	246	9.77	3.87	16	24.78	3.75
东江水系	东江	285	181.18	30.20	248	183.00	88.95	1046	185.54	91.72	1019	25.49	12.89	2	1.36	0.22	55	2.14	1.58	67	0.83	0.48
珠江三角洲水系		334	31.55	5.12	149	27.40	16.77	468	36.01	21.83	953	35.83	22.48	0	0.00	0.00	214	8.40	4.92	130	1.20	0.68
韩江水系	韩江	217	32.97	5.80	221	33.33	17.73	719	12.64	8.56	894	17.23	11.03	1	0.70	0.50	45	0.39	0.22	2	0.01	0.00
海南岛诸河水系		2	4.82	1.56	34	70.10	44.19	1066	93.07	60.33	1068	99.26	60.12	1	33.45	20.83	107	38.57	23.30	10	0.09	0.05
	南渡江	0	0.00	0.00	10	34.28	21.20	244	40.51	25.28	247	40.39	25.19	1	33.45	20.83	2	33.49	20.85	3	0.01	0.01
西北诸河区		338	149.01	23.60	84	109.32	52.18	461	82.34	57.41	872	130.26	77.96	0	0.00	0.00	102	27.54	20.79	28	5.47	3.28

续表

流域	水系	水库功能																				
		防洪			发电			供水			灌溉			航运			养殖			其他		
		数量/座	总库容/亿m³	已建水库防洪库容/亿m³	数量/座	总库容/亿m³	已建水库兴利库容/亿m³	数量/座	总库容/亿m³	已建水库兴利库容/亿m³	数量/座	总库容/亿m³	已建水库兴利库容/亿m³	数量/座	总库容/亿m³	已建水库兴利库容/亿m³	数量/座	总库容/亿m³	已建水库兴利库容/亿m³	数量/座	总库容/亿m³	已建水库兴利库容/亿m³
石羊河	石羊河	13	3.11	1.36	4	1.80	1.20	10	2.97	1.94	17	3.01	1.96	0	0.00	0.00	1	1.00	0.64	0	0.00	0.00
黑河	黑河	39	3.44	1.39	12	2.26	1.79	126	5.00	4.17	120	4.96	4.13	0	0.00	0.00	2	0.14	0.10	5	0.10	0.06
疏勒河	疏勒河	5	4.49	2.84	2	3.94	2.20	23	4.70	2.86	23	4.70	2.86	0	0.00	0.00	5	2.10	1.29	0	0.00	0.00
柴达木河	柴达木河	0	0.00	0.00	0	0.00	0.00	0	0.00	0.00	4	0.10	0.09	0	0.00	0.00	0	0.00	0.00	0	0.00	0.00
格尔木河	格尔木河	1	2.55	1.98	6	0.56	0.16	1	2.55	1.50	0	0.00	0.00	0	0.00	0.00	7	1.25	1.18	0	0.00	0.00
奎屯河	奎屯河	7	0.29	0.07	0	0.00	0.00	0	0.00	0.00	27	1.97	1.77	0	0.00	0.00	4	3.87	3.01	0	0.00	0.00
玛纳斯河	玛纳斯河	6	3.46	0.73	1	1.88	0.00	3	0.44	0.24	14	6.75	3.78	0	0.00	0.00	0	0.00	0.00	0	0.00	0.00
孔雀河	孔雀河	2	0.08	0.02	1	0.07	0.03	0	0.00	0.00	5	1.42	0.84	0	0.00	0.00	0	0.00	0.00	0	0.00	0.00
开都河	开都河	4	2.82	0.78	4	2.82	0.74	0	0.00	0.00	5	1.42	0.84	0	0.00	0.00	0	0.00	0.00	1	0.00	0.00
塔里木河	塔里木河	13	23.73	4.94	9	26.41	6.39	20	9.27	7.79	121	53.34	28.84	0	0.00	0.00	12	8.55	7.61	2	3.76	2.63
	木扎尔特河-渭干河	1	7.25	3.31	1	7.25	3.84	0	0.00	0.00	6	8.32	4.71	0	0.00	0.00	0	0.00	0.00	0	0.00	0.00
	和田河	1	3.34	0.23	2	3.38	2.26	0	0.00	0.00	16	4.88	3.55	0	0.00	0.00	2	0.25	0.23	1	3.34	2.24

附表 A7 主要河流不同功能水库数量与特征库容

河流名称	防洪			发电			供水			灌溉			航运			养殖			其他		
	数量/座	总库容/亿m³	已建水库防洪库容/亿m³	数量/座	总库容/亿m³	已建水库兴利库容/亿m³	数量/座	总库容/亿m³	已建水库兴利库容/亿m³	数量/座	总库容/亿m³	已建水库兴利库容/亿m³	数量/座	总库容/亿m³	已建水库兴利库容/亿m³	数量/座	总库容/亿m³	已建水库兴利库容/亿m³	数量/座	总库容/亿m³	已建水库兴利库容/亿m³
合计	4160	3607.90	904.25	629	3968.78	1616.68	5572	1649.11	689.24	7010	1626.06	649.47	91	1758.70	720.54	2379	1268.89	635.89	207	1039.04	557.68
松花江	18	99.19	31.35	1	86.10	59.68	12	91.40	62.87	33	103.93	67.76	1	86.10	59.68	23	103.39	67.81	0	0.00	0.00
洮儿河	5	14.54	3.35	1	12.53	10.33	5	14.28	11.46	5	14.28	11.46	0	0.00	0.00	10	14.08	11.15	0	0.00	0.00
霍林河	2	0.82	0.17	0	0.00	0.00	4	1.78	1.56	2	1.24	1.14	0	0.00	0.00	5	0.85	0.30	0	0.00	0.00
雅鲁河	2	0.04	0.02	0	0.00	0.00	1	0.03	0.02	2	0.04	0.02	0	0.00	0.00	2	0.04	0.02	1	0.03	0.02
诺敏河	0	0.00	0.00	0	0.00	0.00	0	0.00	0.00	0	0.00	0.00	0	0.00	0.00	0	0.00	0.00	0	0.00	0.00
第二松花江	27	169.28	38.71	6	180.43	92.49	19	6.18	0.03	24	6.21	0.05	1	109.88	61.64	34	174.50	92.55	0	0.00	0.00
呼兰河	32	1.56	0.61	1	0.13	0.08	2	0.83	0.08	35	2.26	0.82	0	0.00	0.00	32	1.56	0.82	0	0.00	0.00
拉林河	21	5.36	0.03	0	0.00	0.00	21	5.36	0.07	21	5.36	0.07	0	0.00	0.00	2	0.03	0.01	0	0.00	0.00
牡丹江	11	1.14	0.32	5	42.81	15.54	3	0.12	0.05	7	0.15	0.07	0	0.00	0.00	26	43.02	15.65	0	0.00	0.00
辽河	11	5.23	1.43	5	2.44	1.13	8	4.88	2.46	9	3.05	1.72	0	0.00	0.00	14	5.46	2.86	5	2.17	0.95
乌力吉木仁河	4	1.04	0.48	0	0.00	0.00	4	1.51	0.55	3	0.87	0.47	0	0.00	0.00	3	0.87	0.47	1	0.01	0.00
老哈河	3	25.61	0.00	3	25.67	3.18	5	25.68	3.18	5	25.68	3.18	0	0.00	0.00	4	25.68	3.18	0	0.00	0.00
东辽河	24	19.66	4.72	1	17.92	7.04	7	19.03	7.62	17	18.08	7.10	0	0.00	0.00	14	18.06	7.08	1	0.19	0.08
绕阳河	4	0.18	0.00	0	0.00	0.00	2	0.20	0.12	7	0.66	0.27	0	0.00	0.00	4	0.55	0.21	0	0.00	0.00

续表

河流名称	防洪 数量/座	防洪 总库容/亿m³	防洪 已建水库防洪库容/亿m³	发电 数量/座	发电 总库容/亿m³	发电 已建水库兴利库容/亿m³	供水 数量/座	供水 总库容/亿m³	供水 已建水库兴利库容/亿m³	灌溉 数量/座	灌溉 总库容/亿m³	灌溉 已建水库兴利库容/亿m³	航运 数量/座	航运 总库容/亿m³	航运 已建水库兴利库容/亿m³	养殖 数量/座	养殖 总库容/亿m³	养殖 已建水库兴利库容/亿m³	其他 数量/座	其他 总库容/亿m³	其他 已建水库兴利库容/亿m³
洋河	8	22.88	8.14	2	22.83	13.06	4	22.85	13.07	15	23.93	13.82	0	0.00	0.00	14	23.93	13.82	1	0.41	0.27
大凌河	17	19.92	3.93	3	19.71	10.50	10	19.81	10.52	14	17.74	9.36	0	0.00	0.00	16	19.92	10.58	9	16.60	8.75
滦河	43	35.35	7.66	5	34.65	22.27	14	34.15	22.13	27	0.60	0.29	0	0.00	0.00	7	1.70	0.59	0	0.00	0.00
潮白河	6	45.74	9.99	4	45.73	36.31	6	45.74	36.32	4	45.73	36.31	0	0.00	0.00	1	1.02	0.13	0	0.00	0.00
潮白新河	0	0.00	0.00	0	0.00	0.00	1	0.40	0.30	0	0.00	0.00	0	0.00	0.00	0	0.00	0.00	3	1.11	0.77
永定河	25	48.56	2.18	2	0.18	0.05	24	48.10	3.51	27	48.12	3.51	0	0.00	0.00	1	41.60	2.50	0	0.00	0.00
洋河	3	1.75	0.67	0	0.00	0.00	3	1.75	0.77	3	1.75	0.77	0	0.00	0.00	1	1.16	0.49	0	0.00	0.00
唐河	16	11.55	3.17	2	11.47	5.15	3	11.47	5.15	5	11.53	5.18	0	0.00	0.00	0	0.00	0.00	0	0.00	0.00
拒马河	3	0.02	0.00	0	0.00	0.00	2	0.00	0.00	2	0.00	0.00	0	0.00	0.00	0	0.00	0.00	0	0.00	0.00
滹沱河	18	17.59	5.76	3	0.13	0.00	18	17.59	8.10	31	17.64	8.13	0	0.00	0.00	0	0.00	0.00	0	0.00	0.00
滏阳河	8	1.64	0.01	1	1.62	1.45	1	1.62	1.45	7	1.63	1.45	0	0.00	0.00	1	1.62	1.45	0	0.00	0.00
漳河	23	4.67	3.42	0	0.00	0.00	21	4.65	1.27	14	4.63	1.25	0	0.00	0.00	0	4.27	1.10	0	0.00	0.00
卫河	2	0.26	0.10	1	0.10	0.07	1	0.17	0.12	0	0.00	0.00	0	0.00	0.00	0	0.00	0.00	0	0.00	0.00
黄河	37	572.87	188.71	30	621.97	310.70	41	225.89	102.15	54	199.58	96.67	1	57.00	41.50	42	304.24	235.26	34	432.34	286.58
洮河	6	9.48	1.44	17	10.20	5.90	4	9.70	5.75	3	0.27	0.03	0	0.00	0.00	0	0.00	0.00	0	0.00	0.00

续表

河流名称	防洪			发电			供水			灌溉			航运			养殖			其他		
	数量/座	总库容/亿m³	已建水库防洪库容/亿m³	数量/座	总库容/亿m³	已建水库兴利库容/亿m³	数量/座	总库容/亿m³	已建水库兴利库容/亿m³	数量/座	总库容/亿m³	已建水库兴利库容/亿m³	数量/座	总库容/亿m³	已建水库兴利库容/亿m³	数量/座	总库容/亿m³	已建水库兴利库容/亿m³	数量/座	总库容/亿m³	已建水库兴利库容/亿m³
湟水-大通河	2	17.18	0.00	19	17.57	0.23	4	9.94	0.01	3	0.09	0.01	0	0.00	0.00	1	9.85	0.00	1	9.85	0.00
湟水	1	0.29	0.12	1	0.29	0.17	0	0.00	0.00	0	0.00	0.00	0	0.00	0.00	0	0.00	0.00	1	0.29	0.17
无定河	6	1.20	0.15	2	1.08	0.61	12	8.20	1.12	13	8.56	1.16	0	0.00	0.00	9	4.58	1.11	4	1.38	0.20
汾河	15	9.37	1.42	1	1.33	0.48	5	9.23	3.26	13	9.35	3.33	0	0.00	0.00	3	1.90	0.80	2	1.35	0.49
渭河	1	0.00	0.00	0	0.00	0.00	14	0.14	0.11	16	0.15	0.12	0	0.00	0.00	6	0.03	0.01	5	0.02	0.01
泾河	7	0.46	0.23	3	0.40	0.27	12	0.60	0.37	14	0.56	0.34	0	0.00	0.00	1	0.00	0.00	0	0.00	0.00
北洛河	0	0.00	0.00	0	0.00	0.00	3	0.02	0.01	8	0.05	0.03	0	0.00	0.00	3	0.06	0.03	2	0.09	0.04
伊洛河	8	11.80	4.78	3	12.05	5.20	4	11.78	5.12	4	0.04	0.02	0	0.00	0.00	2	0.02	0.01	2	0.01	0.00
沁河	9	4.53	0.17	3	4.27	0.11	5	4.19	0.03	5	0.26	0.03	0	0.00	0.00	0	0.00	0.00	0	0.00	0.00
大汶河	121	40.89	15.63	0	0.00	0.00	45	40.32	11.58	120	40.89	11.91	0	0.00	0.00	62	40.30	11.63	0	0.00	0.00
淮河（洪泽湖以上段）	91	122.29	0.31	0	0.00	0.00	102	1.53	0.82	129	122.90	0.82	0	0.00	0.00	67	0.83	0.44	0	0.00	0.00
洪汝河	5	23.57	10.54	3	23.57	4.40	7	23.61	4.42	8	23.61	4.42	1	6.75	2.36	6	23.60	4.42	1	6.75	2.36
史河	45	22.93	5.08	5	22.65	9.58	142	23.13	9.94	144	23.13	9.94	0	0.00	0.00	11	0.18	0.15	0	0.00	0.00
澧河	45	13.24	2.27	13	13.16	4.16	152	13.51	4.39	152	13.51	4.39	1	4.91	2.71	31	8.46	4.13	3	0.03	0.02

续表

河流名称	防洪 数量/座	防洪 总库容/亿m³	防洪 已建水库防洪库容/亿m³	发电 数量/座	发电 总库容/亿m³	发电 已建水库兴利库容/亿m³	供水 数量/座	供水 总库容/亿m³	供水 已建水库兴利库容/亿m³	灌溉 数量/座	灌溉 总库容/亿m³	灌溉 已建水库兴利库容/亿m³	航运 数量/座	航运 总库容/亿m³	航运 已建水库兴利库容/亿m³	养殖 数量/座	养殖 总库容/亿m³	养殖 已建水库兴利库容/亿m³	其他 数量/座	其他 总库容/亿m³	其他 已建水库兴利库容/亿m³
沙颍河	8	16.40	6.57	1	7.13	2.32	8	16.40	4.71	9	16.41	4.72	0	0.00	0.00	0	0.00	0.00	0	0.00	0.00
茨淮新河	0	0.00	0.00	0	0.00	0.00	0	0.00	0.00	0	0.00	0.00	0	0.00	0.00	0	0.00	0.00	0	0.00	0.00
涡河	0	0.00	0.00	0	0.00	0.00	0	0.00	0.00	0	0.00	0.00	0	0.00	0.00	0	0.00	0.00	0	0.00	0.00
怀洪新河	7	0.04	0.02	0	0.00	0.00	7	0.04	0.01	7	0.04	0.01	0	0.00	0.00	0	0.00	0.00	0	0.00	0.00
淮河入海水道	0	0.00	0.00	0	0.00	0.00	0	0.00	0.00	0	0.00	0.00	0	0.00	0.00	0	0.00	0.00	0	0.00	0.00
淮河（下游入江水道）	3	0.01	0.00	0	0.00	0.00	8	0.01	0.01	10	0.02	0.01	0	0.00	0.00	0	0.00	0.00	1	1.20	0.68
沂河	70	6.88	1.36	2	6.48	3.36	10	6.60	3.42	60	6.86	3.57	0	0.00	0.00	55	1.56	0.90	0	0.00	0.00
沭河	119	5.77	1.55	2	5.06	3.15	77	5.43	3.33	87	5.72	3.53	0	0.00	0.00	56	4.54	3.00	0	0.00	0.00
长江	368	664.76	222.02	15	675.97	222.47	487	8.25	4.02	543	8.64	2.10	4	474.71	222.34	156	69.61	0.56	9	450.46	221.54
雅砻江	6	66.71	0.75	5	144.30	33.00	3	7.61	0.01	2	0.01	0.01	1	58.00	33.00	1	58.00	33.00	0	0.00	0.00
岷江—大渡河	46	54.23	0.11	12	91.56	2.18	43	0.33	0.20	52	0.37	0.23	0	0.00	0.00	13	0.07	0.04	0	0.00	0.00
岷江	31	11.57	1.74	13	16.82	7.93	29	11.58	7.99	52	11.68	8.07	0	0.00	0.00	27	0.42	0.22	0	0.00	0.00
嘉陵江	298	70.33	1.90	16	104.20	6.62	265	53.71	3.24	379	42.96	1.15	10	86.26	4.31	144	11.62	2.67	60	3.78	0.92

续表

河流名称	防洪			发电			供水			灌溉			航运			养殖			其他		
	数量/座	总库容/亿m³	已建水库防洪库容/亿m³	数量/座	总库容/亿m³	已建水库兴利库容/亿m³	数量/座	总库容/亿m³	已建水库兴利库容/亿m³	数量/座	总库容/亿m³	已建水库兴利库容/亿m³	数量/座	总库容/亿m³	已建水库兴利库容/亿m³	数量/座	总库容/亿m³	已建水库兴利库容/亿m³	数量/座	总库容/亿m³	已建水库兴利库容/亿m³
渠江	291	2.56	0.67	9	5.91	3.45	216	5.01	3.75	267	1.70	1.12	0	0.00	0.00	65	0.35	0.21	0	0.00	0.00
涪江	159	10.35	1.67	19	12.45	2.60	212	8.20	0.95	211	6.61	0.58	2	1.79	0.55	94	0.37	0.24	1	0.00	0.00
乌江-六冲河	13	104.26	8.17	11	192.16	90.53	56	19.65	5.13	110	0.48	0.33	2	12.30	0.37	1	0.02	0.01	0	0.00	0.00
汉江	6	369.70	114.60	9	385.58	184.16	215	351.56	168.28	222	347.05	165.69	5	351.79	164.50	82	15.17	4.67	11	7.82	3.02
丹江	5	0.02	0.01	2	1.76	0.38	11	0.94	0.45	14	0.96	0.46	1	0.81	0.38	8	0.90	0.43	7	0.01	0.01
唐白河	39	13.64	3.02	1	13.39	7.62	5	13.42	7.63	75	14.02	8.01	0	0.00	0.00	35	13.62	7.74	1	0.00	0.00
湘江	514	24.14	3.25	14	38.24	11.46	603	18.73	7.02	613	17.05	5.83	10	38.16	11.40	215	2.29	1.66	4	7.42	0.48
资水	183	38.48	10.78	11	42.54	23.21	439	1.85	1.47	439	1.85	1.47	4	37.78	22.10	142	37.03	22.48	1	35.67	21.80
沅江	209	69.83	15.57	24	125.86	48.81	248	1.81	1.48	257	1.68	1.38	5	61.85	21.09	110	44.15	20.71	5	0.01	0.01
赣江	188	35.72	10.65	25	25.71	10.69	241	24.03	11.53	277	24.22	11.66	0	0.00	0.00	166	1.40	0.98	1	0.01	0.00
抚河	8	5.00	3.17	3	4.75	1.29	232	6.16	2.43	235	6.18	2.45	1	0.40	0.13	5	4.46	1.25	1	0.00	0.00
信江	253	6.61	1.36	7	4.96	2.79	136	3.34	2.08	288	4.95	3.24	1	1.86	0.84	225	1.78	1.24	1	0.01	0.01
钱塘江	52	9.53	1.09	3	9.23	1.09	55	9.59	1.32	135	9.84	1.52	1	8.76	0.76	62	0.35	0.24	1	0.02	0.01
新安江	67	216.45	9.51	9	216.34	102.70	36	0.08	0.06	73	0.21	0.16	0	0.00	0.00	1	0.00	0.00	0	0.00	0.00

水库功能

续表

河流名称	水库功能																				
	防洪			发电			供水			灌溉			航运			养殖			其他		
	数量/座	总库容/亿m³	已建水库防洪库容/亿m³	数量/座	总库容/亿m³	已建水库兴利库容/亿m³	数量/座	总库容/亿m³	已建水库兴利库容/亿m³	数量/座	总库容/亿m³	已建水库兴利库容/亿m³	数量/座	总库容/亿m³	已建水库兴利库容/亿m³	数量/座	总库容/亿m³	已建水库兴利库容/亿m³	数量/座	总库容/亿m³	已建水库兴利库容/亿m³
瓯江	5	14.91	0.02	23	16.71	5.90	14	0.34	0.17	30	0.28	0.20	7	16.38	5.66	1	0.00	0.00	4	0.04	0.03
闽江	23	9.06	1.21	25	29.22	9.63	56	8.14	4.88	64	7.90	4.75	1	26.00	8.40	13	0.14	0.10	1	0.04	0.02
富屯溪—金溪	14	9.66	0.71	16	11.14	6.91	5	0.34	0.08	14	0.38	0.11	1	8.70	6.61	2	8.89	6.64	1	0.00	0.00
建溪	1	1.13	0.06	12	2.59	1.43	27	0.11	0.08	29	0.13	0.09	0	0.00	0.00	1	1.13	0.79	0	0.00	0.00
九龙江	7	4.38	0.21	26	7.09	3.57	35	2.20	1.17	34	2.18	1.15	0	0.00	0.00	8	0.03	0.03	0	0.00	0.00
西江	57	166.23	71.88	17	179.93	79.55	196	105.64	16.58	259	72.85	10.77	5	111.47	12.54	41	3.43	0.68	2	0.01	0.00
北盘江	3	0.68	0.41	6	44.76	21.84	33	1.27	0.87	33	2.86	0.81	1	1.70	0.00	0	0.00	0.00	1	1.70	0.00
柳江	17	10.14	2.31	10	45.07	3.73	41	35.06	3.11	58	30.67	2.71	4	39.58	3.47	24	30.30	2.56	2	30.00	2.37
郁江	90	92.50	17.94	24	136.31	34.86	115	58.95	27.96	159	59.64	28.37	6	76.11	6.44	67	29.51	0.48	1	0.01	0.01
桂江	50	6.25	0.11	9	10.83	0.26	20	4.09	0.29	64	4.52	0.57	4	10.70	0.19	20	0.27	0.19	0	0.00	0.00
贺江	14	9.07	0.85	6	9.11	4.70	16	0.08	0.06	80	9.64	5.14	1	2.96	1.12	0	0.00	0.00	0	0.00	0.00
北江	40	27.83	18.21	27	32.13	5.43	113	23.35	4.03	175	23.98	4.47	6	30.67	4.98	43	3.90	0.58	5	24.26	2.37
东江	89	22.38	3.00	40	24.48	15.14	245	23.07	14.68	244	3.67	2.19	1	1.16	0.14	6	0.27	0.17	7	0.21	0.07
韩江	34	0.65	0.08	4	0.74	0.53	154	1.80	1.22	160	1.84	1.24	1	0.70	0.50	9	0.09	0.04	1	0.00	0.00

续表

河流名称	防洪			发电			供水			灌溉			航运			养殖			其他		
	数量/座	总库容/亿m³	已建水库防洪库容/亿m³	数量/座	总库容/亿m³	已建水库兴利库容/亿m³	数量/座	总库容/亿m³	已建水库兴利库容/亿m³	数量/座	总库容/亿m³	已建水库兴利库容/亿m³	数量/座	总库容/亿m³	已建水库兴利库容/亿m³	数量/座	总库容/亿m³	已建水库兴利库容/亿m³	数量/座	总库容/亿m³	已建水库兴利库容/亿m³
南渡江	0	0.00	0.00	4	34.00	21.02	52	35.43	21.97	52	35.29	21.86	1	33.45	20.83	2	33.49	20.85	0	0.00	0.00
石羊河	3	1.33	0.75	1	0.20	0.11	2	1.20	0.75	2	1.20	0.75	0	0.00	0.00	1	1.00	0.64	0	0.00	0.00
黑河	13	0.44	0.22	5	1.27	0.93	30	0.86	0.78	30	0.86	0.78	0	0.00	0.00	1	0.10	0.08	0	0.00	0.00
疏勒河	4	4.02	2.56	2	3.94	2.20	15	4.16	2.40	15	4.16	2.40	0	0.00	0.00	3	2.06	1.26	0	0.00	0.00
柴达木河	0	0.00	0.00	0	0.00	0.00	0	0.00	0.00	0	0.00	0.00	0	0.00	0.00	0	0.00	0.00	0	0.00	0.00
格尔木河	1	2.55	1.98	4	0.50	0.13	1	2.55	1.50	0	0.00	0.00	0	0.00	0.00	0	0.00	0.00	0	0.00	0.00
奎屯河	3	0.16	0.02	0	0.00	0.00	0	0.00	0.00	14	0.27	0.21	0	0.00	0.00	5	0.18	0.16	0	0.00	0.00
玛纳斯河	5	3.45	0.73	1	1.88	0.00	3	0.62	0.40	14	6.77	3.80	0	0.00	0.00	4	3.87	3.01	0	0.00	0.00
孔雀河	2	0.08	0.02	1	0.07	0.03	0	0.00	0.00	5	1.42	0.84	0	0.00	0.00	0	0.00	0.00	0	0.00	0.00
开都河	4	2.82	0.78	4	2.82	0.74	0	0.00	0.00	0	0.00	0.00	0	0.00	0.00	0	0.00	0.00	0	0.00	0.00
塔里木河	1	0.90	0.01	0	0.00	0.00	4	4.16	3.87	38	15.19	13.55	0	0.00	0.00	6	5.15	4.65	1	0.42	0.39
木扎尔特河－渭干河	1	7.25	3.31	1	7.25	3.84	0	0.00	0.00	5	8.32	4.71	0	0.00	0.00	0	0.00	0.00	0	0.00	0.00
和田河	1	3.34	0.23	2	3.38	2.26	0	0.00	0.00	10	4.45	3.27	0	0.00	0.00	0	0.00	0.00	1	3.34	2.24

注 表中均为河流干流数据。

附表 A8 省级行政区不同坝高水库数量与总库容

行政区划	合计		高坝水库		中坝水库		低坝水库	
	数量/座	总库容/亿 m³	数量/座	总库容/亿 m³	数量/座	总库容/亿 m³	数量/座	总库容/亿 m³
全国	97671	9248.25	506	5309.40	5979	2203.74	91186	1735.10
北京	85	51.69	1	0.09	25	48.02	59	3.59
天津	10	16.00	0	0.00	2	0.29	8	15.71
河北	1074	203.78	8	44.37	66	137.25	1000	22.16
山西	642	68.52	6	15.43	123	33.16	513	19.92
内蒙古	586	104.92	2	0.22	29	56.84	555	47.86
辽宁	905	373.51	6	211.93	41	120.97	858	40.60
吉林	1651	333.77	6	214.32	31	39.15	1614	80.30
黑龙江	1147	277.89	1	41.80	17	120.25	1129	115.85
上海	4	5.49	0	0.00	0	0.00	4	5.49
江苏	1075	35.51	2	0.19	2	0.09	1071	35.23
浙江	4328	445.13	35	331.83	472	76.78	3821	36.52
安徽	5825	324.77	10	90.37	83	51.66	5732	182.74
福建	3653	197.55	34	116.10	511	52.57	3108	28.89
江西	10802	318.56	13	18.75	282	187.46	10507	112.36
山东	6414	218.58	0	0.00	68	27.69	6346	190.90
河南	2650	420.17	17	244.72	187	100.72	2446	74.74
湖北	6451	1253.53	43	969.23	462	202.15	5946	82.16
湖南	14105	528.62	24	254.53	694	153.14	13387	120.95
广东	8327	432.93	18	189.49	460	141.55	7849	101.89
广西	4544	708.37	25	332.98	318	292.26	4201	83.13
海南	1105	111.38	3	47.86	32	32.08	1070	31.43
重庆	2995	120.63	29	64.74	165	33.78	2801	22.10
四川	8115	642.81	48	484.79	373	76.20	7694	81.82
贵州	2370	467.69	40	403.87	272	47.06	2058	16.75
云南	6047	750.50	63	651.09	691	53.52	5293	45.88
西藏	93	34.15	4	15.74	10	6.18	79	12.23
陕西	1122	98.63	17	44.73	257	44.14	848	9.76
甘肃	387	108.52	9	81.82	103	17.87	275	8.84
青海	204	370.04	16	336.64	43	3.88	145	29.51
宁夏	323	30.39	1	2.49	91	19.34	231	8.55
新疆	632	194.22	25	99.27	69	27.73	538	67.23

附表 A9　省级行政区不同坝型（按建筑材料分）不同坝高水库数量与总库容

行政区划	混凝土坝								土坝							
	合计		高坝水库		中坝水库		低坝水库		合计		高坝水库		中坝水库		低坝水库	
	数量/座	总库容/亿m³	数量/座	总库容/亿m³	数量/座	总库容/亿m³	数量/座	总库容/亿m³	数量/座	总库容/亿m³	数量/座	总库容/亿m³	数量/座	总库容/亿m³	数量/座	总库容/亿m³
全国	2440	4719.13	239	3969.55	797	593.59	1404	156.00	87900	2949.25	56	160.64	3626	1316.05	84218	1472.56
北京	12	1.26	1	0.09	10	1.14	1	0.04	35	50.24	0	0.00	8	46.81	27	3.43
天津	1	0.27	0	0.00	1	0.27	0	0.00	3	15.67	0	0.00	0	0.00	3	15.67
河北	28	47.67	4	42.89	8	4.14	16	0.65	796	149.62	0	0.00	32	129.93	764	19.70
山西	13	13.54	2	10.29	8	3.02	3	0.23	525	46.66	0	0.00	78	27.61	447	19.05
内蒙古	4	0.74	0	0.00	2	0.57	2	0.17	552	94.40	1	0.01	19	49.21	532	45.17
辽宁	28	262.36	3	205.28	13	54.49	12	2.59	841	102.28	3	6.65	19	58.66	819	36.97
吉林	38	217.12	3	208.04	12	8.46	23	0.62	1564	106.76	0	0.00	8	28.22	1556	78.54
黑龙江	4	18.47	0	0.00	0	0.00	4	18.47	1117	226.89	1	41.80	5	94.36	1111	90.73
上海	0	0.00	0	0.00	0	0.00	0	0.00	2	0.22	0	0.00	0	0.00	2	0.22
江苏	3	0.01	0	0.00	0	0.00	3	0.01	1067	35.21	0	0.00	0	0.00	1067	35.21
浙江	295	287.51	17	261.49	136	23.86	142	2.16	3542	65.73	1	1.01	174	34.84	3367	29.88
安徽	29	91.18	7	89.38	7	1.23	15	0.57	5499	220.00	1	0.54	28	38.86	5470	180.60
福建	321	107.21	15	80.07	68	16.21	238	10.93	1955	33.83	1	6.55	165	15.93	1789	11.36
江西	180	73.16	5	12.26	41	40.28	134	20.62	10268	213.71	2	1.44	167	127.13	10099	85.15
山东	10	0.09	0	0.00	2	0.08	8	0.01	6197	215.11	0	0.00	48	26.66	6149	188.45

续表

行政区划	混凝土坝								土坝							
	合计		高坝水库		中坝水库		低坝水库		合计		高坝水库		中坝水库		低坝水库	
	数量/座	总库容/亿m³	数量/座	总库容/亿m³	数量/座	总库容/亿m³	数量/座	总库容/亿m³	数量/座	总库容/亿m³	数量/座	总库容/亿m³	数量/座	总库容/亿m³	数量/座	总库容/亿m³
河南	25	110.96	5	108.03	10	2.57	10	0.36	2432	166.95	2	1.86	124	93.04	2306	72.05
湖北	109	885.25	23	854.08	52	29.17	34	2.00	6182	246.94	4	2.89	360	165.56	5818	78.49
湖南	287	346.65	12	237.87	82	68.78	193	40.00	13289	136.89	2	2.03	490	60.04	12797	74.83
广东	117	216.23	9	173.44	34	41.95	74	0.84	7653	181.86	1	0.00	358	84.32	7294	97.54
广西	146	483.86	12	285.83	46	180.71	88	17.32	4153	151.97	5	11.23	204	81.18	3944	59.57
海南	9	27.34	1	7.79	3	18.94	5	0.61	1066	74.70	1	33.45	26	12.42	1039	28.83
重庆	76	65.58	17	54.28	40	8.92	19	2.39	2629	22.55	0	0.00	58	8.27	2571	14.29
四川	216	412.22	23	349.29	48	34.62	145	28.30	7035	71.58	2	14.83	219	19.01	6814	37.74
贵州	228	220.31	29	200.00	79	18.72	120	1.59	1521	12.77	1	0.07	47	2.61	1473	10.09
云南	94	355.55	24	350.04	38	4.84	32	0.67	5667	91.46	14	8.64	567	39.03	5086	43.79
西藏	30	19.74	3	14.19	3	3.66	24	1.89	25	3.45	0	0.00	4	0.27	21	3.18
陕西	35	43.56	7	33.49	17	9.94	11	0.13	994	48.30	5	8.11	207	31.47	782	8.72
甘肃	40	63.35	3	58.03	17	4.83	20	0.48	299	29.10	2	10.61	69	10.66	228	7.84
青海	32	280.08	5	278.36	10	1.17	17	0.55	149	27.88	2	0.08	26	1.92	121	25.88
宁夏	7	7.79	0	0.00	2	7.61	5	0.18	312	19.49	1	2.49	87	8.66	224	8.34
新疆	23	60.08	9	55.05	8	3.43	6	1.60	531	87.00	4	6.36	29	19.38	498	61.27

附表 A10　省级行政区不同坝型（按坝体结构分）不同坝高水库数量与总库容

行政区划	重力坝								拱坝							
	合计		高坝水库		中坝水库		低坝水库		合计		高坝水库		中坝水库		低坝水库	
	数量/座	总库容/亿m³	数量/座	总库容/亿m³	数量/座	总库容/亿m³	数量/座	总库容/亿m³	数量/座	总库容/亿m³	数量/座	总库容/亿m³	数量/座	总库容/亿m³	数量/座	总库容/亿m³
全国	4364	4055.92	167	3221.00	922	647.80	3275	187.12	3954	872.39	123	757.42	968	91.37	2863	23.60
北京	26	0.99	0	0.00	9	0.89	17	0.11	22	0.44	1	0.09	7	0.30	14	0.05
天津	2	0.02	0	0.00	1	0.02	1	0.00	0	0.00	0	0.00	0	0.00	0	0.00
河北	109	50.43	6	43.94	18	5.40	85	1.09	64	0.91	1	0.06	9	0.62	54	0.23
山西	84	16.04	3	10.43	26	4.54	55	1.07	17	0.45	0	0.00	9	0.35	8	0.09
内蒙古	20	1.94	0	0.00	3	1.44	17	0.50	4	0.75	0	0.00	3	0.58	1	0.17
辽宁	44	233.50	2	170.68	19	59.86	23	2.96	5	0.05	0	0.00	0	0.00	5	0.05
吉林	60	156.68	2	148.83	14	6.80	44	1.05	3	59.28	1	59.21	1	0.05	1	0.02
黑龙江	30	32.15	0	0.00	5	8.03	25	24.12	0	0.00	0	0.00	0	0.00	0	0.00
上海	1	0.01	0	0.00	0	0.00	1	0.01	0	0.00	0	0.00	0	0.00	0	0.00
江苏	30	0.26	0	0.00	0	0.00	30	0.26	1	0.01	0	0.00	0	0.00	1	0.01
浙江	230	272.59	8	243.41	73	26.78	149	2.39	429	28.07	13	19.43	158	7.56	258	1.08
安徽	94	31.93	2	30.54	12	0.37	80	1.02	177	40.24	5	36.49	39	2.81	133	0.94
福建	409	106.38	9	77.41	72	17.97	328	11.01	1146	24.98	19	6.96	234	13.58	893	4.45
江西	330	84.32	3	11.04	54	48.81	273	24.48	149	13.45	8	6.27	48	6.25	93	0.93
山东	122	1.25	0	0.00	7	0.64	115	0.61	75	0.58	0	0.00	12	0.37	63	0.21

续表

行政区划	重力坝 合计 数量/座	重力坝 合计 总库容/亿m³	重力坝 高坝水库 数量/座	重力坝 高坝水库 总库容/亿m³	重力坝 中坝水库 数量/座	重力坝 中坝水库 总库容/亿m³	重力坝 低坝水库 数量/座	重力坝 低坝水库 总库容/亿m³	拱坝 合计 数量/座	拱坝 合计 总库容/亿m³	拱坝 高坝水库 数量/座	拱坝 高坝水库 总库容/亿m³	拱坝 中坝水库 数量/座	拱坝 中坝水库 总库容/亿m³	拱坝 低坝水库 数量/座	拱坝 低坝水库 总库容/亿m³
河南	134	116.36	11	109.62	33	5.91	90	0.82	54	1.26	1	0.07	19	1.05	34	0.15
湖北	118	873.02	10	842.81	40	28.43	68	1.77	92	15.25	14	11.54	42	3.12	36	0.59
湖南	485	246.72	9	144.49	104	69.32	372	32.90	211	109.43	8	95.85	64	11.74	139	1.84
广东	526	220.80	8	165.74	75	51.51	443	3.55	116	10.99	4	8.92	19	1.65	93	0.41
广西	268	496.80	12	285.96	75	189.76	181	21.08	70	10.14	1	0.22	27	8.88	42	1.04
海南	33	36.08	2	14.41	4	19.14	27	2.53	5	0.59	0	0.00	2	0.52	3	0.07
重庆	118	57.09	9	43.43	40	8.55	69	5.12	177	14.31	7	10.24	38	2.55	132	1.52
四川	366.5	274.27	20.5	201.34	58	41.07	288	31.86	585.5	164.56	4.5	148.78	54	8.87	527	6.91
贵州	298	176.69	13	158.90	58	14.25	227	3.53	431	111.16	20	92.55	138	16.24	273	2.37
云南	212.5	129.15	18.5	121.50	60	6.08	134	1.57	63.5	228.88	6.5	227.68	21	1.06	36	0.13
西藏	41	13.66	2	1.89	4	3.81	35	7.97	0	0.00	0	0.00	0	0.00	0	0.00
陕西	54	41.77	5	31.81	16	9.40	33	0.56	42	5.26	3	1.98	20	2.96	19	0.32
甘肃	43	66.87	4	60.71	19	5.38	20	0.78	4	0.02	0	0.00	1	0.01	3	0.01
青海	29	250.14	2	248.29	11	1.34	16	0.52	6	30.15	3	30.08	2	0.04	1	0.03
宁夏	5	3.23	0	0.00	1	3.05	4	0.18	1	0.00	0	0.00	0	0.00	1	0.00
新疆	42	64.79	6	53.84	11	9.25	25	1.70	4	1.19	3	0.99	1	0.20	0	0.00

附表 A11　　　　　　　　**省级行政区水库供水能力**　　　　　单位：亿 m³

行政区划	合　计	按建设情况分		按水库规模分		
		已建水库	在建水库	大型水库	中型水库	小型水库
全国	2860.68	2725.36	135.32	1371.73	839.40	649.55
北京	20.13	20.11	0.02	18.22	1.82	0.09
天津	20.98	20.98	0	13.82	6.97	0.18
河北	96.67	96.67	0	85.67	7.55	3.45
山西	40.54	35.00	5.54	24.21	9.44	6.90
内蒙古	34.19	31.99	2.2	19.50	10.39	4.30
辽宁	70.34	68.18	2.16	58.52	6.76	5.05
吉林	58.10	38.50	19.6	34.87	12.97	10.25
黑龙江	99.09	94.05	5.04	70.04	16.79	12.25
上海	34.27	34.27	0	26.24	1.83	6.21
江苏	23.60	20.51	3.09	8.18	6.20	9.22
浙江	108.63	107.35	1.28	42.24	39.98	26.41
安徽	101.23	100.96	0.27	62.40	18.37	20.45
福建	66.16	63.65	2.51	18.63	17.70	29.83
江西	175.55	173.85	1.7	22.82	82.60	70.13
山东	70.73	65.46	5.27	23.09	32.60	15.05
河南	89.10	87.96	1.14	60.60	18.48	10.02
湖北	248.77	248.61	0.16	172.52	44.09	32.17
湖南	189.06	187.69	1.37	43.40	78.22	67.44
广东	237.97	233.72	4.25	75.86	80.99	81.11
广西	197.95	197.95	0	77.66	63.48	56.82
海南	64.37	60.31	4.06	31.66	19.12	13.59
重庆	30.61	24.80	5.81	2.59	13.65	14.36
四川	200.22	173.70	26.52	145.43	25.47	29.32
贵州	48.49	38.32	10.17	10.23	17.37	20.88
云南	94.96	85.52	9.44	12.86	47.32	34.78
西藏	5.28	3.26	2.02	2.98	1.09	1.21
陕西	47.46	42.58	4.88	16.08	14.13	17.26
甘肃	59.75	59.39	0.36	17.05	30.97	11.74
青海	19.07	11.27	7.8	10.36	4.44	4.27
宁夏	74.15	74.12	0.03	61.20	12.25	0.69
新疆	233.28	224.63	8.65	102.78	96.36	34.13

附表 A12　　省级行政区已建和在建水库数量与总库容

行政区划	已建水库		在建水库	
	数量/座	总库容/亿 m³	数量/座	总库容/亿 m³
全国	97229	8104.36	756	1219.42
北京	86	52.15	1	0.02
天津	28	26.79	0	0.00
河北	1079	206.08	0	0.00
山西	619	60.25	24	8.29
内蒙古	567	98.35	19	6.58
辽宁	917	358.85	4	16.48
吉林	1641	325.24	13	9.22
黑龙江	1133	262.62	15	15.28
上海	4	5.49	0	0.00
江苏	1072	34.81	7	1.17
浙江	4303	442.03	31	3.23
安徽	5783	319.19	43	5.59
福建	3663	198.04	29	2.69
江西	10785	302.82	34	17.99
山东	6408	215.97	16	3.20
河南	2640	418.85	10	1.32
湖北	6442	1203.44	17	58.91
湖南	14086	496.98	35	33.74
广东	8388	443.70	20	9.37
广西	4537	663.97	19	54.02
海南	1104	104.76	1	6.62
重庆	2957	108.56	39	12.07
四川	8071	290.14	75	358.64
贵州	2308	431.56	71	36.96
云南	5930	337.88	120	413.42
西藏	93	20.83	4	13.33
陕西	1102	88.51	23	10.47
甘肃	372	105.36	15	3.16
青海	192	308.36	12	61.67
宁夏	315	29.74	8	0.64
新疆	604	143.04	51	55.34

附表 A13 省级行政区规模以上不同级别堤防长度和达标长度

单位：km

行政区划	合计		1级堤防		2级堤防		3级堤防		4级堤防		5级堤防	
	堤防长度	达标长度	堤防长度	达标长度	堤防长度	达标长度	堤防长度	达标长度	堤防长度	达标长度	堤防长度	达标长度
全国	275531	169773	10792	8801	27267	20390	32671	21263	95524	58077	109277	61242
北京	1408	1293	122	120	394	394	156	156	638	526	99	98
天津	2161	677	385	223	865	311	159	8	751	135	0	0
河北	10276	4079	625	244	2114	1252	1902	952	2494	805	3140	827
山西	5834	4171	161	145	381	307	499	426	2354	1544	2440	1749
内蒙古	5572	3687	283	228	1381	905	1578	1116	1599	1091	731	348
辽宁	11805	9353	737	729	1566	1465	482	418	2270	1586	6749	5155
吉林	6896	3556	186	172	1241	1103	776	136	3075	1227	1617	917
黑龙江	12292	3661	188	138	751	590	1210	234	5763	1734	4380	964
上海	1952	1628	841	602	62	62	458	399	549	542	42	23
江苏	49567	39193	1259	1158	3917	3630	5177	4076	12122	8773	27092	21556
浙江	17441	13804	277	269	750	689	2245	2002	10310	8201	3859	2644
安徽	21073	11823	1101	1054	1625	1537	2627	1899	7364	3914	8357	3418
福建	3751	2919	126	126	92	85	728	571	1677	1339	1128	799
江西	7601	3211	67	67	282	266	239	98	2831	1781	4182	999
山东	23239	15796	1337	1073	3330	2738	1543	1207	11661	7372	5368	3407

续表

行政区划	合计		1 级堤防		2 级堤防		3 级堤防		4 级堤防		5 级堤防	
	堤防长度	达标长度	堤防长度	达标长度	堤防长度	达标长度	堤防长度	达标长度	堤防长度	达标长度	堤防长度	达标长度
河南	18587	11741	933	786	784	556	326	285	6528	4540	10016	5574
湖北	17465	4696	542	295	2746	1020	2706	938	4013	1069	7458	1374
湖南	11794	3460	446	296	1734	774	2170	649	3121	784	4324	957
广东	22130	11962	563	487	2110	1739	5005	3377	8054	4605	6399	1754
广西	1941	1056	0	0	149	119	22	22	836	433	935	482
海南	436	375	30	30	5	5	47	43	186	169	166	128
重庆	1109	812	1	1	38	34	155	98	457	302	458	378
四川	3856	3298	84	84	94	89	568	522	1734	1465	1377	1136
贵州	1362	1240	104	104	71	65	96	89	346	309	744	673
云南	4702	3332	38	28	34	34	379	307	1242	994	3009	1967
西藏	693	574	13	13	65	64	373	316	95	85	148	96
陕西	3682	2707	255	241	242	165	614	561	1174	758	1397	983
甘肃	3192	2622	86	86	207	192	44	36	685	635	2170	1673
青海	592	514	0	0	127	103	89	66	287	261	89	83
宁夏	769	734	0	0	0	0	82	82	553	538	134	114
新疆	2353	1799	2	2	108	97	217	174	755	560	1271	966

201

省级行政区规模以上不同类型堤防长度和达标长度

附表 A14

单位：km

行政区划	合计		河（江）堤		湖堤		海堤		围（圩、圈）堤	
	堤防长度	达标长度	堤防长度	达标长度	堤防长度	达标长度	堤防长度	达标长度	堤防长度	达标长度
全国	275531	169773	229378	137702	5631	2371	10124	6950	30398	22750
北京	1408	1293	1408	1293	0	0	0	0	0	0
天津	2161	677	2045	677	0	0	116	0	0	0
河北	10276	4079	9789	3927	191	0	248	128	47	24
山西	5834	4171	5772	4129	60	40	0	0	2	2
内蒙古	5572	3687	5441	3686	126	0	0	0	5	1
辽宁	11805	9353	11270	8955	0	0	502	365	33	33
吉林	6896	3556	6804	3532	0	0	0	0	92	23
黑龙江	12292	3661	12184	3587	70	45	0	0	37	29
上海	1952	1628	1399	1314	30	30	524	284	0	0
江苏	49567	39193	26441	20397	1224	1023	959	832	20942	16941
浙江	17441	13804	13029	9580	61	61	2695	2568	1656	1595
安徽	21073	11823	17879	10350	981	358	0	0	2214	1115
福建	3751	2919	2356	1931	0	0	1392	985	3	3
江西	7601	3211	6232	2600	570	139	0	0	798	473
山东	23239	15796	22153	14980	210	210	649	507	227	98

续表

行政区划	合　计		河（江）堤		湖堤		海堤		围（圩、圈）堤	
	堤防长度	达标长度	堤防长度	达标长度	堤防长度	达标长度	堤防长度	达标长度	堤防长度	达标长度
河南	18587	11741	18444	11649	0	0	0	0	144	91
湖北	17465	4696	15107	4105	1272	223	0	0	1087	368
湖南	11794	3460	10341	3091	779	188	0	0	675	181
广东	22130	11962	17494	9334	0	0	2525	1018	2112	1610
广西	1941	1056	1358	855	0	0	379	136	205	65
海南	436	375	286	247	0	0	137	127	12	1
重庆	1109	812	1098	812	0	0	0	0	11	0
四川	3856	3298	3845	3288	7	7	0	0	4	4
贵州	1362	1240	1362	1240	0	0	0	0	0	0
云南	4702	3332	4651	3283	51	49	0	0	0	0
西藏	693	574	693	574	0	0	0	0	0	0
陕西	3682	2707	3682	2707	0	0	0	0	0	0
甘肃	3192	2622	3192	2622	0	0	0	0	0	0
青海	592	514	592	514	0	0	0	0	0	0
宁夏	769	734	741	707	0	0	0	0	28	28
新疆	2353	1799	2289	1735	0	0	0	0	64	64

附表 A15　省级行政区规模以上不同级别河（江）堤长度和达标长度

单位：km

行政区划	合计		1 级堤防		2 级堤防		3 级堤防		4 级堤防		5 级堤防	
	堤防长度	达标长度	堤防长度	达标长度	堤防长度	达标长度	堤防长度	达标长度	堤防长度	达标长度	堤防长度	达标长度
全国	229377	137702	9032	7617	23860	17685	27265	17406	84665	50743	84554	44251
北京	1408	1293	122	120	394	394	156	155	638	526	99	98
天津	2045	677	269	223	865	311	159	8	751	135	0	0
河北	9789	3927	569	223	2089	1226	1568	866	2443	784	3121	827
山西	5772	4129	161	145	381	307	497	424	2294	1504	2439	1749
内蒙古	5441	3686	283	228	1251	905	1578	1116	1597	1090	731	348
辽宁	11270	8955	732	724	1547	1446	419	354	2127	1443	6444	4988
吉林	6804	3532	186	172	1241	1103	776	136	2984	1204	1617	917
黑龙江	12184	3587	164	114	732	572	1168	219	5748	1718	4372	964
上海	1399	1314	288	288	62	62	458	399	549	542	42	23
江苏	26441	20397	1107	1007	2619	2391	3973	3222	9739	6837	9003	6940
浙江	13029	9580	57	57	368	319	1205	995	7949	5930	3450	2279
安徽	17879	10350	1093	1051	1550	1476	2367	1705	6177	3291	6691	2827
福建	2356	1931	123	123	89	82	329	293	923	819	893	614
江西	6232	2600	67	67	282	266	213	77	1996	1251	3675	939
山东	22153	14980	1072	900	2889	2324	1469	1179	11458	7232	5265	3345

续表

行政区划	合计		1级堤防		2级堤防		3级堤防		4级堤防		5级堤防	
	堤防长度	达标长度	堤防长度	达标长度	堤防长度	达标长度	堤防长度	达标长度	堤防长度	达标长度	堤防长度	达标长度
河南	18444	11649	933	786	784	556	293	252	6447	4487	9987	5569
湖北	15107	4105	475	281	2571	1015	2365	752	3505	980	6191	1076
湖南	10341	3091	440	289	1566	705	1802	517	2869	747	3664	833
广东	17494	9334	292	243	1452	1274	3813	2435	6583	3953	5352	1429
广西	1358	855	0	0	149	119	22	21	479	290	708	424
海南	286	247	15	15	0	0	37	33	153	140	82	59
重庆	1098	812	1	1	38	34	144	98	457	302	458	378
四川	3845	3288	84	84	94	89	564	519	1734	1465	1370	1130
贵州	1362	1240	104	104	71	65	96	89	346	309	744	673
云南	4651	3283	38	28	34	34	376	305	1223	975	2980	1941
西藏	693	574	13	13	65	64	373	316	95	85	148	96
陕西	3682	2707	255	241	242	165	614	561	1174	758	1397	983
甘肃	3192	2622	86	86	207	192	44	36	685	635	2170	1673
青海	592	514	0	0	127	103	89	66	287	261	89	83
宁夏	741	707	0	0	0	0	82	82	553	538	106	86
新疆	2289	1735	2	2	99	89	217	174	705	510	1265	960

附表 A16 省级行政区规模以上不同级别湖堤长度和达标长度

单位：km

行政区划	合计		1级堤防		2级堤防		3级堤防		4级堤防		5级堤防	
	堤防长度	达标长度	堤防长度	达标长度	堤防长度	达标长度	堤防长度	达标长度	堤防长度	达标长度	堤防长度	达标长度
全国	5631	2371	297	260	822	548	1102	549	1312	557	2099	457
北京	0	0	0	0	0	0	0	0	0	0	0	0
天津	0	0	0	0	0	0	0	0	0	0	0	0
河北	191	0	36	0	0	0	138	0	17	0	0	0
山西	60	40	0	0	0	0	0	0	60	40	0	0
内蒙古	126	0	0	0	126	0	0	0	0	0	0	0
辽宁	0	0	0	0	0	0	0	0	0	0	0	0
吉林	0	0	0	0	0	0	0	0	0	0	0	0
黑龙江	70	45	24	24	17	17	29	4	0	0	0	0
上海	30	30	30	30	0	0	0	0	0	0	0	0
江苏	1224	1023	125	124	260	260	398	275	224	191	218	174
浙江	61	61	0	0	61	61	0	0	0	0	0	0
安徽	981	358	0	0	60	59	84	51	379	163	457	85
福建	0	0	0	0	0	0	0	0	0	0	0	0
江西	570	139	0	0	1	1	25	21	166	91	378	25
山东	210	210	77	77	108	108	0	0	25	25	0	0

续表

行政区划	合计		1级堤防		2级堤防		3级堤防		4级堤防		5级堤防	
	堤防长度	达标长度	堤防长度	达标长度	堤防长度	达标长度	堤防长度	达标长度	堤防长度	达标长度	堤防长度	达标长度
河南	0	0	0	0	0	0	0	0	0	0	0	0
湖北	1272	223	0	0	78	0	180	96	311	12	702	115
湖南	779	188	6	6	111	42	245	100	110	14	307	25
广东	0	0	0	0	0	0	0	0	0	0	0	0
广西	0	0	0	0	0	0	0	0	0	0	0	0
海南	0	0	0	0	0	0	0	0	0	0	0	0
重庆	0	0	0	0	0	0	0	0	0	0	0	0
四川	7	7	0	0	0	0	0	0	0	0	7	7
贵州	0	0	0	0	0	0	0	0	0	0	0	0
云南	51	49	0	0	0	0	3	3	19	19	29	27
西藏	0	0	0	0	0	0	0	0	0	0	0	0
陕西	0	0	0	0	0	0	0	0	0	0	0	0
甘肃	0	0	0	0	0	0	0	0	0	0	0	0
青海	0	0	0	0	0	0	0	0	0	0	0	0
宁夏	0	0	0	0	0	0	0	0	0	0	0	0
新疆	0	0	0	0	0	0	0	0	0	0	0	0

附表 A17

全国规模以上不同级别海堤长度和达标长度

单位：km

行政区划	合计		1 级堤防		2 级堤防		3 级堤防		4 级堤防		5 级堤防	
	堤防长度	达标长度	堤防长度	达标长度	堤防长度	达标长度	堤防长度	达标长度	堤防长度	达标长度	堤防长度	达标长度
全国	10124	6950	1029	647	1635	1537	2359	1808	3092	1958	2010	1000
北京	0	0	0	0	0	0	0	0	0	0	0	0
天津	116	0	116	0	0	0	0	0	0	0	0	0
河北	248	128	20	20	13	13	185	78	29	16	0	0
山西	0	0	0	0	0	0	0	0	0	0	0	0
内蒙古	0	0	0	0	0	0	0	0	0	0	0	0
辽宁	502	365	5	5	19	19	64	64	125	125	290	152
吉林	0	0	0	0	0	0	0	0	0	0	0	0
黑龙江	0	0	0	0	0	0	0	0	0	0	0	0
上海	524	284	524	284	0	0	0	0	0	0	0	0
江苏	959	832	13	13	855	798	5	3	86	19	0	0
浙江	2695	2568	219	212	316	303	1025	992	811	762	325	299
安徽	0	0	0	0	0	0	0	0	0	0	0	0
福建	1392	985	3	3	3	3	400	277	751	517	235	185
江西	0	0	0	0	0	0	0	0	0	0	0	0
山东	649	507	18	18	306	306	74	27	167	113	84	44

续表

行政区划	合计		1 级堤防		2 级堤防		3 级堤防		4 级堤防		5 级堤防	
	堤防长度	达标长度	堤防长度	达标长度	堤防长度	达标长度	堤防长度	达标长度	堤防长度	达标长度	堤防长度	达标长度
河南	0	0	0	0	0	0	0	0	0	0	0	0
湖北	0	0	0	0	0	0	0	0	0	0	0	0
湖南	0	0	0	0	0	0	0	0	0	0	0	0
广东	2525	1018	96	78	118	91	595	355	898	274	817	221
广西	379	136	0	0	0	0	0	0	191	104	187	32
海南	137	127	15	15	5	5	10	10	34	29	72	67
重庆	0	0	0	0	0	0	0	0	0	0	0	0
四川	0	0	0	0	0	0	0	0	0	0	0	0
贵州	0	0	0	0	0	0	0	0	0	0	0	0
云南	0	0	0	0	0	0	0	0	0	0	0	0
西藏	0	0	0	0	0	0	0	0	0	0	0	0
陕西	0	0	0	0	0	0	0	0	0	0	0	0
甘肃	0	0	0	0	0	0	0	0	0	0	0	0
青海	0	0	0	0	0	0	0	0	0	0	0	0
宁夏	0	0	0	0	0	0	0	0	0	0	0	0
新疆	0	0	0	0	0	0	0	0	0	0	0	0

附表 A18　省级行政区规模以上不同级别围（圩、圈）堤长度和达标长度

单位：km

行政区划	合计		1级堤防		2级堤防		3级堤防		4级堤防		5级堤防	
	堤防长度	达标长度	堤防长度	达标长度	堤防长度	达标长度	堤防长度	达标长度	堤防长度	达标长度	堤防长度	达标长度
全国	30398	22750	434	277	950	620	1946	1501	6455	4818	20614	15534
北京	0	0	0	0	0	0	0	0	0	0	0	0
天津	0	0	0	0	0	0	0	0	0	0	0	0
河北	47	24	0	0	13	13	10	7	5	4	20	0
山西	2	2	0	0	0	0	2	2	0	0	0	0
内蒙古	5	1	0	0	4	0	0	0	1	1	0	0
辽宁	33	33	0	0	0	0	0	0	18	18	15	15
吉林	92	23	0	0	0	0	0	0	92	23	0	0
黑龙江	37	29	0	0	1	1	13	12	15	15	8	1
上海	0	0	0	0	0	0	0	0	0	0	0	0
江苏	20942	16941	15	15	183	183	801	576	2073	1726	17870	14441
浙江	1656	1595	0	0	6	6	15	15	1551	1509	84	65
安徽	2214	1115	7	3	15	2	175	144	808	460	1209	507
福建	3	3	0	0	0	0	0	0	3	3	0	0
江西	798	473	0	0	0	0	0	0	670	438	128	35
山东	227	98	171	79	27	0	0	0	11	1	18	18

续表

行政区划	合计		1级堤防		2级堤防		3级堤防		4级堤防		5级堤防	
	堤防长度	达标长度	堤防长度	达标长度	堤防长度	达标长度	堤防长度	达标长度	堤防长度	达标长度	堤防长度	达标长度
河南	144	91	0	0	0	0	33	33	81	53	29	5
湖北	1087	368	67	14	97	4	161	90	197	77	565	183
湖南	675	181	0	0	57	28	123	32	142	23	353	99
广东	2112	1610	174	166	540	375	596	587	572	378	230	104
广西	205	65	0	0	0	0	0	0	166	39	39	27
海南	12	1	0	0	0	0	0	0	0	0	12	1
重庆	11	0	0	0	0	0	11	0	0	0	0	0
四川	4	4	0	0	0	0	4	4	0	0	0	0
贵州	0	0	0	0	0	0	0	0	0	0	0	0
云南	0	0	0	0	0	0	0	0	0	0	0	0
西藏	0	0	0	0	0	0	0	0	0	0	0	0
陕西	0	0	0	0	0	0	0	0	0	0	0	0
甘肃	0	0	0	0	0	0	0	0	0	0	0	0
青海	0	0	0	0	0	0	0	0	0	0	0	0
宁夏	28	28	0	0	0	0	0	0	0	0	28	28
新疆	64	64	0	0	8	8	0	0	50	50	6	6

附表 A19　　主要河流水系（流域）规模以上堤防长度与达标长度

单位：km

水资源区或流域	主要河流	合计		1级堤防		2级堤防		3级堤防		4级堤防		5级堤防	
		堤防长度	达标长度	堤防长度	达标长度	堤防长度	达标长度	堤防长度	达标长度	堤防长度	达标长度	堤防长度	达标长度
松花江流域	松花江	12483	5148	352	288	1544	1322	1438	400	6663	2301	2486	837
	洮儿河	1052	422	21	21	31	18	398	102	442	147	161	133
	霍林河	156	149	0	0	70	63	68	68	3	3	15	15
	雅鲁河	303	208	0	0	34	34	12	0	255	174	2	0
	诺敏河	145	114	0	0	0	0	0	0	101	99	45	15
	第二松花江	3228	1867	168	154	692	594	34	14	1553	599	781	506
	呼兰河	1673	253	0	0	5	0	205	27	876	123	587	103
	拉林河	853	0	0	0	0	0	225	0	388	0	240	0
	牡丹江	241	136	28	28	32	30	41	30	115	31	26	18
辽河流域	辽河	15194	11016	755	746	2237	1877	1599	898	3388	2157	7215	5337
	辽河水系	8018	5275	687	681	1714	1395	1389	690	1889	1038	2339	1471
	乌力吉木仁河	746	459	0	0	0	0	423	279	319	176	4	4
	老哈河	335	171	0	0	0	0	49	47	67	21	219	103
	东辽河	628	230	0	0	0	0	252	23	306	173	70	34
	绕阳河	904	645	0	0	254	251	99	54	368	155	184	184
	浑河	2604	2116	211	210	780	734	56	53	360	343	1198	776
东北沿黄渤海诸河		8339	6572	255	253	1183	1098	162	159	1467	1145	5273	3917
	大凌河	734	557	17	17	120	89	8	8	266	145	323	297
海河流域		21630	11072	1179	632	5210	3257	2594	1395	7264	3504	5383	2284

续表

水资源区或流域	主要河流	合计		1 级堤防		2 级堤防		3 级堤防		4 级堤防		5 级堤防	
		堤防长度	达标长度	堤防长度	达标长度	堤防长度	达标长度	堤防长度	达标长度	堤防长度	达标长度	堤防长度	达标长度
滦河水系	滦河	599	430	0	0	46	31	136	114	233	173	184	112
北三河水系	潮白河	3165	1636	29	0	823	455	426	255	1287	657	599	270
	潮白新河	529	455	0	0	194	162	0	0	240	201	95	93
		202	53	0	0	202	53	0	0	0	0	0	0
永定河水系	永定河	1863	1109	393	294	292	265	227	162	434	165	517	223
	洋河	648	256	0	0	71	71	92	27	248	102	237	55
大清河水系		2590	511	290	105	454	36	531	44	983	189	332	137
	唐河	287	21	0	0	0	0	48	0	203	13	36	8
	拒马河	10	9	0	0	0	0	0	0	0	0	10	9
子牙河水系	滹沱河	4343	1650	330	162	736	285	430	230	1232	434	1616	537
	滏阳河	1546	887	161	146	173	94	51	51	502	222	659	374
漳卫河水系	漳河	921	257	27	0	49	5	160	22	281	137	404	93
	卫河	2692	1927	19	19	1311	1183	215	169	519	223	628	333
		521	467	0	0	123	123	113	113	103	95	182	136
		1206	596	19	19	377	249	90	49	275	81	446	197
徒骇马颊河水系		4055	2695	0	0	946	541	194	147	2236	1510	679	498
黄河流域	黄河	17629	13020	2844	2347	1594	1136	1755	1547	5185	3852	6252	4139
洮河水系	洮河	257	230	0	0	0	0	0	0	58	58	199	171
湟水-大通河水系	湟水-大通河	278	260	0	0	103	103	41	31	82	80	51	46

续表

水资源区或流域	主要河流	合计		1级堤防		2级堤防		3级堤防		4级堤防		5级堤防	
		堤防长度	达标长度	堤防长度	达标长度	堤防长度	达标长度	堤防长度	达标长度	堤防长度	达标长度	堤防长度	达标长度
	湟水	275	258	0	0	103	103	41	31	82	80	48	43
无定河水系	无定河	105	101	0	0	9	9	29	29	11	11	57	52
汾河水系	汾河	2307	1796	134	118	194	123	224	181	940	726	815	648
渭河水系	渭河	2744	2089	247	234	271	224	324	272	813	593	1088	766
	泾河	348	296	3	3	46	46	11	7	133	119	156	122
	北洛河	134	120	0	0	8	7	76	72	13	11	38	29
伊洛河水系	伊洛河	725	635	72	62	61	61	2	2	323	269	266	241
沁河水系	沁河	807	624	59	59	134	81	48	47	252	172	313	265
大汶河水系	大汶河	904	557	81	72	47	0	38	21	558	317	180	147
淮河流域		71784	52194	1970	1894	4804	4518	4654	3725	24938	16987	35417	25069
淮河干流洪泽湖以上流域	淮河干流洪泽湖以上段	21696	15199	821	817	1336	1253	1734	1520	8454	6211	9350	5398
	洪汝河	1552	1263	0	0	0	0	113	113	745	613	694	537
	史河	584	212	0	0	0	0	58	25	37	25	489	163
	潩河	434	84	0	0	40	37	64	0	191	41	139	6
	沙颍河	5198	3276	164	164	497	497	185	185	2166	1418	2185	1012
	茨淮新河	1168	923	0	0	266	266	164	164	473	395	265	98
	涡河	3045	2143	229	229	0	0	236	236	1016	802	1564	876
	怀洪新河	2125	1637	0	0	373	319	27	20	628	429	1097	868

续表

水资源区或流域	主要河流	合计		1 级堤防		2 级堤防		3 级堤防		4 级堤防		5 级堤防	
		堤防长度	达标长度	堤防长度	达标长度	堤防长度	达标长度	堤防长度	达标长度	堤防长度	达标长度	堤防长度	达标长度
淮河洪泽湖以下水系		18666	15271	61	35	620	585	312	212	2384	2040	15289	12399
	淮河入海水道	444	434	213	213	100	100	0	0	0	0	131	121
	淮河（下游入江水道）	129	124	1	1	60	60	35	35	10	10	24	20
沂沭泗水系		21041	15123	999	955	1699	1659	1606	1245	9232	5853	7504	5411
	沂河	893	721	0	0	261	248	130	123	333	184	169	167
	沭河	676	452	0	0	249	249	111	111	253	77	62	14
长江流域	长江	83523	44581	2696	1979	8166	5165	11484	6678	28428	16769	32750	13990
雅砻江水系	雅砻江	344	283	0	0	0	0	58	56	78	66	208	161
岷江-大渡河水系	岷江-大渡河	1047	878	25	22	21	21	112	90	558	437	330	308
	岷江	508	366	25	22	19	19	42	23	319	205	102	98
嘉陵江水系	嘉陵江	2281	1919	0	0	74	74	276	271	627	559	1304	1015
	渠江	223	178	0	0	0	0	15	15	87	81	122	81
	涪江	591	556	0	0	34	34	175	171	200	176	182	176
乌江-六冲河水系	乌江-六冲河	864	744	104	104	36	36	72	62	236	183	417	358
汉江水系	汉江	4058	2227	113	113	1024	101	365	265	1116	683	1440	1065
	丹江	360	337	0	0	0	0	28	28	120	120	212	189
	唐白河	845	673	0	0	0	0	112	112	271	177	462	384
洞庭湖水系		13068	3653	456	305	1953	720	2654	611	3470	920	4534	1096
	湘江	3616	1191	407	257	277	64	340	164	1002	305	1590	401

续表

水资源区或流域	主要河流	合计		1 级堤防		2 级堤防		3 级堤防		4 级堤防		5 级堤防	
		堤防长度	达标长度	堤防长度	达标长度	堤防长度	达标长度	堤防长度	达标长度	堤防长度	达标长度	堤防长度	达标长度
	资水	535	160	0	0	39	2	27	19	126	56	342	82
	沅江	879	588	20	20	86	36	55	38	357	256	360	238
鄱阳湖水系	赣江	6977	3069	50	50	244	228	178	66	2711	1761	3795	964
	抚河	2714	1139	45	45	189	173	155	52	849	477	1476	391
	信江	590	284	0	0	36	36	0	0	425	199	129	50
	饶河	1161	577	0	0	19	19	18	14	377	332	748	213
太湖水系		19142	15937	493	442	641	626	3260	2720	9640	8085	5107	4063
东南诸河区		13967	10662	355	347	631	570	2549	2189	5984	4507	4449	3048
钱塘江水系	钱塘江	5213	3466	223	215	298	282	581	460	2184	1396	1927	1113
	新安江	355	260	0	0	0	0	19	19	129	115	206	126
瓯江水系	瓯江	748	688	0	0	38	30	141	136	292	252	277	271
闽江水系	闽江	755	726	76	76	12	12	102	98	367	356	198	185
	富屯溪-金溪	96	95	0	0	0	0	10	9	64	64	22	22
	建溪	171	167	0	0	7	7	8	4	68	68	88	88
九龙江水系	九龙江	531	407	20	20	49	49	158	59	119	106	184	173
珠江流域		26780	15017	593	518	2290	1884	5358	3654	9584	5590	8955	3372
西江水系	西江	4031	2760	5	4	236	210	514	411	1158	798	2118	1336
	北盘江	526	391	0	0	26	20	35	14	52	52	412	304
	柳江	159	155	0	0	34	34	5	3	48	46	71	71
	郁江	351	211	0	0	92	73	7	7	142	77	109	54

续表

水资源区或流域	主要河流	合计		1 级堤防		2 级堤防		3 级堤防		4 级堤防		5 级堤防	
		堤防长度	达标长度	堤防长度	达标长度	堤防长度	达标长度	堤防长度	达标长度	堤防长度	达标长度	堤防长度	达标长度
	桂江	97	83	0	0	0	0	7	7	49	34	42	42
	贺江	122	53	0	0	0	0	19	19	38	10	65	24
北江水系	北江	1890	1452	58	58	210	209	352	336	417	354	853	495
东江水系	东江	1859	639	2	0	35	34	482	307	430	203	910	96
珠江三角洲水系		7525	5649	471	397	1298	1086	1814	1460	3073	2346	869	361
韩江水系	韩江	2085	954	17	17	65	62	71	46	892	446	1040	383
海南岛诸河水系		436	375	30	30	5	5	47	43	186	169	166	128
	南渡江	61	56	15	15	0	0	27	24	11	11	8	7
	石羊河	49	45	0	0	1	1	0	0	38	35	10	10
	黑河	500	315	6	6	48	46	20	12	154	115	272	136
	疏勒河	119	99	3	3	7	3	8	8	29	20	72	64
	柴达木河	50	50	0	0	0	0	0	0	50	50	0	0
	格尔木河	24	0	0	0	24	0	0	0	0	0	0	0
	奎屯河	75	54	0	2	24	21	3	3	28	10	20	20
	玛纳斯河	42	31	2	2	0	0	36	26	4	4	0	0
	孔雀河	11	11	0	0	11	11	0	0	0	0	0	0
	开都河	36	36	0	0	2	2	0	0	2	2	34	34
	塔里木河	889	700	0	0	0	0	89	82	181	121	617	494
	木扎尔特河－渭干河	44	39	0	0	0	0	7	7	14	14	23	18
	和田河	119	55	0	0	0	0	13	8	77	31	29	16

附表 A20

主要河流规模以上堤防长度与达标长度

单位：km

主要河流	合计		1级堤防		2级堤防		3级堤防		4级堤防		5级堤防	
	堤防长度	达标长度	堤防长度	达标长度	堤防长度	达标长度	堤防长度	达标长度	堤防长度	达标长度	堤防长度	达标长度
合计	42962	30475	6411	5384	11084	8675	6617	4298	12263	7954	6584	4167
松花江	2248	1284	124	74	583	509	41	36	1465	643	35	21
洮儿河	521	108	6	6	17	4	345	50	151	46	2	2
霍林河	150	143	0	0	68	61	68	68	0	0	15	15
雅鲁河	274	181	0	0	34	34	12	0	228	147	0	0
诺敏河	115	83	0	0	0	0	0	0	85	83	30	0
第二松花江	670	580	95	87	488	452	10	9	60	17	17	16
呼兰河	392	135	0	0	5	0	128	27	232	80	28	28
拉林河	360	0	0	0	0	0	185	0	159	0	15	0
牡丹江	164	77	19	19	20	20	41	30	82	8	2	0
辽河	1428	1063	456	451	612	356	302	216	57	40	1	0
乌力吉木仁河	328	214	0	0	0	0	241	148	87	66	0	0
老哈河	122	40	0	0	0	0	0	0	61	15	61	25
东辽河	476	170	0	0	0	0	252	23	208	143	16	4
绕阳河	334	276	0	0	254	251	47	3	25	14	8	8
浑河	720	648	110	110	488	445	13	13	2	2	106	78
大凌河	173	61	5	5	18	18	0	0	128	16	22	21
滦河	262	119	0	0	43	28	97	75	61	8	61	8
潮白河	225	193	0	0	180	147	0	0	45	45	0	0
潮白新河	202	53	0	0	202	53	0	0	0	0	0	0

续表

主要河流	合计		1 级堤防		2 级堤防		3 级堤防		4 级堤防		5 级堤防	
	堤防长度	达标长度	堤防长度	达标长度	堤防长度	达标长度	堤防长度	达标长度	堤防长度	达标长度	堤防长度	达标长度
永定河	611	484	377	285	106	90	44	44	8	8	75	56
洋河	172	117	0	0	71	71	2	2	25	11	74	33
唐河	179	17	0	0	0	0	48	0	126	11	6	6
拒马河	0	0	0	0	0	0	0	0	0	0	0	0
滹沱河	620	415	117	102	143	67	47	47	64	63	249	136
滏阳河	594	141	17	0	9	0	160	22	239	96	169	23
漳河	221	212	0	0	100	100	102	102	16	8	3	2
卫河	536	332	0	0	353	226	0	0	29	29	154	77
黄河	4038	3505	1850	1591	482	411	720	655	717	629	269	218
洮河	53	49	0	0	0	0	0	0	39	39	13	10
湟水－大通河	3	3	0	0	0	0	0	0	0	0	3	3
湟水	147	145	0	0	54	54	19	19	35	34	39	39
无定河	41	37	0	0	0	0	12	12	1	1	28	24
汾河	1004	834	96	85	151	90	74	73	600	506	82	79
渭河	791	650	162	149	171	130	81	74	194	162	183	135
泾河	122	117	0	0	46	46	11	7	24	23	42	42
北洛河	47	47	0	0	8	7	37	37	0	0	2	2
伊洛河	231	186	49	39	29	29	0	0	140	106	12	12
沁河	234	175	59	59	123	70	3	3	24	20	24	22
大汶河	387	297	81	72	47	0	18	0	198	188	43	38

续表

主要河流	合计		1级堤防		2级堤防		3级堤防		4级堤防		5级堤防	
	堤防长度	达标长度	堤防长度	达标长度	堤防长度	达标长度	堤防长度	达标长度	堤防长度	达标长度	堤防长度	达标长度
淮河（洪泽湖以上段）	1320	1213	346	346	144	118	273	262	266	233	292	255
洪汝河	669	648	0	0	0	0	58	58	339	337	273	253
史河	223	108	0	0	0	0	56	24	0	0	167	84
淠河	331	80	0	0	40	37	64	0	122	38	104	4
沙颍河	973	956	136	136	250	250	0	0	572	557	15	13
茨淮新河	266	266	0	0	266	266	0	0	0	0	0	0
涡河	940	862	218	218	0	0	236	236	246	217	240	191
怀洪新河	329	312	0	0	262	256	27	20	9	9	30	27
淮河入海水道	444	434	213	213	100	100	0	0	0	0	131	121
淮河（下游入江水道）	129	124	1	1	60	60	35	35	10	10	24	20
沂河	423	335	0	0	237	237	91	91	95	7	0	0
沭河	385	337	0	0	229	229	80	80	66	21	11	8
长江	6266	4680	1136	701	2475	2337	931	652	918	622	806	367
雅砻江	11	9	0	0	0	0	2	0	2	2	7	7
岷江－大渡河	146	146	0	0	2	2	9	9	71	71	64	64
岷江	311	201	0	0	19	19	42	23	206	118	44	41
嘉陵江	137	113	0	0	13	13	28	27	63	47	34	26
渠江	31	30	0	0	0	0	15	15	12	12	3	3
涪江	218	203	0	0	34	34	80	80	71	59	34	31
乌江－六冲河	28	17	0	0	0	0	7	7	16	9	4	0

续表

主要河流	合计		1级堤防		2级堤防		3级堤防		4级堤防		5级堤防	
	堤防长度	达标长度	堤防长度	达标长度	堤防长度	达标长度	堤防长度	达标长度	堤防长度	达标长度	堤防长度	达标长度
汉江	1523	326	113	113	991	101	123	24	251	65	45	23
丹江	71	68	0	0	0	0	16	16	25	25	30	26
唐白河	339	199	0	0	0	0	85	85	141	51	113	63
湘江	770	324	269	173	111	33	114	17	237	81	39	21
资水	148	52	0	0	39	2	14	10	63	36	31	3
沅江	307	125	20	20	53	24	12	9	108	52	114	19
赣江	886	574	45	45	160	144	61	28	458	287	162	70
抚河	396	249	0	0	26	26	0	0	295	189	76	34
信江	521	312	0	0	15	15	18	14	252	223	236	60
钱塘江	1151	981	158	150	192	189	74	69	516	389	212	183
新安江	60	60	0	0	0	0	12	12	45	45	3	2
瓯江	239	220	0	0	36	28	89	83	91	86	23	23
闽江	176	168	39	39	3	3	35	35	66	60	33	31
富屯溪-金溪	15	15	0	0	0	0	6	5	9	9	0	0
建溪	55	53	0	0	7	7	6	3	30	30	13	13
九龙江	143	62	4	4	0	0	80	14	38	30	22	14
西江	826	621	4	4	73	73	224	191	178	151	346	202
北盘江	33	15	0	0	0	0	20	2	0	0	13	13
柳江	52	50	0	0	25	25	5	2	10	10	13	13
郁江	192	110	0	0	65	56	0	0	75	34	53	21

续表

主要河流	合计		1级堤防		2级堤防		3级堤防		4级堤防		5级堤防	
	堤防长度	达标长度	堤防长度	达标长度	堤防长度	达标长度	堤防长度	达标长度	堤防长度	达标长度	堤防长度	达标长度
桂江	43	39	0	0	0	0	7	7	21	17	16	16
贺江	61	19	0	0	0	0	5	5	36	9	20	6
北江	353	320	58	58	104	103	79	72	84	74	27	13
东江	410	197	0	0	34	33	233	116	85	33	58	15
韩江	360	241	12	12	37	37	25	5	189	125	97	63
南渡江	55	50	15	15	0	0	27	24	6	6	7	6
石羊河	36	34	0	0	1	1	0	0	35	32	1	1
黑河	154	56	0	0	13	12	11	3	68	29	61	12
疏勒河	48	38	0	0	1	1	0	0	5	1	42	37
柴达木河	44	44	0	0	0	0	0	0	44	44	0	0
格尔木河	24	0	0	0	24	0	0	0	0	0	0	0
奎屯河	53	51	0	0	24	21	3	3	10	10	16	16
玛纳斯河	36	28	2	2	0	0	31	23	4	4	0	0
孔雀河	20	20	0	0	11	11	0	0	0	0	9	9
开都河	36	36	0	0	0	0	0	0	2	2	34	34
塔里木河	420	396	0	0	0	0	3	3	11	10	405	383
木扎尔特河-渭干河	29	24	0	0	0	0	3	3	10	9	17	12
和田河	93	33	0	0	0	0	2	1	66	20	25	12

注　表中均为河流干流数据。

附表 A21 省级行政区规模以上已建和在建堤防长度与达标长度

行政区划	已建堤防		在建堤防
	堤防长度/km	达标长度/km	堤防长度/km
全国	267567	164771	7963
北京	1408	1293	0
天津	2159	677	2
河北	10118	3971	158
山西	5700	4095	135
内蒙古	5219	3390	353
辽宁	11557	9199	248
吉林	6728	3420	168
黑龙江	12001	3443	291
上海	1952	1628	0
江苏	49325	38953	242
浙江	16323	13164	1117
安徽	20888	11702	186
福建	3553	2751	198
江西	7178	3016	423
山东	22532	15204	707
河南	18417	11600	170
湖北	17317	4615	148
湖南	11503	3309	291
广东	20916	11344	1214
广西	1525	853	416
海南	403	352	32
重庆	903	808	206
四川	3695	3175	160
贵州	1242	1173	120
云南	4517	3156	185
西藏	681	569	12
陕西	3459	2557	223
甘肃	2934	2510	258
青海	507	439	85
宁夏	749	714	20
新疆	2159	1689	194

附表 A22　　　　　　省级行政区规模以上水电站数量与装机容量

行政区划	合 计		大型水电站		中型水电站		小型水电站	
	数量/座	装机容量/万 kW	数量/座	装机容量/万 kW	数量/座	装机容量/万 kW	数量/座	装机容量/万 kW
全国	22179	32728.1	142	20664.0	477	5242.0	21560	6822.1
北京	29	103.7	1	80.0	2	17.3	26	6.5
天津	1	0.6	0	0.0	0	0.0	1	0.6
河北	123	183.7	1	100.0	2	44.0	120	39.8
山西	97	306.0	3	270.0	1	12.8	93	23.2
内蒙古	34	132.0	1	120.0	0	0.0	33	12.0
辽宁	116	269.3	2	151.5	7	82.0	107	35.9
吉林	188	441.7	2	280.3	6	97.0	180	64.4
黑龙江	70	130.0	1	55.0	3	37.6	66	37.4
上海	0	0.0	0	0.0	0	0.0	0	0.0
江苏	28	264.2	2	250.0	1	10.0	25	4.2
浙江	1419	953.4	7	543.5	6	61.4	1406	348.5
安徽	339	279.2	2	160.0	4	34.0	333	85.2
福建	2463	1184.2	5	380.0	21	182.4	2437	621.8
江西	1357	415.0	3	131.3	3	19.2	1351	264.5
山东	47	106.8	1	100.0	0	0.0	46	6.8
河南	200	413.1	3	341.0	3	32.0	194	40.1
湖北	936	3671.5	9	3181.5	19	169.0	908	321.0
湖南	2240	1480.1	7	585.3	36	371.4	2197	523.4
广东	3397	1330.8	4	643.5	13	119.5	3380	567.8
广西	1506	1592.1	8	930.7	25	253.1	1473	408.3
海南	204	76.1	0	0.0	3	40.0	201	36.1
重庆	704	643.5	4	315.0	13	115.3	687	213.2
四川	2736	7541.5	26	4778.7	136	1587.9	2574	1175.0
贵州	792	2023.9	15	1509.3	20	240.2	757	274.4
云南	1591	5694.9	16	3867.5	76	819.3	1499	1008.1
西藏	110	129.7	1	51.0	5	53.5	104	25.3
陕西	389	317.8	1	85.3	4	74.7	384	157.8
甘肃	572	877.4	5	274.6	35	329.5	532	273.3
青海	196	1563.7	8	1336.0	8	133.1	180	94.6
宁夏	3	42.6	1	30.2	1	12.0	1	0.4
新疆	292	559.5	3	112.9	24	294.1	265	152.5

附表 A23

主要河流水系规模以上水电站数量及装机容量

水资源区或流域	主要河流	河流水系 合计 数量/座	河流水系 合计 装机容量/万kW	河流水系 大型水电站 数量/座	河流水系 大型水电站 装机容量/万kW	河流水系 中型水电站 数量/座	河流水系 中型水电站 装机容量/万kW	河流水系 小型水电站 数量/座	河流水系 小型水电站 装机容量/万kW	干流 合计 数量/座	干流 合计 装机容量/万kW	干流 大型水电站 数量/座	干流 大型水电站 装机容量/万kW	干流 中型水电站 数量/座	干流 中型水电站 装机容量/万kW	干流 小型水电站 数量/座	干流 小型水电站 装机容量/万kW
合计										1524	17726.8	88	15158.2	142	1683.8	1294	884.8
松花江一级区		181	536.1	3	335.3	8	114.6	170	86.3								
松花江流域	松花江	139	497.8	3	335.3	7	108.6	129	53.9	2	31.6	0	0.0	2	31.6	0	0.0
	洮儿河	1	1.3	0	0.0	0	0.0	1	1.3	1	1.3	0	0.0	0	0.0	1	1.3
	霍林河	1	0.1	0	0.0	0	0.0	1	0.1	1	0.1	0	0.0	0	0.0	1	0.1
	雅鲁河	1	0.2	0	0.0	0	0.0	1	0.2	1	0.2	0	0.0	0	0.0	1	0.2
	诺敏河	0	0.0	0	0.0	0	0.0	0	0.0	0	0.0	0	0.0	0	0.0	0	0.0
	第二松花江	70	387.6	2	280.3	5	77.0	63	30.3	9	319.5	2	280.3	2	26.0	5	13.2
	呼兰河	5	0.5	0	0.0	0	0.0	5	0.5	2	0.3	0	0.0	0	0.0	2	0.3
	拉林河	3	0.4	0	0.0	0	0.0	3	0.4	2	0.1	0	0.0	0	0.0	2	0.1
	牡丹江	36	67.2	1	55.0	0	0.0	35	12.2	18	64.3	1	55.0	0	0.0	17	9.3
辽河一级区		217	313.0	2	151.5	8	102.0	207	59.6								
辽河流域	辽河	56	26.4	0	0.0	0	0.0	56	26.4	9	2.2	0	0.0	0	0.0	9	2.2
	乌力吉木仁河	0	0.0	0	0.0	0	0.0	0	0.0	0	0.0	0	0.0	0	0.0	0	0.0
	老哈河	9	2.4	0	0.0	0	0.0	9	2.4	5	1.8	0	0.0	0	0.0	5	1.8
	东辽河	1	0.8	0	0.0	0	0.0	1	0.8	1	0.8	0	0.0	0	0.0	1	0.8

续表

水资源区或流域	主要河流	河流水系 合计 数量/座	河流水系 合计 装机容量/万kW	河流水系 大型水电站 数量/座	河流水系 大型水电站 装机容量/万kW	河流水系 中型水电站 数量/座	河流水系 中型水电站 装机容量/万kW	河流水系 小型水电站 数量/座	河流水系 小型水电站 装机容量/万kW	干流 合计 数量/座	干流 合计 装机容量/万kW	干流 大型水电站 数量/座	干流 大型水电站 装机容量/万kW	干流 中型水电站 数量/座	干流 中型水电站 装机容量/万kW	干流 小型水电站 数量/座	干流 小型水电站 装机容量/万kW
东北沿黄渤海诸河	绕阳河	0	0.0	0	0.0	0	0.0	0	0.0	0	0.0	0	0.0	0	0.0	0	0.0
	浑河	32	19.7	0	0.0	0	0.0	32	19.7	5	4.8	0	0.0	0	0.0	5	4.8
		9	1.8	0	0.0	0	0.0	9	1.8								
	大凌河	5	1.4	0	0.0	0	0.0	5	1.4	4	1.4	0	0.0	0	0.0	4	1.4
海河一级区		245	546.3	4	420.0	4	61.2	237	65.1								
滦河水系	滦河	26	54.0	0	0.0	2	44.0	24	10.0	15	50.8	0	0.0	2	44.0	13	6.9
北三河水系		34	95.6	1	80.0	1	10.1	32	5.5								
	潮白河	25	12.4	0	0.0	1	10.1	24	2.3	16	11.7	0	0.0	1	10.1	15	1.7
	潮白新河	0	0.0	0	0.0	0	0.0	0	0.0	0	0.0	0	0.0	0	0.0	0	0.0
永定河水系	永定河	8	14.9	0	0.0	1	7.2	7	7.6	6	14.6	0	0.0	1	7.2	5	7.3
	洋河	2	0.3	0	0.0	0	0.0	2	0.3	1	0.2	0	0.0	0	0.0	1	0.2
大清河水系		40	10.3	0	0.0	0	0.0	40	10.3								
	唐河	11	3.0	0	0.0	0	0.0	11	3.0	11	3.0	0	0.0	0	0.0	11	3.0
	拒马河	5	0.5	0	0.0	0	0.0	5	0.5	2	0.2	0	0.0	0	0.0	2	0.2
子牙河水系		54	237.2	2	220.0	0	0.0	52	17.2								
	滹沱河	31	233.3	2	220.0	0	0.0	29	13.3	19	128.7	1	120.0	0	0.0	18	8.7

续表

水资源区或流域	主要河流	河流水系								干流							
		合计		大型水电站		中型水电站		小型水电站		合计		大型水电站		中型水电站		小型水电站	
		数量/座	装机容量/万kW	数量/座	装机容量/万kW	数量/座	装机容量/万kW	数量/座	装机容量/万kW	数量/座	装机容量/万kW	数量/座	装机容量/万kW	数量/座	装机容量/万kW	数量/座	装机容量/万kW
	滏阳河	10	1.4	0	0.0	0	0.0	10	1.4	6	1.2	0	0.0	0	0.0	6	1.2
漳卫河水系		79	133.7	1	120.0	0	0.0	78	13.7								
	漳河	38	6.4	0	0.0	0	0.0	38	6.4	22	3.5	0	0.0	0	0.0	22	3.5
	卫河	41	127.3	1	120.0	0	0.0	40	7.3	2	0.4	0	0.0	0	0.0	2	0.4
徒骇马颊河水系		0	0.0	0	0.0	0	0.0	0	0.0	0	0.0	0	0.0	0	0.0	0	0.0
黄河一级区	黄河	569	2758.2	19	2201.8	23	305.8	527	250.6	43	2206.5	16	1951.8	14	247.2	13	7.6
	洮河	79	114.5	1	30.0	3	17.7	75	66.8	49	109.9	1	30.0	3	17.7	45	62.2
湟水-大通河水系	湟水-大通河	109	105.0	0	0.0	5	35.0	104	70.1	39	82.4	0	0.0	5	35.0	34	47.4
	湟水	56	20.8	0	0.0	0	0.0	56	20.8	29	12.4	0	0.0	0	0.0	29	12.4
无定河水系	无定河	8	2.1	0	0.0	0	0.0	8	2.1	7	2.0	0	0.0	0	0.0	7	2.0
汾河水系	汾河	8	3.3	0	0.0	0	0.0	8	3.3	4	2.6	0	0.0	0	0.0	4	2.6
渭河水系	渭河	117	37.4	0	0.0	0	0.0	117	37.4	8	5.9	0	0.0	0	0.0	8	5.9
	泾河	14	10.0	0	0.0	0	0.0	14	10.0	11	9.6	0	0.0	0	0.0	11	9.6
	北洛河	8	3.2	0	0.0	0	0.0	8	3.2	8	3.2	0	0.0	0	0.0	8	3.2
伊洛河水系	伊洛河	46	19.0	0	0.0	1	6.0	45	13.0	29	15.5	0	0.0	1	6.0	28	9.5

续表

水资源区或流域	主要河流	河流水系								干流							
		合计		大型水电站		中型水电站		小型水电站		合计		大型水电站		中型水电站		小型水电站	
		数量/座	装机容量/万kW	数量/座	装机容量/万kW	数量/座	装机容量/万kW	数量/座	装机容量/万kW	数量/座	装机容量/万kW	数量/座	装机容量/万kW	数量/座	装机容量/万kW	数量/座	装机容量/万kW
沁河水系	沁河	41	10.7	0	0.0	0	0.0	41	10.7	27	8.3	0	0.0	0	0.0	27	8.3
大汶河水系	大汶河	7	100.5	1	100.0	0	0.0	6	0.5	3	0.2	0	0.0	0	0.0	3	0.2
淮河一级区		207	66.7	0	0.0	2	13.0	205	53.7								
淮河干流洪泽湖以上流域	淮河干流洪泽湖以上段	142	56.2	0	0.0	2	13.0	140	43.2	1	0.6	0	0.0	0	0.0	1	0.6
	洪汝河	5	1.6	0	0.0	0	0.0	5	1.6	4	1.1	0	0.0	0	0.0	4	1.1
	史河	22	8.6	0	0.0	0	0.0	22	8.6	2	4.2	0	0.0	0	0.0	2	4.2
	淠河	78	40.2	0	0.0	2	13.0	76	27.2	11	14.3	0	0.0	1	5.0	10	9.3
	沙颍河	18	2.4	0	0.0	0	0.0	18	2.4	6	1.1	0	0.0	0	0.0	6	1.1
	茨淮新河	0	0.0	0	0.0	0	0.0	0	0.0	0	0.0	0	0.0	0	0.0	0	0.0
	涡河	0	0.0	0	0.0	0	0.0	0	0.0	0	0.0	0	0.0	0	0.0	0	0.0
	怀洪新河	0	0.0	0	0.0	0	0.0	0	0.0	0	0.0	0	0.0	0	0.0	0	0.0
淮河洪泽湖以下水系	淮河入海水道	2	0.5	0	0.0	0	0.0	2	0.5	0	0.0	0	0.0	0	0.0	0	0.0
	淮河（下游入江水道）	0	0.0	0	0.0	0	0.0	0	0.0	0	0.0	0	0.0	0	0.0	0	0.0

续表

水资源区或流域	主要河流	河流水系 合计 数量/座	装机容量/万kW	大型水电站 数量/座	装机容量/万kW	中型水电站 数量/座	装机容量/万kW	小型水电站 数量/座	装机容量/万kW	干流 合计 数量/座	装机容量/万kW	大型水电站 数量/座	装机容量/万kW	中型水电站 数量/座	装机容量/万kW	小型水电站 数量/座	装机容量/万kW
沂沭泗水系		45	7.9	0	0.0	0	0.0	45	7.9								
	沂河	15	3.0	0	0.0	0	0.0	15	3.0	8	1.5	0	0.0	0	0.0	8	1.5
	沭河	5	0.9	0	0.0	0	0.0	5	0.9	3	0.5	0	0.0	0	0.0	3	0.5
长江区	长江	9934	18823.8	72	12795.5	262	2844.8	9600	3183.5	47	5631.7	9	5625.5	0	0.0	38	6.2
雅砻江水系	雅砻江	390	1952.2	8	1583.7	17	223.8	365	144.6	17	1472.6	5	1470.0	0	0.0	12	2.6
岷江-大渡河水系	岷江-大渡河	1463	3275.1	14	1702.0	76	925.0	1373	648.2	58	1574.2	11	1548.0	2	13.8	45	12.4
	岷江	231	570.7	3	154.0	22	294.5	206	122.2	74	300.5	3	154.0	9	129.1	62	17.4
嘉陵江水系	嘉陵江	623	959.5	4	260.0	42	381.8	577	317.7	21	294.6	2	160.0	11	118.1	8	16.5
	渠江	114	54.5	0	0.0	1	5.1	113	49.4	14	19.0	0	0.0	0	0.0	14	19.0
	涪江	155	217.8	0	0.0	10	89.1	145	128.7	46	127.9	0	0.0	6	49.1	40	78.8
乌江-六冲河水系	乌江-六冲河	440	1418.4	11	1132.5	12	126.2	417	159.7	18	1068.3	9	1066.5	0	0.0	9	1.8
汉江水系	汉江	573	672.0	4	274.3	17	191.1	552	206.6	12	271.1	2	175.3	5	87.4	5	8.5
	丹江	56	12.6	0	0.0	0	0.0	56	12.6	6	5.4	0	0.0	0	0.0	6	5.4
	唐白河	13	14.4	0	0.0	1	12.0	12	2.4	5	1.9	0	0.0	0	0.0	5	1.9
洞庭湖水系		2676	1828.3	10	772.3	40	415.5	2626	640.5								

续表

水资源区或流域	主要河流	河流水系·合计·数量/座	河流水系·合计·装机容量/万kW	河流水系·大型·数量/座	河流水系·大型·装机容量/万kW	河流水系·中型·数量/座	河流水系·中型·装机容量/万kW	河流水系·小型·数量/座	河流水系·小型·装机容量/万kW	干流·合计·数量/座	干流·合计·装机容量/万kW	干流·大型·数量/座	干流·大型·装机容量/万kW	干流·中型·数量/座	干流·中型·装机容量/万kW	干流·小型·数量/座	干流·小型·装机容量/万kW
	湘江	1455	562.4	2	176.0	14	109.6	1439	276.8	46	102.7	0	0.0	9	81.4	37	21.3
	资水	366	209.3	1	94.8	5	40.2	360	74.4	23	156.9	1	94.8	5	40.2	17	22.0
	沅江	655	854.0	5	426.5	15	222.1	635	205.4	28	501.3	4	345.0	8	151.8	16	4.5
鄱阳湖水系	赣江	1323	406.7	3	131.3	3	19.2	1317	256.2								
	抚河	738	242.4	2	89.3	2	13.2	734	139.9	17	103.7	2	89.3	0	0.0	15	14.4
	信江	97	21.9	0	0.0	0	0.0	97	21.9	9	6.8	0	0.0	0	0.0	9	6.8
		202	45.3	0	0.0	0	0.0	202	45.3	11	4.9	0	0.0	0	0.0	11	4.9
太湖水系		41	445.0	3	430.0	1	10.0	37	5.0								
东南诸河区		3637	1847.1	10	683.5	27	243.8	3600	919.8								
钱塘江水系	钱塘江	511	289.9	3	153.0	2	14.8	506	122.1	24	46.5	1	36.0	0	0.0	23	10.5
	新安江	71	100.4	1	85.0	0	0.0	70	15.4	12	86.7	1	85.0	0	0.0	11	1.7
瓯江水系	瓯江	486	244.3	2	90.5	2	18.6	482	135.3	39	73.3	1	30.5	2	18.6	36	24.2
闽江水系	闽江	1155	568.7	3	200.0	11	81.5	1141	287.2	47	196.7	3	140.0	3	21.9	43	34.8
	富屯溪-金溪	208	83.2	0	0.0	2	16.0	206	67.2	26	42.8	0	0.0	1	10.0	25	32.8
	建溪	209	51.7	0	0.0	1	5.0	208	46.7	17	11.3	0	0.0	1	5.0	16	6.3

续表

水资源区或流域	主要河流	河流水系 合计 数量/座	装机容量/万kW	大型水电站 数量/座	装机容量/万kW	中型水电站 数量/座	装机容量/万kW	小型水电站 数量/座	装机容量/万kW	干流 合计 数量/座	装机容量/万kW	大型水电站 数量/座	装机容量/万kW	中型水电站 数量/座	装机容量/万kW	小型水电站 数量/座	装机容量/万kW
九龙江水系	九龙江	479	120.2	0	0.0	2	13.0	477	107.2	50	48.0	0	0.0	2	13.0	48	35.0
珠江一级区		5623	4098.0	19	2194.0	63	644.0	5541	1260.0								
西江水系	西江	1843	2593.8	14	1490.5	47	484.5	1782	618.8	38	1229.9	9	1128.7	6	74.5	23	26.7
	北盘江	128	410.7	3	247.8	8	108.1	117	54.8	15	334.3	3	247.8	5	83.6	7	2.9
	柳江	383	211.3	0	0.0	9	81.5	374	129.8	14	58.8	0	0.0	5	56.0	9	2.8
	郁江	249	293.3	1	54.0	10	116.2	238	123.1	28	169.4	1	54.0	7	94.0	20	21.4
	桂江	220	77.2	0	0.0	4	28.2	216	49.0	16	39.3	0	0.0	4	28.2	12	11.1
	贺江	179	57.1	0	0.0	1	8.0	178	49.1	30	23.4	0	0.0	1	8.0	29	15.4
北江水系	北江	1685	461.9	1	128.0	8	66.5	1676	267.4	33	45.5	0	0.0	3	28.2	30	17.3
东江水系	东江	437	375.3	2	275.5	1	20.0	434	79.8	64	294.4	1	240.0	1	20.0	62	34.4
珠江三角洲水系		210	275.8	1	240.0	0	0.0	209	35.8								
韩江水系	韩江	561	212.3	1	60.0	3	27.9	557	124.4	61	34.8	0	0.0	1	7.5	60	27.3
海南岛诸河水系		204	76.1	0	0.0	3	40.0	201	36.1								

续表

水资源区或流域	主要河流	河流水系 合计 数量/座	装机容量/万kW	大型水电站 数量/座	装机容量/万kW	中型水电站 数量/座	装机容量/万kW	小型水电站 数量/座	装机容量/万kW	干流 合计 数量/座	装机容量/万kW	大型水电站 数量/座	装机容量/万kW	中型水电站 数量/座	装机容量/万kW	小型水电站 数量/座	装机容量/万kW
	南渡江	38	8.3	0	0.0	0	0.0	38	8.3	21	5.9	0	0.0	0	0.0	21	5.9
西北诸河区		494	739.7	3	112.9	34	379.2	457	247.6								
	石羊河	32	15.7	0	0.0	0	0.0	32	15.7	1	0.2	0	0.0	0	0.0	1	0.2
	黑河	73	109.8	0	0.0	9	80.0	64	29.7	16	73.5	0	0.0	7	65.8	9	7.7
	疏勒河	56	38.6	0	0.0	1	5.1	55	33.5	31	25.2	0	0.0	1	5.1	30	20.1
	柴达木河	2	0.1	0	0.0	0	0.0	2	0.1	1	0.1	0	0.0	0	0.0	1	0.1
	格尔木河	6	9.2	0	0.0	0	0.0	6	9.2	4	7.6	0	0.0	0	0.0	4	7.6
	奎屯河	10	9.4	0	0.0	0	0.0	10	9.4	0	0.0	0	0.0	0	0.0	0	0.0
	玛纳斯河	8	21.7	0	0.0	2	15.0	6	6.7	6	21.5	0	0.0	2	15.0	4	6.5
	孔雀河	2	7.0	0	0.0	0	0.0	2	7.0	2	7.0	0	0.0	0	0.0	2	7.0
	开都河	6	49.7	1	30.9	1	8.0	4	10.8	5	49.6	1	30.9	1	8.0	3	10.7
	塔里木河	75	133.6	0	0.0	6	87.8	69	45.8	8	5.6	0	0.0	0	0.0	8	5.6
	木扎尔特河-渭干河	3	4.2	0	0.0	0	0.0	3	4.2	2	4.1	0	0.0	0	0.0	2	4.1
	和田河	14	24.1	0	0.0	2	21.0	12	3.1	9	23.7	0	0.0	2	21.0	7	2.7

附表 A24　　省级行政区规模以上不同开发方式水电站数量及装机容量

行政区划	合 计		闸坝式水电站		引水式水电站		混合式水电站		抽水蓄能电站	
	数量/座	装机容量/万 kW	数量/座	装机容量/万 kW	数量/座	装机容量/万 kW	数量/座	装机容量/万 kW	数量/座	装机容量/万 kW
全国	22179	32728.1	3310	18086.6	16403	8198.0	2438	3911.0	28	2532.5
北京	29	103.7	2	0.1	24	13.1	1	0.4	2	90.1
天津	1	0.6	1	0.6	0	0.0	0	0.0	0	0.0
河北	123	183.7	30	26.3	86	23.9	5	5.5	2	128.0
山西	97	306.0	14	164.8	74	16.4	8	4.8	1	120.0
内蒙古	34	132.0	15	5.9	18	6.1	0	0.0	1	120.0
辽宁	116	269.3	52	93.6	56	42.9	7	12.8	1	120.0
吉林	188	441.7	57	143.8	111	27.0	20	270.9	0	0.0
黑龙江	70	130.0	32	47.0	33	74.3	5	8.7	0	0.0
上海	0	0.0	0	0.0	0	0.0	0	0.0	0	0.0
江苏	28	264.2	20	2.9	3	0.3	2	1.0	3	260.0
浙江	1419	953.4	133	292.9	794	175.0	489	177.5	3	308.0
安徽	339	279.2	78	46.6	176	37.6	82	27.0	3	168.0
福建	2463	1184.2	322	436.4	1588	266.0	552	361.8	1	120.0
江西	1357	415.0	222	243.4	950	124.9	185	46.7	0	0.0
山东	47	106.8	29	3.6	13	2.8	4	0.4	1	100.0
河南	200	413.1	40	73.3	154	207.0	4	0.9	2	132.0
湖北	936	3671.5	216	3312.5	653	164.2	65	67.7	2	127.0
湖南	2240	1480.1	440	866.1	1681	411.3	118	82.8	1	120.0
广东	3397	1330.8	531	308.6	2445	330.2	418	84.0	3	608.0
广西	1506	1592.1	311	1318.3	1125	240.5	70	33.3	0	0.0
海南	204	76.1	42	49.1	125	21.9	37	5.1	0	0.0
重庆	704	643.5	71	200.1	532	120.9	101	322.6	0	0.0
四川	2736	7541.5	233	3526.3	2424	3045.0	78	970.0	1	0.2
贵州	792	2023.9	149	1358.1	604	429.6	39	236.2	0	0.0
云南	1591	5694.9	122	3816.4	1409	1396.8	60	481.7	0	0.0
西藏	110	129.7	22	97.9	87	20.6	0	0.0	1	11.3
陕西	389	317.8	40	179.7	320	101.6	29	36.5	0	0.0
甘肃	572	877.4	30	356.7	519	428.0	23	92.6	0	0.0
青海	196	1563.7	34	1025.8	153	207.9	9	330.0	0	0.0
宁夏	3	42.6	2	42.2	1	0.4	0	0.0	0	0.0
新疆	292	559.5	20	47.7	245	261.6	27	250.2	0	0.0

附表 A25　省级行政区规模以上不同水头水电站数量及装机容量

行政区划	合　计		高水头电站		中水头电站		低水头电站	
	数量/座	装机容量/万 kW	数量/座	装机容量/万 kW	数量/座	装机容量/万 kW	数量/座	装机容量/万 kW
全国	22179	32728.1	3258	6886.5	10293	20306.3	8628	5535.3
北京	29	103.7	1	80.0	5	21.5	23	2.3
天津	1	0.6	0	0.0	0	0.0	1	0.6
河北	123	183.7	1	100.0	33	60.8	89	22.9
山西	97	306.0	4	120.7	31	119.5	62	65.8
内蒙古	34	132.0	1	120.0	4	1.5	29	10.5
辽宁	116	269.3	1	120.0	5	24.7	110	124.6
吉林	188	441.7	5	4.5	40	365.0	143	72.2
黑龙江	70	130.0	0	0.0	13	78.5	57	51.5
上海	0	0.0	0	0.0	0	0.0	0	0.0
江苏	28	264.2	2	250.0	1	10.0	25	4.2
浙江	1419	953.4	247	379.5	711	400.1	461	173.7
安徽	339	279.2	19	2.5	154	241.1	166	35.6
福建	2463	1184.2	286	226.1	1303	635.5	874	322.6
江西	1357	415.0	102	18.4	563	110.2	692	286.4
山东	47	106.8	1	100.0	0	0.0	46	6.8
河南	200	413.1	5	133.2	54	197.2	141	82.7
湖北	936	3671.5	143	66.1	510	3188.5	283	416.8
湖南	2240	1480.1	275	179.9	968	675.7	997	624.5
广东	3397	1330.8	470	687.6	1702	314.7	1225	328.5
广西	1506	1592.1	278	74.7	611	842.7	617	674.7
海南	204	76.1	15	4.4	82	44.5	107	27.1
重庆	704	643.5	161	68.4	356	381.2	187	194.0
四川	2736	7541.5	724	2342.7	1190	4333.8	822	865.1
贵州	792	2023.9	78	68.8	358	1837.4	356	117.8
云南	1591	5694.9	382	1177.8	911	4303.6	298	213.5
西藏	110	129.7	5	12.6	44	103.7	61	13.4
陕西	389	317.8	21	15.4	204	176.8	164	125.6
甘肃	572	877.4	22	15.0	258	478.0	292	384.4
青海	196	1563.7	2	424.8	69	983.1	125	155.7
宁夏	3	42.6	0	0.0	0	0.0	3	42.6
新疆	292	559.5	7	93.5	113	377.0	172	89.0

附表 A26

主要河流规模以上不同开发方式水电站数量与装机容量

水资源区或流域	主要河流	流域水系										干流									
		合计		闸坝式水电站		引水式水电站		混合式水电站		抽水蓄能电站		合计		闸坝式水电站		引水式水电站		混合式水电站		抽水蓄能电站	
		数量/座	装机容量/万kW	数量/座	装机容量/万kW	数量/座	装机容量/万kW	数量/座	装机容量/万kW	数量/座	装机容量/万kW	数量/座	装机容量/万kW	数量/座	装机容量/万kW	数量/座	装机容量/万kW	数量/座	装机容量/万kW	数量/座	装机容量/万kW
合计		181	536.1	75	188.4	84	88.4	22	259.3		0.0	1524	17726.8	464	12957.9	929	2237.7	127	2133.2	4	398.1
松花江一级区																					
松花江流域	松花江	139	497.8	58	179.1	62	67.0	19	251.7	0	0.0	2	31.6	2	31.6	0	0.0	0	0.0	0	0.0
	洮儿河	1	1.3	0	0.0	1	1.3	0	0.0	0	0.0	1	1.3	0	0.0	1	1.3	0	0.0	0	0.0
	霍林河	1	0.1	1	0.1	0	0.0	0	0.0	0	0.0	1	0.1	1	0.1	0	0.0	0	0.0	0	0.0
	雅鲁河	1	0.2	0	0.0	1	0.2	0	0.0	0	0.0	1	0.2	0	0.0	1	0.2	0	0.0	0	0.0
	诺敏河	0	0.0	0	0.0	0	0.0	0	0.0	0	0.0	0	0.0	0	0.0	0	0.0	0	0.0	0	0.0
	第二松花江	70	387.6	18	131.9	35	5.0	17	250.6	0	0.0	9	319.5	4	128.5	2	0.2	3	190.8	0	0.0
	呼兰河	5	0.5	3	0.3	2	0.1	0	0.0	0	0.0	2	0.3	2	0.3	0	0.0	0	0.0	0	0.0
	拉林河	3	0.4	1	0.1	2	0.4	0	0.0	0	0.0	2	0.1	1	0.1	1	0.1	0	0.0	0	0.0
	牡丹江	36	67.2	25	8.8	11	58.4	0	0.0	0	0.0	18	64.3	14	7.5	4	56.8	0	0.0	0	0.0
辽河一级区		217	313.0	76	99.5	130	60.5	10	33.0	1	120.0										
辽河流域	辽河	56	26.4	22	14.4	31	10.8	3	1.2	0	0.0	9	2.2	1	0.1	8	2.1	0	0.0	0	0.0
	乌力吉木仁河	0	0.0	0	0.0	0	0.0	0	0.0	0	0.0	0	0.0	0	0.0	0	0.0	0	0.0	0	0.0
	老哈河	9	2.4	7	1.7	2	0.7	0	0.0	0	0.0	5	1.8	4	1.3	1	0.5	0	0.0	0	0.0
	东辽河	1	0.8	1	0.8	0	0.0	0	0.0	0	0.0	1	0.8	1	0.8	0	0.0	0	0.0	0	0.0

续表

水资源区或流域	主要河流	流域水系										干流									
		合计		闸坝式水电站		引水式水电站		混合式水电站		抽水蓄能电站		合计		闸坝式水电站		引水式水电站		混合式水电站		抽水蓄能电站	
		数量/座	装机容量/万kW	数量/座	装机容量/万kW	数量/座	装机容量/万kW	数量/座	装机容量/万kW	数量/座	装机容量/万kW	数量/座	装机容量/万kW	数量/座	装机容量/万kW	数量/座	装机容量/万kW	数量/座	装机容量/万kW	数量/座	装机容量/万kW
东北沿黄渤海诸河	绕阳河	0	0.0	0	0.0	0	0.0	0	0.0	0	0.0	0	0.0	0	0.0	0	0.0	0	0.0	0	0.0
	洋河	32	19.7	11	11.6	18	6.9	3	1.2	0	0.0	5	4.8	0	0.0	4	4.3	1	0.5	0	0.0
	大凌河	18	3.5	13	2.9	4	0.4	1	0.2	0	0.0										
		5	1.4	5	1.4	0	0.0	0	0.0	0	0.0	4	1.4	4	1.4	0	0.0	0	0.0	0	0.0
海河一级区		245	546.3	53	30.5	178	51.7	8	6.1	6	458.1										
滦河水系	滦河	26	54.0	13	22.2	11	3.7	1	0.1	1	28.0	15	50.8	9	19.9	5	2.9	0	0.0	1	28.0
北三河水系		34	95.6	5	0.9	26	4.2	1	0.4	2	90.1										
	潮白河	25	12.4	3	0.3	21	2.1	0	0.0	1	10.1	16	11.7	1	0.1	14	1.6	0	0.0	1	10.1
	潮白新河	0	0.0	0	0.0	0	0.0	0	0.0	0	0.0	0	0.0	0	0.0	0	0.0	0	0.0	0	0.0
永定河水系	永定河	8	14.9	1	0.1	6	14.7	1	0.1	0	0.0	6	14.6	0	0.0	5	14.5	1	0.1	0	0.0
	洋河	2	0.3	1	0.1	1	0.2	0	0.0	0	0.0	1	0.2	0	0.0	1	0.2	0	0.0	0	0.0
大清河水系		40	10.3	3	0.5	35	8.6	2	1.3	0	0.0										
	唐河	11	3.0	1	0.3	9	1.5	1	1.2	0	0.0	11	3.0	1	0.3	9	1.5	1	1.2	0	0.0
	拒马河	5	0.5	0	0.0	5	0.5	0	0.0	0	0.0	2	0.2	0	0.0	2	0.2	0	0.0	0	0.0
子牙河水系		54	237.2	15	4.1	34	8.9	3	4.2	2	220.0										
	滹沱河	31	233.3	4	1.9	22	7.1	3	4.2	2	220.0	19	128.7	2	0.3	14	4.3	2	4.2	1	120.0
	滏阳河	10	1.4	4	0.8	6	0.6	0	0.0	0	0.0	6	1.2	2	0.7	4	0.5	0	0.0	0	0.0

续表

水资源流域或流域	主要河流	流域水系										干流									
		合计		闸坝式水电站		引水式水电站		混合式水电站		抽水蓄能电站		合计		闸坝式水电站		引水式水电站		混合式水电站		抽水蓄能电站	
		数量/座	装机容量/万kW	数量/座	装机容量/万kW	数量/座	装机容量/万kW	数量/座	装机容量/万kW	数量/座	装机容量/万kW	数量/座	装机容量/万kW	数量/座	装机容量/万kW	数量/座	装机容量/万kW	数量/座	装机容量/万kW	数量/座	装机容量/万kW
漳卫河水系		79	133.7	15	2.7	63	11.1	0	0.0	1	120.0										
	漳河	38	6.4	3	0.4	35	6.1	0	0.0	0	0.0	22	3.5	1	0.1	21	3.4	0	0.0	0	0.0
	卫河	41	127.3	12	2.3	28	5.0	0	0.0	1	120.0	2	0.4	0	0.0	2	0.4	0	0.0	0	0.0
徒骇马颊河水系		0	0.0	0	0.0	0	0.0	0	0.0	0	0.0										
黄河一级区	黄河	569	2758.2	88	1612.9	459	555.7	20	369.6	2	220.0	43	2206.5	27	1555.8	13	305.8	3	345.0	0	0.0
洮河水系	洮河	79	114.5	8	20.5	68	87.7	3	6.3	0	0.0	49	109.9	6	20.3	42	83.6	1	6.0	0	0.0
湟水-大通河水系	湟水-大通河	109	105.0	11	16.8	97	86.8	1	1.5	0	0.0	39	82.4	6	12.2	33	70.2	0	0.0	0	0.0
	湟水	56	20.8	5	4.7	50	14.7	1	1.5	0	0.0	29	12.4	2	4.4	27	8.0	0	0.0	0	0.0
无定河水系	无定河	8	2.1	1	0.1	6	1.8	1	0.2	0	0.0	7	2.0	0	0.0	6	1.8	1	0.2	0	0.0
汾河水系	汾河	8	3.3	0	0.0	6	2.3	2	1.1	0	0.0	4	2.6	0	0.0	2	1.6	2	1.1	0	0.0
渭河水系	渭河	117	37.4	18	7.6	95	22.6	4	7.2	0	0.0	8	5.9	3	2.4	5	3.5	0	0.0	0	0.0
	泾河	14	10.0	5	1.8	6	3.0	3	5.2	0	0.0	11	9.6	3	1.7	6	3.0	2	5.0	0	0.0
	北洛河	8	3.2	1	0.4	7	2.8	0	0.0	0	0.0	8	3.2	1	0.4	7	2.8	0	0.0	0	0.0
伊洛河水系	伊洛河	46	19.0	5	8.4	41	10.5	0	0.0	0	0.0	29	15.5	3	8.3	26	7.2	0	0.0	0	0.0

水资源区或流域	主要河流或流域	流域水系 合计 数量/座	合计 装机容量/万kW	闸坝式水电站 数量/座	闸坝式水电站 装机容量/万kW	引水式水电站 数量/座	引水式水电站 装机容量/万kW	混合式水电站 数量/座	混合式水电站 装机容量/万kW	抽水蓄能电站 数量/座	抽水蓄能电站 装机容量/万kW	干流 合计 数量/座	合计 装机容量/万kW	闸坝式水电站 数量/座	闸坝式水电站 装机容量/万kW	引水式水电站 数量/座	引水式水电站 装机容量/万kW	混合式水电站 数量/座	混合式水电站 装机容量/万kW	抽水蓄能电站 数量/座	抽水蓄能电站 装机容量/万kW
沁河水系	沁河	41	10.7	4	1.6	33	5.4	4	3.6	0	0.0	27	8.3	2	0.9	22	4.1	3	3.4	0	0.0
大汶河水系	大汶河	7	100.5	3	0.2	2	0.2	1	0.1	1	100.0	3	0.2	3	0.2	0	0.0	0	0.0	0	0.0
淮河一级区		207	66.7	77	23.3	105	23.4	24	12.0	1	8.0										
淮河干流洪泽湖以上流域	淮河干流洪泽湖以上段	142	56.2	31	17.1	91	20.5	19	10.6	1	8.0	1	0.6	1	0.6	0	0.0	0	0.0	0	0.0
	洪汝河	5	1.6	4	1.3	1	0.3	0	0.0	0	0.0	4	1.1	3	0.8	1	0.3	0	0.0	0	0.0
	史河	22	8.6	2	5.3	20	3.3	0	0.0	0	0.0	2	4.2	1	4.0	1	0.2	0	0.0	0	0.0
	淠河	78	40.2	11	7.9	51	14.5	15	9.8	1	8.0	11	14.3	2	5.1	4	1.0	5	8.3	0	0.0
	沙颍河	18	2.4	3	0.4	13	1.3	2	0.8	0	0.0	6	1.1	1	0.1	4	0.4	1	0.6	0	0.0
	茨淮新河	0	0.0	0	0.0	0	0.0	0	0.0	0	0.0	0	0.0	0	0.0	0	0.0	0	0.0	0	0.0
	涡河	0	0.0	0	0.0	0	0.0	0	0.0	0	0.0	0	0.0	0	0.0	0	0.0	0	0.0	0	0.0
	怀洪新河	0	0.0	0	0.0	0	0.0	0	0.0	0	0.0	0	0.0	0	0.0	0	0.0	0	0.0	0	0.0
淮河洪泽湖以下水系	淮河入海水道	2	0.5	1	0.5	1	0.1	0	0.0	0	0.0	0	0.0	0	0.0	0	0.0	0	0.0	0	0.0

续表

水资源区或流域	主要河流	流域水系 合计 数量/座	流域水系 合计 装机容量/万kW	闸坝式水电站 数量/座	闸坝式水电站 装机容量/万kW	引水式水电站 数量/座	引水式水电站 装机容量/万kW	混合式水电站 数量/座	混合式水电站 装机容量/万kW	抽水蓄能电站 数量/座	抽水蓄能电站 装机容量/万kW	干流 合计 数量/座	干流 合计 装机容量/万kW	闸坝式水电站 数量/座	闸坝式水电站 装机容量/万kW	引水式水电站 数量/座	引水式水电站 装机容量/万kW	混合式水电站 数量/座	混合式水电站 装机容量/万kW	抽水蓄能电站 数量/座	抽水蓄能电站 装机容量/万kW
	淮河（下游入江水道）	0	0.0	0	0.0	0	0.0	0	0.0	0	0.0	0	0.0	0	0.0	0	0.0	0	0.0	0	0.0
沂沭泗水系	沂河	45	7.9	31	4.0	10	2.6	4	1.3	0	0.0	8	1.5	6	0.9	2	0.6	0	0.0	0	0.0
	沭河	15	3.0	10	1.4	4	1.4	1	0.2	0	0.0	3	0.5	1	0.1	2	0.5	0	0.0	0	0.0
长江一级区	长江	9934	18823.8	1396	11268.0	7835	4757.8	692	1938.8	11	859.2	47	5631.7	10	5385.8	30	5.4	7	240.5	0	0.0
雅砻江水系	雅砻江	390	1952.2	17	709.9	369	815.6	4	426.7	0	0.0	17	1472.6	4	600.7	11	481.9	2	390.0	0	0.0
岷江-大渡河水系	岷江-大渡河	1463	3275.1	60	1067.5	1372	1768.4	31	439.3	0	0.0	58	1574.2	8	751.1	47	462.6	3	360.4	0	0.0
	岷江	231	570.7	9	134.4	219	435.8	3	0.4	0	0.0	74	300.5	3	133.0	71	167.5	0	0.0	0	0.0
嘉陵江水系	嘉陵江	623	959.5	95	490.5	503	411.3	24	57.5	1	0.2	21	294.6	16	262.1	4	14.5	1	18.0	0	0.0
	渠江	114	54.5	20	32.7	83	19.9	11	1.9	0	0.0	14	19.0	7	13.5	6	5.5	1	0.1	0	0.0
	涪江	155	217.8	29	63.3	117	129.6	8	24.7	1	0.2	46	127.9	15	54.6	26	50.8	5	22.6	0	0.0
乌江-六冲河水系	乌江-六冲河	440	1418.4	54	897.3	355	198.7	31	322.4	0	0.0	18	1068.3	6	762.0	10	71.3	2	235.0	0	0.0
汉江水系	汉江	573	672.0	79	458.8	450	126.3	43	74.9	1	12.0	12	271.1	10	271.0	1	0.1	1	0.1	0	0.0
	丹江	56	12.6	4	5.3	49	6.8	3	0.5	0	0.0	6	5.4	1	4.0	4	1.0	1	0.4	0	0.0
	唐白河	13	14.4	4	1.5	8	0.9	0	0.0	1	12.0	5	1.9	1	1.3	4	0.6	0	0.0	0	0.0

续表

水资源区或流域	主要河流	流域水系 合计 数量/座	装机容量/万kW	闸坝式水电站 数量/座	装机容量/万kW	引水式水电站 数量/座	装机容量/万kW	混合式水电站 数量/座	装机容量/万kW	抽水蓄能电站 数量/座	装机容量/万kW	干流 合计 数量/座	装机容量/万kW	闸坝式水电站 数量/座	装机容量/万kW	引水式水电站 数量/座	装机容量/万kW	混合式水电站 数量/座	装机容量/万kW	抽水蓄能电站 数量/座	装机容量/万kW
洞庭湖水系		2676	1828.3	530	1130.8	1992	480.6	153	96.9	1	120.0										
	湘江	1455	562.4	192	202.5	1193	216.1	69	23.8	1	120.0	46	102.7	12	81.3	32	14.7	2	6.6	0	0.0
	资水	366	209.3	55	63.1	297	141.9	14	4.3	0	0.0	23	156.9	14	56.6	9	100.3	0	0.0	0	0.0
	沅江	655	854.0	224	749.7	375	73.9	56	30.4	0	0.0	28	501.3	21	498.2	6	1.6	1	1.5	0	0.0
鄱阳湖水系		1323	406.7	217	242.0	928	118.3	178	46.3	0	0.0										
	赣江	738	242.4	124	160.4	532	66.3	82	15.8	0	0.0	17	103.7	11	103.1	4	0.3	2	0.2	0	0.0
	抚河	97	21.9	17	8.0	59	10.5	21	3.4	0	0.0	9	6.8	5	6.0	4	0.7	0	0.0	0	0.0
	信江	202	45.3	12	5.7	152	21.7	38	17.9	0	0.0	11	4.9	3	3.2	7	1.7	1	0.1	0	0.0
太湖水系		41	445.0	5	1.5	25	2.5	7	1.1	4	440.0										
东南诸河区		3637	1847.1	419	717.7	2220	418.8	995	462.6	3	248.0										
钱塘江水系	钱塘江	511	289.9	97	156.7	278	84.6	136	48.6	0	0.0	24	46.5	11	43.0	12	3.3	1	0.2	0	0.0
	新安江	71	100.4	13	87.0	38	6.3	20	7.1	0	0.0	12	86.7	5	85.9	5	0.5	2	0.3	0	0.0
瓯江水系	瓯江	486	244.3	18	129.2	350	70.6	118	44.5	0	0.0	39	73.3	9	67.1	26	5.6	4	0.5	0	0.0
闽江水系	闽江	1155	568.7	197	354.8	688	110.3	270	103.5	0	0.0	47	196.7	17	181.8	22	1.9	8	13.0	0	0.0
	富屯溪-金溪	208	83.2	44	50.7	154	19.7	10	12.8	0	0.0	26	42.8	12	30.5	11	1.4	3	10.9	0	0.0

续表

水资源区或流域	主要河流	流域水系 合计 数量/座	装机容量/万kW	闸坝式水电站 数量/座	装机容量/万kW	引水式水电站 数量/座	装机容量/万kW	混合式水电站 数量/座	装机容量/万kW	抽水蓄能电站 数量/座	装机容量/万kW	干流 合计 数量/座	装机容量/万kW	闸坝式水电站 数量/座	装机容量/万kW	引水式水电站 数量/座	装机容量/万kW	混合式水电站 数量/座	装机容量/万kW	抽水蓄能电站 数量/座	装机容量/万kW
九龙江水系	建溪	209	51.7	59	22.2	103	17.8	47	11.7	0	0.0	17	11.3	9	9.9	6	0.6	2	0.7	0	0.0
	九龙江	479	120.2	32	29.5	366	56.1	81	34.7	0	0.0	50	48.0	11	24.1	36	12.2	3	11.7	0	0.0
珠江一级区	西江一级区	5623	4098.0	1013	2172.5	4017	949.8	590	367.7	3	608.0										
西江水系	西江	1843	2593.8	416	1814.8	1232	562.2	195	216.8	0	0.0	38	1229.9	17	1067.8	16	19.8	5	142.3	0	0.0
	北盘江	128	410.7	15	241.6	110	162.4	3	6.6	0	0.0	15	334.3	5	229.9	9	98.4	1	6.0	0	0.0
	柳江	383	211.3	83	114.2	279	77.4	21	19.7	0	0.0	14	58.8	6	56.8	8	2.0	0	0.0	0	0.0
	郁江	249	293.3	91	229.2	151	63.4	7	0.6	0	0.0	28	169.4	17	159.6	11	9.8	0	0.0	0	0.0
	桂江	220	77.2	27	45.5	187	27.2	6	4.5	0	0.0	16	39.3	8	38.5	8	0.9	0	0.0	0	0.0
	贺江	179	57.1	34	30.1	116	16.7	29	10.3	0	0.0	30	23.4	13	21.5	17	1.9	0	0.0	0	0.0
北江水系	北江	1685	461.9	189	104.4	1364	192.2	131	37.2	1	128.0	33	45.5	13	44.0	20	1.5	0	0.0	0	0.0
东江水系	东江	437	375.3	78	92.5	272	31.1	86	11.6	1	240.0	64	294.4	17	45.7	34	7.4	12	1.3	1	240.0
珠江三角洲水系		210	275.8	60	11.8	138	15.5	11	8.6	1	240.0										
韩江水系	韩江	561	212.3	117	82.0	364	48.9	80	81.3	0	0.0	61	34.8	17	29.3	34	4.7	10	0.9	0	0.0
海南岛诸河水系		204	76.1	42	49.1	125	21.9	37	5.1	0	0.0										

续表

水资源区或流域	主要河流	流域水系 合计 数量/座	流域水系 合计 装机容量/万kW	流域水系 闸坝式水电站 数量/座	流域水系 闸坝式水电站 装机容量/万kW	流域水系 引水式水电站 数量/座	流域水系 引水式水电站 装机容量/万kW	流域水系 混合式水电站 数量/座	流域水系 混合式水电站 装机容量/万kW	流域水系 抽水蓄能电站 数量/座	流域水系 抽水蓄能电站 装机容量/万kW	干流 合计 数量/座	干流 合计 装机容量/万kW	干流 闸坝式水电站 数量/座	干流 闸坝式水电站 装机容量/万kW	干流 引水式水电站 数量/座	干流 引水式水电站 装机容量/万kW	干流 混合式水电站 数量/座	干流 混合式水电站 装机容量/万kW	干流 抽水蓄能电站 数量/座	干流 抽水蓄能电站 装机容量/万kW
	南渡江	38	8.3	5	1.3	17	5.1	16	1.9	0	0.0	21	5.9	3	1.2	6	3.5	12	1.2	0	0.0
西北诸河区		494	739.7	39	61.4	413	377.4	42	300.8	0	0.0										
	石羊河	32	15.7	1	0.6	29	14.5	2	0.6	0	0.0	1	0.2	0	0.0	0	0.0	1	0.2	0	0.0
	黑河	73	109.8	3	6.4	60	54.0	10	49.4	0	0.0	16	73.5	1	5.9	11	19.3	4	48.3	0	0.0
	疏勒河	56	38.6	1	0.7	55	37.9	0	0.0	0	0.0	31	25.2	0	0.0	31	25.2	0	0.0	0	0.0
	柴达木河	2	0.1	0	0.0	2	0.1	0	0.0	0	0.0	1	0.1	0	0.0	1	0.1	0	0.0	0	0.0
	格尔木河	6	9.2	4	4.8	2	4.4	0	0.0	0	0.0	4	7.6	2	3.2	2	4.4	0	0.0	0	0.0
	奎屯河	10	9.4	0	0.0	10	9.4	0	0.0	0	0.0	0	0.0	0	0.0	0	0.0	0	0.0	0	0.0
	玛纳斯河	8	21.7	0	0.0	7	11.7	1	10.0	0	0.0	6	21.5	0	0.0	5	11.5	1	10.0	0	0.0
	孔雀河	2	7.0	0	0.0	1	2.2	1	4.9	0	0.0	2	7.0	0	0.0	1	2.2	1	4.9	0	0.0
	开都河	6	49.7	1	5.0	2	5.7	3	39.0	0	0.0	5	49.6	1	5.0	2	5.7	2	38.9	0	0.0
	塔里木河	75	133.6	4	24.5	68	88.6	3	20.5	0	0.0	8	5.6	0	0.0	8	5.6	0	0.0	0	0.0
	木扎尔特河-渭干河	3	4.2	1	3.2	2	1.0	0	0.0	0	0.0	2	4.1	1	3.2	1	1.0	0	0.0	0	0.0
	和田河	14	24.1	1	6.0	13	18.1	0	0.0	0	0.0	9	23.7	1	6.0	8	17.7	0	0.0	0	0.0

附表 A27

主要河流规模以上不同水头水电站数量与装机容量

水资源区或流域	主要河流	流域水系 合计 数量/座	装机容量/万kW	高水头电站 数量/座	装机容量/万kW	中水头电站 数量/座	装机容量/万kW	低水头电站 数量/座	装机容量/万kW	干流 合计 数量/座	装机容量/万kW	高水头电站 数量/座	装机容量/万kW	中水头电站 数量/座	装机容量/万kW	低水头电站 数量/座	装机容量/万kW
合计		1524	17726.8	117	2032.7	470	12735.8	937	2958.4								
松花江一级区	松花江流域	181	536.1	0	0.0	30	417.8	151	118.4								
	松花江	139	497.8	0	0.0	21	392.6	118	105.2	2	31.6	0	0.0	0	0.0	2	31.6
	洮儿河	1	1.3	0	0.0	0	0.0	1	1.3	1	1.3	0	0.0	0	0.0	1	1.3
	霍林河	1	0.1	0	0.0	0	0.0	1	0.1	1	0.1	0	0.0	0	0.0	1	0.1
	雅鲁河	1	0.2	0	0.0	0	0.0	1	0.2	1	0.2	0	0.0	0	0.0	1	0.2
	诺敏河	0	0.0	0	0.0	0	0.0	0	0.0	0	0.0	0	0.0	0	0.0	0	0.0
	第二松花江	70	387.6	0	0.0	16	336.7	54	50.9	9	319.5	0	0.0	3	286.3	6	33.2
	呼兰河	5	0.5	0	0.0	0	0.0	5	0.5	2	0.3	0	0.0	0	0.0	2	0.3
	拉林河	3	0.4	0	0.0	0	0.0	3	0.4	2	0.1	0	0.0	0	0.0	2	0.1
	牡丹江	36	67.2	0	0.0	2	55.7	34	11.6	18	64.3	0	0.0	1	55.0	17	9.3
辽河一级区	辽河流域	217	313.0	6	124.5	32	52.0	179	136.6								
	辽河	56	26.4	0	0.0	7	3.9	49	22.5	9	2.2	0	0.0	3	1.2	6	0.9
	乌力吉木仁河	0	0.0	0	0.0	0	0.0	0	0.0	0	0.0	0	0.0	0	0.0	0	0.0
	老哈河	9	2.4	0	0.0	0	0.0	9	2.4	5	1.8	0	0.0	0	0.0	5	1.8

续表

水资源区或流域	主要河流	流域水系 合计 数量/座	流域水系 合计 装机容量/万kW	流域水系 高水头电站 数量/座	流域水系 高水头电站 装机容量/万kW	流域水系 中水头电站 数量/座	流域水系 中水头电站 装机容量/万kW	流域水系 低水头电站 数量/座	流域水系 低水头电站 装机容量/万kW	干流 合计 数量/座	干流 合计 装机容量/万kW	干流 高水头电站 数量/座	干流 高水头电站 装机容量/万kW	干流 中水头电站 数量/座	干流 中水头电站 装机容量/万kW	干流 低水头电站 数量/座	干流 低水头电站 装机容量/万kW
东北沿黄渤海诸河	东辽河	1	0.8	0	0.0	0	0.0	1	0.8	1	0.8	0	0.0	0	0.0	1	0.8
	绕阳河	0	0.0	0	0.0	0	0.0	0	0.0	0	0.0	0	0.0	0	0.0	0	0.0
	浑河	32	19.7	0	0.0	3	2.4	29	17.3	5	4.8	0	0.0	0	0.0	5	4.8
	大凌河	18	3.5	0	0.0	0	0.0	18	3.5								
		5	1.4	0	0.0	0	0.0	5	1.4	4	1.4	0	0.0	0	0.0	4	1.4
海河一级河		245	546.3	8	421.5	62	89.2	175	35.6	15	50.8	0	0.0	3	46.0	12	4.9
滦河水系	滦河	26	54.0	0	0.0	6	48.3	20	5.7	16	11.7	0	0.0	1	10.1	15	1.7
北三河水系		34	95.6	1	80.0	3	10.5	30	5.1	0	0.0	0	0.0	0	0.0	0	0.0
	潮白河	25	12.4	0	0.0	2	10.1	23	2.3								
	潮白新河	0	0.0	0	0.0	0	0.0	0	0.0								
永定河水系	永定河	8	14.9	0	0.0	4	11.5	4	3.4	6	14.6	0	0.0	4	11.5	2	3.1
	洋河	2	0.3	0	0.0	0	0.0	2	0.3	1	0.2	0	0.0	0	0.0	1	0.2
大清河水系		40	10.3	0	0.0	16	5.7	24	4.7								
	唐河	11	3.0	0	0.0	4	1.0	7	1.9	11	3.0	0	0.0	4	1.0	7	1.9
	拒马河	5	0.5	0	0.0	2	0.3	3	0.2	2	0.2	0	0.0	0	0.0	2	0.2

续表

水资源区或流域	主要河流	流域水系								干　流							
		合　计		高水头电站		中水头电站		低水头电站		合　计		高水头电站		中水头电站		低水头电站	
		数量/座	装机容量/万kW	数量/座	装机容量/万kW	数量/座	装机容量/万kW	数量/座	装机容量/万kW	数量/座	装机容量/万kW	数量/座	装机容量/万kW	数量/座	装机容量/万kW	数量/座	装机容量/万kW
子牙河水系		54	237.2	2	220.0	13	8.7	39	8.6								
	滹沱河	31	233.3	2	220.0	9	8.1	20	5.2	19	128.7	1	120.0	3	5.3	15	3.4
	滏阳河	10	1.4	0	0.0	1	0.3	9	1.2	6	1.2	0	0.0	1	0.3	5	0.9
漳卫河水系		79	133.7	5	121.5	20	4.5	54	7.7								
	漳河	38	6.4	0	0.0	6	1.4	32	5.0	22	3.5	0	0.0	2	0.3	20	3.2
	卫河	41	127.3	5	121.5	14	3.1	22	2.7	2	0.4	0	0.0	2	0.4	0	0.0
徒骇马颊河水系		0	0.0	0	0.0	0	0.0	0	0.0								
黄河一级区	黄河	569	2758.2	11	647.4	189	1489.4	369	621.5	43	2206.5	1	420.0	15	1342.9	27	443.6
	洮河	79	114.5	0	0.0	11	32.0	68	82.5	49	109.9	0	0.0	1	30.0	48	79.9
湟水-大通河水系	湟水-大通河	109	105.0	0	0.0	33	54.1	76	50.9	39	82.4	0	0.0	9	47.1	30	35.3
	湟水	56	20.8	0	0.0	19	6.1	37	14.7	29	12.4	0	0.0	4	0.5	25	11.9
无定河水系	无定河	8	2.1	0	0.0	0	0.0	8	2.1	7	2.0	0	0.0	0	0.0	7	2.0
汾河水系	汾河	8	3.3	0	0.0	5	2.0	3	1.3	4	2.6	0	0.0	1	1.3	3	1.3
渭河水系	渭河	117	37.4	5	2.2	59	20.1	53	15.1	8	5.9	0	0.0	1	1.9	7	4.0

水资源区或流域	主要河流	流域水系								干流							
		合计		高水头电站		中水头电站		低水头电站		合计		高水头电站		中水头电站		低水头电站	
		数量/座	装机容量/万kW	数量/座	装机容量/万kW	数量/座	装机容量/万kW	数量/座	装机容量/万kW	数量/座	装机容量/万kW	数量/座	装机容量/万kW	数量/座	装机容量/万kW	数量/座	装机容量/万kW
	泾河	14	10.0	0	0.0	2	5.0	12	5.0	11	9.6	0	0.0	2	5.0	9	4.7
	北洛河	8	3.2	0	0.0	0	0.0	8	3.2	8	3.2	0	0.0	0	0.0	8	3.2
伊洛河水系	伊洛河	46	19.0	0	0.0	7	8.6	39	10.3	29	15.5	0	0.0	2	7.7	27	7.8
沁河水系	沁河	41	10.7	0	0.0	13	6.6	28	4.1	27	8.3	0	0.0	6	5.1	21	3.3
大汶河水系	大汶河	7	100.5	1	100.0	0	0.0	6	0.5	3	0.2	0	0.0	0	0.0	3	0.2
淮河一级区		207	66.7	4	0.7	52	36.9	151	29.1								
淮河干流洪泽湖以上流域	淮河干流洪泽湖以上段	142	56.2	4	0.7	52	36.9	86	18.5	1	0.6	0	0.0	0	0.0	1	0.6
	洪汝河	5	1.6	0	0.0	0	0.0	5	1.6	4	1.1	0	0.0	0	0.0	4	1.1
	史河	22	8.6	1	0.1	5	5.2	16	3.3	2	4.2	0	0.0	1	4.0	1	0.2
	潢河	78	40.2	3	0.6	41	31.1	34	8.5	11	14.3	1	0.1	4	10.1	6	4.1
	沙颍河	18	2.4	0	0.0	2	0.2	16	2.2	6	1.1	0	0.0	0	0.0	6	1.1
	茨淮新河	0	0.0	0	0.0	0	0.0	0	0.0	0	0.0	0	0.0	0	0.0	0	0.0
	涡河	0	0.0	0	0.0	0	0.0	0	0.0	0	0.0	0	0.0	0	0.0	0	0.0
	怀洪新河	0	0.0	0	0.0	0	0.0	0	0.0	0	0.0	0	0.0	0	0.0	0	0.0

续表

水资源区或流域	主要河流	流域水系 合计 数量/座	流域水系 合计 装机容量/万kW	高水头电站 数量/座	高水头电站 装机容量/万kW	中水头电站 数量/座	中水头电站 装机容量/万kW	低水头电站 数量/座	低水头电站 装机容量/万kW	干流 合计 数量/座	干流 合计 装机容量/万kW	高水头电站 数量/座	高水头电站 装机容量/万kW	中水头电站 数量/座	中水头电站 装机容量/万kW	低水头电站 数量/座	低水头电站 装机容量/万kW
淮河洪泽湖以下水系	淮河人海水道	2	0.5	0	0.0	0	0.0	2	0.5							0	0.0
	淮河(下游入江水道)	0	0.0	0	0.0	0	0.0	0	0.0	0	0.0	0	0.0	0	0.0	0	0.0
沂沭泗水系		45	7.9	0	0.0	0	0.0	45	7.9	8	1.5	0	0.0	0	0.0	8	1.5
	沂河	15	3.0	0	0.0	0	0.0	15	3.0	3	0.5	0	0.0	0	0.0	3	0.5
	沭河	5	0.9	0	0.0	0	0.0	5	0.9	47	5631.7	9	1.3	31	5355.9	7	274.6
长江一级区	长江	9934	18823.8	1715	3343.8	4588	12735.3	3631	2744.7	17	1472.6	6	840.7	8	571.2	3	60.7
雅砻江水系	雅砻江	390	1952.2	115	1079.5	206	776.7	69	95.9	58	1574.2	28	273.9	20	1125.3	10	175.0
岷江-大渡河水系	岷江-大渡河	1463	3275.1	499	1093.5	694	1806.4	270	375.1	74	300.5	13	88.7	15	194.0	46	17.9
	岷江	231	570.7	65	241.9	89	304.8	77	24.0	21	294.6	0	0.0	3	110.3	18	184.3
嘉陵江水系	嘉陵江	623	959.5	46	57.3	263	483.1	314	419.1	14	19.0	0	0.0	2	0.3	12	18.7
	渠江	114	54.5	7	1.8	32	6.9	75	45.8	46	127.9	2	4.9	7	45.6	37	77.5
	涪江	155	217.8	9	32.3	52	93.2	94	92.3								

续表

水资源区或流域	主要河流	流域								干流							
		合计		高水头电站		中水头电站		低水头电站		合计		高水头电站		中水头电站		低水头电站	
		数量/座	装机容量/万kW	数量/座	装机容量/万kW	数量/座	装机容量/万kW	数量/座	装机容量/万kW	数量/座	装机容量/万kW	数量/座	装机容量/万kW	数量/座	装机容量/万kW	数量/座	装机容量/万kW
乌江-六冲河水系	乌江-六冲河	440	1418.4	71	15.4	211	1286.4	158	116.5	18	1068.3	0	0.0	11	1007.3	7	61.0
汉江水系	汉江	573	672.0	41	31.6	314	461.2	218	179.1	12	271.1	0	0.0	4	179.3	8	91.8
	丹江	56	12.6	0	0.0	17	2.2	39	10.4	6	5.4	0	0.0	1	0.2	5	5.3
	唐白河	13	14.4	1	12.0	5	0.6	7	1.7	5	1.9	0	0.0	4	0.6	1	1.3
洞庭湖水系		2676	1828.3	401	212.0	1130	912.4	1145	703.9								
	湘江	1455	562.4	222	163.2	674	180.2	559	219.1	46	102.7	1	0.1	22	6.6	23	96.0
	资水	366	209.3	62	11.8	177	120.5	127	76.9	23	156.9	2	0.3	2	94.8	19	61.8
	沅江	655	854.0	77	17.4	207	497.8	371	338.8	28	501.3	0	0.0	7	347.0	21	154.3
鄱阳湖水系		1323	406.7	107	18.3	545	106.0	671	282.3								
	赣江	738	242.4	65	13.9	287	47.9	386	180.7	17	103.7	0	0.0	4	0.4	13	103.3
	抚河	97	21.9	10	1.3	28	4.3	59	16.3	9	6.8	1	0.1	2	0.6	6	6.1
	信江	202	45.3	12	1.3	111	29.6	79	14.5	11	4.9	0	0.0	5	1.3	6	3.6
太湖水系		41	445.0	8	430.4	20	11.9	13	2.7								
东南诸河区		3637	1847.1	514	422.4	1917	954.3	1206	470.4								
钱塘江水系	钱塘江	511	289.9	53	11.8	207	178.0	251	100.2	24	46.5	1	0.3	2	1.4	21	44.8
	新安江	71	100.4	8	1.1	33	94.3	30	5.0	12	86.7	0	0.0	4	85.3	8	1.4
瓯江水系	瓯江	486	244.3	115	38.0	259	150.8	112	55.6	39	73.3	7	0.6	24	36.0	8	36.7

续表

水资源区或流域	主要河流	流域水系 合计 数量/座	装机容量/万kW	高水头电站 数量/座	装机容量/万kW	中水头电站 数量/座	装机容量/万kW	低水头电站 数量/座	装机容量/万kW	干流 合计 数量/座	装机容量/万kW	高水头电站 数量/座	装机容量/万kW	中水头电站 数量/座	装机容量/万kW	低水头电站 数量/座	装机容量/万kW
闽江水系	闽江	1155	568.7	128	28.8	591	315.7	436	224.1	47	196.7	8	0.8	20	156.7	19	39.2
	富屯溪-金溪	208	83.2	24	2.4	90	20.9	94	59.9	26	42.8	2	0.1	8	10.5	16	32.1
	建溪	209	51.7	15	5.0	96	17.6	98	29.0	17	11.3	1	0.2	5	0.4	11	10.7
九龙江水系	九龙江	479	120.2	43	5.1	270	69.5	166	45.6	50	48.0	11	1.0	19	21.5	20	25.5
珠江一级区		5623	4098.0	718	870.9	2635	2089.9	2270	1137.1								
珠江水系	西江	1843	2593.8	244	174.5	770	1646.2	829	773.1	38	1229.9	0	0.0	21	921.7	17	308.2
	北盘江	128	410.7	18	43.1	73	360.5	37	7.1	15	334.3	3	23.2	11	310.8	1	0.2
	柳江	383	211.3	71	33.8	152	42.4	160	135.1	14	58.8	0	0.0	4	0.5	10	58.3
	郁江	249	293.3	11	3.9	74	141.1	164	148.2	28	169.4	0	0.0	6	80.5	22	88.9
	桂江	220	77.2	55	10.3	96	16.0	69	50.9	16	39.3	0	0.0	8	0.9	8	38.5
	贺江	179	57.1	31	4.6	73	14.4	75	38.1	30	23.4	8	0.8	6	0.7	16	21.9
北江水系	北江	1685	461.9	234	166.7	905	152.7	546	142.5	33	45.5	2	0.1	15	1.2	16	44.2
东江水系	东江	437	375.3	38	245.4	193	78.8	206	51.1	64	294.4	3	240.3	29	26.0	32	28.1
珠江三角洲水系		210	275.8	20	243.2	106	20.0	84	12.6								
韩江水系	韩江	561	212.3	45	9.9	232	101.7	284	100.6	61	34.8	5	0.4	32	2.7	24	31.7

水资源区或流域	主要河流	流域水系 合计 数量/座	装机容量/万kW	高水头电站 数量/座	装机容量/万kW	中水头电站 数量/座	装机容量/万kW	低水头电站 数量/座	装机容量/万kW	干流 合计 数量/座	装机容量/万kW	高水头电站 数量/座	装机容量/万kW	中水头电站 数量/座	装机容量/万kW	低水头电站 数量/座	装机容量/万kW
海南岛诸河水系		204	76.1	15	4.4	82	44.5	107	27.1								
	南渡江	38	8.3	1	0.3	8	1.2	29	6.9	21	5.9	0	0.0	2	0.8	19	5.1
西北诸河区		494	739.7	8	102.5	195	509.7	291	127.4								
	石羊河	32	15.7	0	0.0	11	10.1	21	5.6	1	0.2	0	0.0	0	0.0	1	3.2
	黑河	73	109.8	1	9.0	33	87.4	39	13.3	16	73.5	0	0.0	8	67.4	8	6.1
	疏勒河	56	38.6	0	0.0	25	25.3	31	13.3	31	25.2	0	0.0	12	15.4	19	9.8
	柴达木河	2	0.1	0	0.0	0	0.0	2	0.1	1	0.1	0	0.0	0	0.0	1	0.1
	格尔木河	6	9.2	0	0.0	3	6.4	3	2.8	4	7.6	0	0.0	3	6.4	1	1.2
	奎屯河	10	9.4	0	0.0	9	9.2	1	0.2	0	0.0	0	0.0	0	0.0	0	0.0
	玛纳斯河	8	21.7	0	0.0	4	17.7	4	3.9	6	21.5	0	0.0	3	17.6	3	3.9
	孔雀河	2	7.0	0	0.0	1	4.9	1	2.2	2	7.0	0	0.0	1	4.9	1	2.2
	开都河	6	49.7	0	0.0	4	44.0	2	5.7	5	49.6	0	0.0	3	43.9	2	5.7
塔里木河	塔里木河	75	133.6	3	59.8	14	46.7	58	27.1	8	5.6	0	0.0	1	2.1	7	3.5
	木扎尔特河-渭干河	3	4.2	0	0.0	0	0.0	3	4.2	2	4.1	0	0.0	0	0.0	2	4.1
	和田河	14	24.1	1	15.0	2	7.1	11	2.0	9	23.7	1	15.0	2	7.1	6	1.6

附表 A28　　**省级行政区规模以上不同开发方式水电站年发电量**

单位: 亿 kW·h

行政区划	多年平均年发电量			2011年发电量	闸坝式水电站		引水式水电站		混合式水电站		抽水蓄能电站	
	合计	已建	在建		多年平均年发电量	2011年发电量	多年平均年发电量	2011年发电量	多年平均年发电量	2011年发电量	多年平均年发电量	2011年发电量
全国	11566.35	7544.08	4022.27	6572.96	6765.91	3708.91	3112.03	1761.32	1418.03	969.31	270.38	133.42
北京	5.84	5.84	0.00	4.36	0.01	0.00	0.64	0.25	0.02	0.00	5.18	4.11
天津	0.10	0.10	0.00	0.13	0.10	0.13	0.00	0.00	0.00	0.00	0.00	0.00
河北	15.87	15.40	0.47	12.21	3.68	1.89	3.99	3.24	3.57	3.53	4.62	3.56
山西	67.14	48.59	18.55	46.09	45.71	39.80	2.31	1.73	1.07	0.75	18.05	3.81
内蒙古	2.66	2.66	0.00	1.67	1.49	0.96	1.17	0.71	0.00	0.00	0.002	0.00
辽宁	65.35	45.77	19.58	43.06	32.08	29.32	10.88	9.93	4.39	3.81	18.00	0.00
吉林	83.50	78.05	5.45	80.25	22.38	25.31	8.95	6.56	52.16	48.38	0.00	0.00
黑龙江	27.96	19.23	8.73	15.34	12.77	4.52	13.01	9.90	2.18	0.92	0.00	0.00
上海	0.00	0.00	0.00	0.00	0.00	0.00	0.00	0.00	0.00	0.00	0.00	0.00
江苏	13.42	13.42	0.00	12.45	0.65	0.62	0.08	0.08	0.08	0.04	12.61	11.71
浙江	182.78	177.91	4.87	146.75	58.31	53.63	41.13	32.53	40.74	31.08	42.61	29.51
安徽	53.13	34.43	18.69	24.96	10.91	8.26	9.06	7.01	6.84	4.41	26.31	5.27
福建	353.78	353.45	0.33	266.66	146.64	107.93	95.32	74.99	111.82	83.74	0.00	0.00
江西	110.22	104.72	5.50	77.83	57.96	37.35	38.80	30.71	13.45	9.77	0.00	0.00
山东	2.50	2.42	0.09	3.04	0.52	0.39	0.48	0.60	0.04	0.01	1.47	2.03

续表

行政区划	多年平均年发电量			2011年发电量	闸坝式水电站		引水式水电站		混合式水电站		抽水蓄能电站	
	合计	已建	在建		多年平均年发电量	2011年发电量	多年平均年发电量	2011年发电量	多年平均年发电量	2011年发电量	多年平均年发电量	2011年发电量
河南	77.19	77.17	0.02	99.36	20.20	25.78	53.89	69.34	0.22	0.19	2.89	4.04
湖北	1347.35	1306.74	40.61	1177.85	1258.19	1114.51	58.15	48.62	20.08	11.93	10.92	2.80
湖南	462.45	419.02	43.43	316.05	288.48	186.86	131.92	92.81	25.99	19.60	16.06	16.78
广东	330.30	297.01	33.29	209.97	96.23	75.24	100.24	75.41	25.60	14.24	108.24	45.07
广西	584.31	560.08	24.23	412.87	491.25	356.87	82.80	51.07	10.26	4.93	0.00	0.00
海南	19.88	19.47	0.41	22.07	11.12	12.93	7.31	7.51	1.45	1.64	0.00	0.00
重庆	207.24	193.16	14.09	127.32	55.02	25.48	36.86	28.49	115.37	73.36	0.00	0.00
四川	3310.02	1414.57	1895.45	1304.76	1536.54	384.89	1336.50	562.93	436.96	356.94	0.02	0.000001
贵州	714.90	608.90	106.00	355.58	448.38	230.72	156.14	67.52	110.38	57.35	0.00	0.00
云南	2371.74	1017.84	1353.90	969.04	1608.64	479.29	557.22	379.89	205.88	109.86	0.00	0.00
西藏	27.12	21.10	6.02	19.26	17.85	8.92	5.86	5.59	0.00	0.00	3.40	4.74
陕西	100.10	86.11	13.99	89.19	54.55	55.84	33.60	23.67	11.94	9.67	0.00	0.00
甘肃	355.31	284.96	70.35	269.62	154.09	139.44	166.77	97.06	34.45	33.12	0.00	0.00
青海	492.99	217.95	275.04	331.28	301.24	270.80	83.06	32.04	108.69	28.45	0.00	0.00
宁夏	15.02	15.02	0.00	17.71	14.95	17.65	0.08	0.06	0.00	0.00	0.00	0.00
新疆	166.18	102.99	63.19	116.23	15.96	13.59	75.81	41.07	74.41	61.57	0.00	0.00

附表 A29　省级行政区规模以上已建和在建水电站数量与装机容量

行政区划	已建水电站		在建水电站	
	数量/座	装机容量/万 kW	数量/座	装机容量/万 kW
全国	20855	21735.8	1324	10992.3
北京	29	103.7	0	0.0
天津	1	0.6	0	0.0
河北	110	181.2	13	2.6
山西	76	179.1	21	126.8
内蒙古	30	10.5	4	121.4
辽宁	105	129.6	11	139.8
吉林	155	414.7	33	27.0
黑龙江	61	95.3	9	34.7
上海	0	0.0	0	0.0
江苏	25	114.0	3	150.1
浙江	1388	934.2	31	19.1
安徽	327	174.6	12	104.6
福建	2451	1056.5	12	127.7
江西	1326	359.2	31	55.8
山东	44	106.3	3	0.5
河南	195	411.4	5	1.7
湖北	894	3505.8	42	165.6
湖南	2143	1299.5	97	180.6
广东	3363	1165.6	34	165.3
广西	1425	1499.8	81	92.3
海南	194	73.4	10	2.7
重庆	636	577.5	68	66.1
四川	2461	3225.2	275	4316.4
贵州	725	1701.8	67	322.1
云南	1416	2426.1	175	3268.8
西藏	106	62.4	4	67.3
陕西	313	266.7	76	51.0
甘肃	437	677.7	135	199.6
青海	174	646.5	22	917.2
宁夏	3	42.6	0	0.0
新疆	242	294.3	50	265.2

附表 A30　　　　　　　省级行政区规模以上水闸数量　　　　　　单位：座

行政区划	合　计	大型水闸	中型水闸	小型水闸
全国	97022	860	6334	89828
北京	632	9	64	559
天津	1069	13	55	1001
河北	3080	10	249	2821
山西	730	3	53	674
内蒙古	1755	7	101	1647
辽宁	1387	22	265	1100
吉林	463	22	62	379
黑龙江	1276	6	67	1203
上海	2115	0	61	2054
江苏	17457	36	474	16947
浙江	8581	18	338	8225
安徽	4066	57	337	3672
福建	2381	51	272	2058
江西	4468	26	230	4212
山东	5090	86	570	4434
河南	3578	35	326	3217
湖北	6770	22	156	6592
湖南	12017	151	1123	10743
广东	8312	146	732	7434
广西	1549	49	143	1357
海南	416	3	26	387
重庆	29	3	14	12
四川	1306	49	102	1155
贵州	28	0	2	26
云南	1539	4	172	1363
西藏	15	0	2	13
陕西	424	2	6	416
甘肃	1312	4	70	1238
青海	223	2	10	211
宁夏	367	0	16	351
新疆	4587	24	236	4327

附表 A31 主要河流水系规模以上水闸数量 单位：座

水资源区或流域	主要河流	河流水系				干流			
		合计	大型水闸	中型水闸	小型水闸	合计	大型水闸	中型水闸	小型水闸
合计						10532	166	562	9804
松花江一级区		1889	15	176	1698				
松花江流域	松花江	1378	8	160	1210	210	1	3	206
	洮儿河	134	0	15	119	106	0	9	97
	霍林河	15	0	1	14	12	0	1	11
	雅鲁河	35	0	1	34	28	0	1	27
	诺敏河	15	1	5	9	11	1	3	7
	第二松花江	304	4	85	215	62	1	3	58
	呼兰河	152	0	19	133	58	0	6	52
	拉林河	111	0	3	108	64	0	1	63
	牡丹江	40	2	2	36	12	1	0	11
辽河一级区		2055	38	292	1725				
辽河流域	辽河	1556	20	209	1327	218	5	7	206
	乌力吉木仁河	120	1	9	110	40	1	5	34
	老哈河	255	1	25	229	100	0	8	92
	东辽河	58	3	9	46	48	3	4	41
	绕阳河	55	1	5	49	29	1	3	25
	浑河	534	3	88	443	320	1	29	290
东北沿黄渤海诸河		230	7	47	176				
	大凌河	49	4	4	41	37	0	1	36
海河一级区		6802	53	526	6223				
滦河水系	滦河	105	3	8	94	50	0	5	45
北三河水系		1438	12	107	1319				
	潮白河	74	2	5	67	31	1	1	29
	潮白新河	63	4	4	55	63	4	4	55
永定河水系	永定河	557	5	37	515	134	4	11	119
	洋河	188	0	4	184	132	0	4	128
大清河水系		841	6	42	793				
	唐河	122	0	1	121	104	0	0	104
	拒马河	1	0	0	1	1	0	0	1
子牙河水系		887	3	45	839	0			

水资源区或流域	主要河流	河流水系				干流			
		合计	大型水闸	中型水闸	小型水闸	合计	大型水闸	中型水闸	小型水闸
	滹沱河	416	0	5	411	97	0	0	97
	滏阳河	101	0	14	87	63	0	8	55
漳卫河水系		886	12	59	815				
	漳河	210	0	18	192	96	0	2	94
	卫河	249	0	19	230	48	0	8	40
徒骇马颊河水系		1100	9	103	988				
黄河一级区	黄河	3179	23	164	2992	1089	9	45	1035
洮河水系	洮河	21	0	3	18	11	0	0	11
湟水-大通河水系	湟水-大通河	113	2	9	102	19	1	5	13
	湟水	86	1	4	81	45	1	3	41
无定河水系	无定河	6	0	0	6	2	0	0	2
汾河水系	汾河	231	3	19	209	152	3	0	149
渭河水系	渭河	293	3	9	281	86	1	1	84
	泾河	50	1	6	43	37	1	1	35
	北洛河	56	0	0	56	47	0	0	47
伊洛河水系	伊洛河	78	0	2	76	28	0	1	27
沁河水系	沁河	95	0	1	94	39	0	0	39
大汶河水系	大汶河	148	4	12	132	73	4	2	67
淮河一级区		20321	164	1252	18905				
淮河干流洪泽湖以上流域	淮河干流洪泽湖以上段	4337	73	478	3786	200	12	12	176
	洪汝河	287	3	13	271	136	1	2	133
	史河	232	0	15	217	86	0	9	77
	淠河	122	0	13	109	76	0	10	66
	沙颍河	973	21	126	826	193	9	9	175
	茨淮新河	224	4	27	193	67	3	2	62
	涡河	600	8	77	515	156	6	6	144
	怀洪新河	324	9	45	270	68	5	2	61
淮河洪泽湖以下水系		9175	6	63	9106				
	淮河入海水道	31	4	5	22	31	4	5	22

续表

水资源区 或流域	主要河流	河流水系				干流			
		合计	大型 水闸	中型 水闸	小型 水闸	合计	大型 水闸	中型 水闸	小型 水闸
	淮河（下游 入江水道）	24	0	4	20	24	0	4	20
沂沭泗水系		4953	70	474	4409				
	沂河	391	10	30	351	115	6	1	108
	沭河	253	7	11	235	112	5	7	100
长江一级区	长江	38196	265	2051	35880	746	5	33	708
雅砻江水系	雅砻江	36	0	6	30	0	0	0	0
岷江-大渡河水系	岷江-大渡河	456	10	39	407	24	1	2	21
	岷江	348	3	31	314	262	2	26	234
嘉陵江水系	嘉陵江	316	14	21	281	0	0	0	0
	渠江	13	0	1	12	0	0	0	0
	涪江	274	12	20	242	106	8	5	93
乌江-六冲河水系	乌江-六冲河	17	1	2	14	0	0	0	0
汉江水系	汉江	893	3	28	862	194	2	13	179
	丹江	41	0	4	37	9	0	2	7
	唐白河	302	1	7	294	83	1	4	78
洞庭湖水系		12419	149	1122	11148				
	湘江	7884	86	867	6931	509	2	27	480
	资水	1007	30	93	884	79	2	3	74
	沅江	339	18	31	290	94	1	3	90
鄱阳湖水系		4186	24	215	3947				
	赣江	1696	12	117	1567	117	1	11	105
	抚河	358	1	23	334	177	1	10	166
	信江	329	8	16	305	114	3	9	102
太湖水系		9805	0	147	9658				
东南诸河区		7337	69	572	6696				
钱塘江水系	钱塘江	1055	11	50	994	167	1	15	151
	新安江	11	0	1	10	0	0	0	0
瓯江水系	瓯江	222	2	17	203	113	0	8	105
闽江水系	闽江	172	8	28	136	49	0	4	45

水资源区或流域	主要河流	河流水系				干流			
		合计	大型水闸	中型水闸	小型水闸	合计	大型水闸	中型水闸	小型水闸
	富屯溪-金溪	2	0	0	2	2	0	0	2
	建溪	28	1	2	25	1	0	0	1
九龙江水系	九龙江	239	14	42	183	65	7	7	51
珠江一级区		10989	205	965	9819				
西江水系	西江	1796	31	208	1557	281	2	23	256
	北盘江	12	0	3	9	6	0	1	5
	柳江	98	1	4	93	28	0	1	27
	郁江	308	7	39	262	129	2	17	110
	桂江	106	0	7	99	12	0	1	11
	贺江	33	0	3	30	12	0	0	12
北江水系	北江	434	32	55	347	78	11	4	63
东江水系	东江	312	9	30	273	115	3	14	98
珠江三角洲水系		3061	34	250	2777				
韩江水系	韩江	337	1	21	315	120	1	0	119
海南岛诸河水系		416	3	26	387				
	南渡江	101	0	4	97	72	0	4	68
西北诸河区		6011	27	301	5683				
石羊河	石羊河	191	0	3	188	84	0	0	84
黑河	黑河	717	2	56	659	200	2	13	185
疏勒河	疏勒河	201	1	1	199	102	1	0	101
柴达木河	柴达木河	10	0	0	10	6	0	0	6
格尔木河	格尔木河	31	0	1	30	31	0	1	30
奎屯河	奎屯河	90	0	4	86	19	0	0	19
玛纳斯河	玛纳斯河	193	1	3	189	191	1	3	187
孔雀河	孔雀河	68	0	4	64	68	0	4	64
开都河	开都河	62	4	5	53	60	4	5	51
塔里木河	塔里木河	1977	15	83	1879	523	4	20	499
	木扎尔特河-渭干河	227	2	13	212	198	2	9	187
	和田河	405	2	7	396	220	1	6	213

附表 A32

省级行政区规模以上不同类型水闸数量与过闸流量

行政区划	引（进）水闸 数量/座	引（进）水闸 过闸流量/（万 m³/s）	节制闸 数量/座	节制闸 过闸流量/（万 m³/s）	排（退）水闸 数量/座	排（退）水闸 过闸流量/（万 m³/s）	分（泄）洪闸 数量/座	分（泄）洪闸 过闸流量/（万 m³/s）	挡潮闸 数量/座	挡潮闸 过闸流量/（万 m³/s）
全国	10968	29.1	55133	347.4	17197	47.9	7920	111.9	5804	43.9
北京	82	0.1	403	5.9	102	0.3	45	1.2	0	0.0
天津	284	0.5	475	2.3	244	0.4	54	1.2	12	1.0
河北	487	0.8	1751	9.2	549	1.0	255	1.6	38	0.4
山西	128	0.2	438	2.3	98	0.1	66	0.6	0	0.0
内蒙古	479	1.0	942	4.0	60	0.3	274	2.1	0	0.0
辽宁	274	2.9	705	10.7	260	0.6	82	1.5	66	0.4
吉林	90	0.4	230	7.2	82	0.1	61	1.8	0	0.0
黑龙江	282	0.5	370	2.6	380	0.5	244	2.2	0	0.0
上海	0	0.0	1775	4.5	0	0.0	0	0.0	340	1.9
江苏	1283	2.1	14518	27.9	1128	2.1	266	4.4	262	6.2
浙江	212	0.4	4979	10.3	1414	3.8	263	3.7	1713	9.4
安徽	373	0.7	1716	17.1	1420	4.1	557	6.5	0	0.0
福建	108	0.3	471	20.3	674	2.8	419	5.2	709	6.0
江西	559	1.8	1770	12.6	1193	2.7	946	5.4	0	0.0
山东	877	1.5	2939	39.5	915	1.6	279	5.9	80	1.3

续表

行政区划	引（进）水闸		节制闸		排（退）水闸		分（泄）洪闸		挡潮闸	
	数量/座	过闸流量/（万 m³/s）	数量/座	过闸流量/（万 m³/s）	数量/座	过闸流量/（万 m³/s）	数量/座	过闸流量/（万 m³/s）	数量/座	过闸流量/（万 m³/s）
河南	551	1.2	1630	14.6	1232	2.8	165	4.7	0	0.0
湖北	1325	1.7	2910	12.2	1890	4.3	645	2.6	0	0.0
湖南	862	2.7	9216	77.0	926	2.5	1013	15.2	0	0.0
广东	387	2.2	1485	32.0	3454	13.1	819	15.3	2167	15.0
广西	170	2.1	277	8.0	509	2.0	242	7.5	351	2.0
海南	64	0.1	187	1.2	28	0.1	71	0.2	66	0.2
重庆	15	0.1	10	0.3	0	0.0	4	1.2	0	0.0
四川	227	0.4	661	11.4	55	1.4	363	13.1	0	0.0
贵州	7	0.005	2	0.001	17	0.1	2	0.002	0	0.0
云南	132	0.2	1271	6.2	38	0.04	98	0.2	0	0.0
西藏	2	0.002	13	0.04	0	0.0	0	0.0	0	0.0
陕西	131	0.2	150	1.1	105	0.2	38	0.2	0	0.0
甘肃	188	0.5	897	1.3	66	0.1	161	1.6	0	0.0
青海	76	0.2	122	0.6	24	0.02	1	0.001	0	0.0
宁夏	60	0.2	185	0.4	102	0.2	20	0.1	0	0.0
新疆	1253	3.9	2635	4.5	232	0.7	467	7.0	0	0.0

附表 A33　　省级行政区规模以上河流引（进）水闸主要指标

行政区划	数量/座	过闸流量/（m³/s）	引水能力/亿 m³	引水能力比例/%
全国	3635	106601	3841.38	13.9
北京	24	458	25.70	68.9
天津	116	1933	36.29	231.2
河北	203	3853	160.08	78.2
山西	48	979	11.07	9.4
内蒙古	208	5199	178.61	32.7
辽宁	67	15846	40.06	11.7
吉林	36	2094	126.80	31.8
黑龙江	118	2147	118.20	14.6
上海	0	0	0.00	0.0
江苏	262	4207	136.93	42.1
浙江	42	862	21.50	2.3
安徽	132	2223	114.69	16.0
福建	13	344	23.93	2.0
江西	64	1094	120.60	7.7
山东	254	5930	176.07	58.9
河南	183	4615	313.02	78.1
湖北	752	11199	441.81	42.6
湖南	329	5929	502.17	29.7
广东	127	11922	178.31	9.7
广西	47	1568	45.14	2.4
海南	36	501	47.68	15.5
重庆	5	30	0.94	0.2
四川	58	1381	196.79	7.5
贵州	2	14	2.48	0.2
云南	54	941	8.87	0.4
西藏	2	16	3.93	0.1
陕西	33	484	39.88	9.4
甘肃	51	983	51.99	19.5
青海	7	61	9.58	1.5
宁夏	8	762	72.97	694.3
新疆	354	19024	635.30	76.4

附表 A34 省级行政区规模以上泵站数量 单位：处

行政区划	合　计	大型泵站	中型泵站	小型泵站
全国	88970	299	3714	84957
北京	77	0	1	76
天津	1647	7	190	1450
河北	1345	3	102	1240
山西	1131	13	82	1036
内蒙古	525	1	43	481
辽宁	1822	2	129	1691
吉林	626	5	39	582
黑龙江	910	6	73	831
上海	1796	12	191	1593
江苏	17812	58	356	17398
浙江	2854	10	128	2716
安徽	7415	15	375	7025
福建	433	4	72	357
江西	3087	3	115	2969
山东	3080	12	121	2947
河南	1401	1	42	1358
湖北	10245	46	311	9888
湖南	7217	14	267	6936
广东	4810	40	476	4294
广西	1326	11	88	1227
海南	78	0	2	76
重庆	1665	2	49	1614
四川	5544	0	54	5490
贵州	1411	1	39	1371
云南	2926	0	29	2897
西藏	57	0	0	57
陕西	1226	8	64	1154
甘肃	2112	11	173	1928
青海	562	0	3	559
宁夏	572	13	79	480
新疆	3258	1	21	3236

附表 A35　　　　　　　**主要河流水系规模以上泵站数量**　　　　　单位：处

水资源区或流域	主要河流	河流水系				干流			
		合计	大型泵站	中型泵站	小型泵站	合计	大型泵站	中型泵站	小型泵站
合计						13728	85	1031	12612
松花江一级区		1515	11	108	1396				
松花江流域	松花江	1090	7	78	1005	291	5	44	242
	洮儿河	7	0	0	7	5	0	0	5
	霍林河	4	0	0	4	4	0	0	4
	雅鲁河	2	0	0	2	2	0	0	2
	诺敏河	3	0	0	3	3	0	0	3
	第二松花江	458	2	23	433	185	1	17	167
	呼兰河	43	0	1	42	29	0	1	28
	拉林河	33	0	2	31	9	0	0	9
	牡丹江	78	0	2	76	55	0	2	53
辽河一级区		1948	2	140	1806				
辽河流域	辽河	1277	1	93	1183	106	0	11	95
	乌力吉木仁河	1	0	0	1	1	0	0	1
	老哈河	42	0	3	39	39	0	3	36
	东辽河	52	0	3	49	39	0	3	36
	绕阳河	240	0	15	225	93	0	12	81
	浑河	629	1	55	573	191	1	37	153
东北沿黄渤海诸河		157	1	10	146				
	大凌河	16	0	3	13	11	0	3	8
海河一级区		4233	12	342	3879				
滦河水系	滦河	76	0	5	71	11	0	2	9
北三河水系		943	3	104	836				
	潮白河	4	0	1	3	4	0	1	3
	潮白新河	57	0	21	36	57	0	21	36
永定河水系	永定河	284	1	14	269	111	1	3	107
	洋河	12	0	0	12	9	0	0	9
大清河水系		341	4	46	291				
	唐河	34	0	1	33	32	0	1	31
	拒马河	2	0	0	2	2	0	0	2
子牙河水系		373	1	32	340				

水资源区 或流域	主要河流	河流水系				干 流			
		合计	大型 泵站	中型 泵站	小型 泵站	合计	大型 泵站	中型 泵站	小型 泵站
	滹沱河	175	1	9	165	36	0	1	35
	滏阳河	38	0	2	36	30	0	2	28
漳卫河水系		634	0	17	617				
	漳河	116	0	5	111	72	0	4	68
	卫河	328	0	5	323	85	0	2	83
徒骇马颊河水系		465	1	26	438				
黄河一级区	黄河	6072	47	463	5562	1915	24	196	1695
洮河水系	洮河	207	0	1	206	132	0	0	132
湟水-大通河水系	湟水-大通河	344	0	3	341	67	0	2	65
	湟水	225	0	0	225	145	0	0	145
无定河水系	无定河	86	0	1	85	23	0	0	23
汾河水系	汾河	553	1	17	535	348	1	15	332
渭河水系	渭河	1000	1	60	939	207	0	8	199
	泾河	156	0	16	140	56	0	5	51
	北洛河	334	1	20	313	213	1	14	198
伊洛河水系	伊洛河	141	0	5	136	15	0	0	15
沁河水系	沁河	77	0	7	70	20	0	6	14
大汶河水系	大汶河	94	0	7	87	47	0	4	43
淮河一级区		17377	56	370	16951				
淮河干流洪泽 湖以上流域	淮河干流洪 泽湖以上段	3178	7	146	3025	434	3	42	389
	洪汝河	49	0	0	49	33	0	0	33
	史河	124	0	1	123	69	0	1	68
	淠河	119	0	4	115	96	0	3	93
	沙颍河	188	0	19	169	73	0	17	56
	茨淮新河	207	2	7	198	133	2	6	125
	涡河	63	0	1	62	52	0	1	51
	怀洪新河	168	0	6	162	83	0	3	80
淮河洪泽湖 以下水系		6042	9	46	5987				
	淮河入海水道	39	0	4	35	39	0	4	35

水资源区或流域	主要河流	河流水系				干流			
		合计	大型泵站	中型泵站	小型泵站	合计	大型泵站	中型泵站	小型泵站
	淮河（下游入江水道）	30	1	1	28	30	1	1	28
沂沭泗水系		6004	33	105	5866				
	沂河	178	0	2	176	51	0	1	50
	沭河	104	0	1	103	66	0	1	65
长江一级区	长江	44127	110	1517	42500	1710	13	204	1493
雅砻江水系	雅砻江	89	0	4	85	16	0	0	16
岷江-大渡河水系	岷江-大渡河	858	0	2	856	69	0	1	68
	岷江	374	0	1	373	116	0	1	115
嘉陵江水系	嘉陵江	3378	0	37	3341	350	0	13	337
	渠江	254	0	6	248	63	0	3	60
	涪江	2004	0	15	1989	340	0	8	332
乌江-六冲河水系	乌江-六冲河	991	1	28	962	114	0	3	111
汉江水系	汉江	1650	5	51	1594	357	5	28	324
	丹江	38	0	4	34	8	0	4	4
	唐白河	385	0	10	375	45	0	2	43
洞庭湖水系		7969	17	278	7674				
	湘江	2495	3	91	2401	704	0	45	659
	资水	693	1	18	674	246	1	9	236
	沅江	806	3	18	785	182	3	10	169
鄱阳湖水系		2714	3	102	2609				
	赣江	603	1	29	573	180	1	17	162
	抚河	142	0	7	135	104	0	6	98
	信江	266	0	8	258	155	0	8	147
太湖水系		6898	32	340	6526				
东南诸河区		1823	9	153	1661				
钱塘江水系	钱塘江	673	4	47	622	185	1	20	164
	新安江	60	0	3	57	36	0	3	33
瓯江水系	瓯江	36	0	4	32	11	0	3	8
闽江水系	闽江	156	4	25	127	32	1	8	23

续表

水资源区或流域	主要河流	河流水系				干 流			
		合计	大型泵站	中型泵站	小型泵站	合计	大型泵站	中型泵站	小型泵站
	富屯溪-金溪	30	0	1	29	5	0	0	5
	建溪	29	0	0	29	10	0	0	10
九龙江水系	九龙江	82	0	11	71	30	0	4	26
珠江一级区		8077	51	586	7440				
西江水系	西江	3140	15	127	2998	615	8	28	579
	北盘江	162	0	4	158	21	0	1	20
	柳江	184	1	19	164	78	0	15	63
	郁江	695	4	42	649	304	2	31	271
	桂江	46	0	6	40	19	0	5	14
	贺江	25	0	0	25	19	0	0	19
北江水系	北江	377	2	27	348	77	1	14	62
东江水系	东江	292	10	51	231	147	9	25	113
珠江三角洲水系		2576	21	323	2232				
韩江水系	韩江	276	1	13	262	119	0	5	114
海南岛诸河水系		78	0	2	76				
	南渡江	29	0	2	27	19	0	2	17
西北诸河区		3348	1	30	3317				
石羊河	石羊河	1	0	0	1	1	0	0	1
黑河	黑河	39	0	0	39	24	0	0	24
疏勒河	疏勒河	2	0	0	2	0	0	0	0
柴达木河	柴达木河	0	0	0	0	0	0	0	0
格尔木河	格尔木河	2	0	0	2	2	0	0	2
奎屯河	奎屯河	124	0	1	123	1	0	1	0
玛纳斯河	玛纳斯河	439	0	0	439	441	0	2	439
孔雀河	孔雀河	146	0	1	145	146	0	1	145
开都河	开都河	71	0	0	71	71	0	0	71
塔里木河	塔里木河	1123	0	1	1122	688	0	1	687
	木扎尔特河-渭干河	3	0	0	3	2	0	0	2
	和田河	7	0	0	7	7	0	0	7

附表 A36　　省级行政区规模以上不同类型泵站主要指标

行政区划	合计			供水泵站			排水泵站			供排结合泵站		
	数量/处	装机流量/(m³/s)	装机功率/万kW	数量/处	装机流量/(m³/s)	装机功率/万kW	数量/处	装机流量/(m³/s)	装机功率/万kW	数量/处	装机流量/(m³/s)	装机功率/万kW
全国	88970	168845	2175.9	51708	43462	1164.9	28342	97538	755.9	8920	27845	255.1
北京	77	70	1.4	48	31	1.0	25	36	0.4	4	4	0.1
天津	1647	6244	59.4	469	826	10.5	569	3026	28.6	609	2391	20.2
河北	1345	3603	36.3	706	859	14.1	400	1642	13.2	239	1102	9.0
山西	1131	916	65.4	1101	860	64.2	20	41	0.6	10	15	0.6
内蒙古	525	1012	19.7	429	678	17.6	89	318	2.0	7	16	0.1
辽宁	1822	5616	61.6	704	1357	23.9	894	3194	28.2	224	1065	9.6
吉林	626	1746	27.5	406	942	20.4	186	663	5.5	34	141	1.7
黑龙江	910	3396	42.8	545	1843	29.5	333	1361	11.3	32	192	2.1
上海	1796	7273	68.5	160	1297	24.5	1634	5936	43.8	2	40	0.2
江苏	17812	39349	281.8	6101	8237	93.3	9329	23827	133.0	2382	7285	55.6
浙江	2854	7425	55.6	793	1009	21.2	1700	5359	28.4	361	1057	6.0
安徽	7415	16207	183.8	3395	3949	65.6	2961	8153	76.7	1059	4105	41.5
福建	433	2104	30.9	260	383	14.7	152	1662	15.1	21	59	1.2
江西	3087	5905	68.4	1672	1004	19.6	956	3344	33.1	459	1557	15.7
山东	3080	5995	77.6	2314	4338	62.3	130	353	3.5	636	1304	11.8

续表

行政区划	合计			供水泵站			排水泵站			供排结合泵站		
	数量/处	装机流量/(m³/s)	装机功率/万kW	数量/处	装机流量/(m³/s)	装机功率/万kW	数量/处	装机流量/(m³/s)	装机功率/万kW	数量/处	装机流量/(m³/s)	装机功率/万kW
河南	1401	1255	29.5	1223	759	24.6	140	483	4.6	38	12	0.3
湖北	10245	19519	237.0	5753	3509	80.8	3471	12799	125.1	1021	3211	31.0
湖南	7217	10420	156.2	4377	2078	65.8	1558	5199	54.3	1282	3143	36.1
广东	4810	21424	192.4	1158	2262	55.6	3360	18168	128.0	292	994	8.8
广西	1326	2247	47.0	1178	689	32.2	142	1551	14.6	6	7	0.2
海南	78	54	1.8	72	50	1.7	2	0	0.04	4	4	0.1
重庆	1665	395	33.3	1657	375	32.8	3	17	0.4	5	2	0.1
四川	5544	839	60.8	5489	768	59.2	32	69	1.3	23	2	0.3
贵州	1411	203	28.2	1401	200	28.1	7	3	0.1	3	0.2	0.0
云南	2926	1072	39.9	2649	780	35.9	141	184	2.3	136	108	1.7
西藏	57	34	1.1	57	34	1.1	0	0	0.0	0	0	0.02
陕西	1226	982	50.7	1191	921	49.1	22	49	0.8	13	12	0.8
甘肃	2112	1427	102.7	2102	1418	102.6	3	2	0.03	7	6	0.1
青海	562	100	9.9	561	99	9.9	1	1	0.01	0	0	0.0
宁夏	572	1148	59.0	538	1109	58.6	28	33	0.3	6	6	0.1
新疆	3258	866	45.3	3199	800	44.4	54	64	0.8	5	3	0.1

省级行政区规模以上不同设计扬程不同类型泵站数量

附表A37

单位：处

行政区划	设计扬程 50m 及以上				设计扬程 10（含）～50m				设计扬程 10m 以下			
	合计	供水泵站	排水泵站	供排结合泵站	合计	供水泵站	排水泵站	供排结合泵站	合计	供水泵站	排水泵站	供排结合泵站
全国	13311	13130	91	90	26893	24767	1506	620	48766	13811	26745	8210
北京	19	10	9	0	40	29	8	3	18	9	8	1
天津	6	6	0	0	109	48	46	15	1532	415	523	594
河北	187	182	5	0	207	169	26	12	951	355	369	227
山西	569	559	7	3	427	417	9	1	135	125	4	6
内蒙古	105	104	1	0	176	156	19	1	244	169	69	6
辽宁	87	86	0	1	97	84	13	0	1638	534	881	223
吉林	78	78	0	0	184	166	7	11	364	162	179	23
黑龙江	42	35	6	1	246	175	70	1	622	335	257	30
上海	3	3	0	0	165	118	47	0	1628	39	1587	2
江苏	45	44	1	0	1158	1048	67	43	16609	5009	9261	2339
浙江	101	100	1	0	490	453	36	1	2263	240	1663	360
安徽	40	40	0	0	2193	1867	154	172	5182	1488	2807	887
福建	68	62	2	4	218	178	27	13	147	20	123	4
江西	73	73	0	0	1302	1072	167	63	1712	527	789	396
山东	247	243	3	1	812	760	25	27	2021	1311	102	608

续表

行政区划	设计扬程 50m 及以上				设计扬程 10（含）~50m				设计扬程 10m 以下			
	合计	供水泵站	排水泵站	供排结合泵站	合计	供水泵站	排水泵站	供排结合泵站	合计	供水泵站	排水泵站	供排结合泵站
河南	402	361	11	30	702	676	20	6	297	186	109	2
湖北	174	174	0	0	4714	4341	298	75	5357	1238	3173	946
湖南	859	835	15	9	3191	2855	235	101	3167	687	1308	1172
广东	87	80	5	2	747	666	76	5	3976	412	3279	285
广西	302	297	2	3	907	864	40	3	117	17	100	0
海南	18	16	1	1	56	53	1	2	4	3	0	1
重庆	1080	1077	0	3	582	579	1	2	3	1	2	0
四川	3487	3461	9	17	2042	2014	22	6	15	14	1	0
贵州	1262	1258	2	2	146	141	4	1	3	2	1	0
云南	1240	1230	6	4	1362	1263	53	46	324	156	82	85
西藏	13	13	0	0	41	41	0	0	3	3	0	0
陕西	558	548	3	7	614	603	6	5	54	40	13	1
甘肃	1303	1301	0	2	772	768	3	1	37	33	0	4
青海	307	307	0	0	254	254	0	0	1	0	1	0
宁夏	105	105	0	0	225	223	2	0	242	210	26	6
新疆	444	442	2	0	2714	2686	24	4	100	71	28	1

附表 A38　　省级行政区不同类型农村供水工程数量和受益人口数量

行政区划	总工程数量/万处	受益人口/万人	集中式供水工程		分散式供水工程	
			工程数量/万处	受益人口/万人	工程数量/万处	受益人口/万人
全国	5887.05	80922.70	91.84	54630.70	5795.21	26292.00
北京	0.56	685.51	0.37	684.04	0.19	1.47
天津	1.36	453.35	0.26	448.79	1.09	4.56
河北	203.04	5064.84	4.41	4013.28	198.62	1051.55
山西	28.57	2399.01	2.56	2223.13	26.01	175.87
内蒙古	143.74	1401.80	1.62	807.69	142.12	594.12
辽宁	314.19	2240.53	1.76	1108.03	312.43	1132.50
吉林	227.72	1529.45	1.29	694.26	226.43	835.19
黑龙江	214.47	2018.66	1.84	1149.54	212.63	869.12
上海	0.0023	37.17	0.0023	37.17	0.00	0.00
江苏	112.04	4673.62	0.57	4255.95	111.47	417.67
浙江	21.74	3114.34	3.13	2976.68	18.60	137.66
安徽	638.91	4359.72	1.37	1915.76	637.53	2443.96
福建	75.93	2183.56	3.40	1706.44	72.52	477.12
江西	308.41	2534.86	4.44	1058.38	303.96	1476.48
山东	298.33	6656.45	4.23	5537.78	294.10	1118.67
河南	811.08	6278.82	5.31	2842.23	805.77	3436.59
湖北	278.66	3167.74	2.08	2000.20	276.58	1167.54
湖南	508.97	4147.07	6.67	1810.59	502.30	2336.49
广东	191.97	5269.30	4.26	4095.84	187.71	1173.46
广西	214.42	3936.02	7.69	2532.07	206.73	1403.95
海南	52.81	609.86	1.15	323.24	51.66	286.61
重庆	113.79	1223.63	3.79	813.30	110.01	410.33
四川	704.14	5472.05	7.91	2270.33	696.23	3201.72
贵州	43.43	2338.87	6.64	1979.63	36.79	359.23
云南	93.99	3066.41	8.60	2596.12	85.39	470.28
西藏	2.05	197.61	0.75	161.57	1.30	36.05
陕西	107.87	2470.22	4.00	1929.98	103.87	540.23
甘肃	121.36	1665.50	1.04	1140.20	120.32	525.30
青海	5.50	310.46	0.21	283.95	5.29	26.51
宁夏	36.20	364.44	0.15	235.01	36.05	129.43
新疆	11.82	1051.85	0.33	999.51	11.49	52.34

附表 A39 省级行政区不同水源 200m³/d 规模以上工程数量和受益人口数量

行政区划	工程数量/处	受益人口/万人	地 表 水		地 下 水	
			工程数量/处	受益人口/万人	工程数量/处	受益人口/万人
全国	56510	33230.42	21702	17997.72	34808	15232.70
北京	1550	564.60	6	10.97	1544	553.63
天津	670	317.60	49	95.80	621	221.80
河北	4276	1685.61	37	17.71	4239	1667.90
山西	2346	1174.62	112	100.74	2234	1073.89
内蒙古	1128	420.32	25	14.33	1103	405.99
辽宁	1596	532.25	125	74.43	1471	457.82
吉林	653	166.15	118	43.17	535	122.98
黑龙江	1037	332.19	39	25.93	998	306.26
上海	23	37.17	19	25.37	4	11.80
江苏	4755	4173.47	433	2034.31	4322	2139.16
浙江	1659	2177.78	1579	2125.24	80	52.54
安徽	2501	1638.62	1217	1136.35	1284	502.27
福建	1765	1005.98	1604	960.86	161	45.12
江西	1258	516.38	934	406.97	324	109.40
山东	4208	3313.32	344	893.89	3864	2419.43
河南	4007	1799.70	170	117.83	3837	1681.87
湖北	1921	1587.70	1315	1290.64	606	297.06
湖南	2102	1063.29	1354	766.89	748	296.40
广东	2912	3294.89	2330	3119.49	582	175.40
广西	2710	1107.12	1461	719.45	1249	387.67
海南	379	151.37	104	80.60	275	70.77
重庆	1825	466.52	1741	451.91	84	14.60
四川	2697	1378.97	2055	1110.06	642	268.91
贵州	1837	640.15	1485	543.21	352	96.95
云南	1820	829.06	1611	745.25	209	83.81
西藏	19	4.38	14	2.86	5	1.52
陕西	1875	849.84	354	183.68	1521	666.16
甘肃	998	715.72	323	348.66	675	367.06
青海	480	198.02	348	156.64	132	41.39
宁夏	310	215.42	106	74.70	204	140.72
新疆	1193	872.23	290	319.81	903	552.42

附表 A40　　省级行政区不同类型 200m³/d 规模以上工程
数量和受益人口数量

行政区划	工程数量/处	受益人口/万人	城镇管网延伸工程		联村工程		单村工程	
			工程数量/处	受益人口/万人	工程数量/处	受益人口/万人	工程数量/处	受益人口/万人
全国	56510	33230.42	6584	10562.14	19467	15166.98	30459	7501.30
北京	1550	564.60	41	20.93	114	138.67	1395	404.99
天津	670	317.60	54	103.54	87	85.00	529	129.06
河北	4276	1685.61	87	86.14	753	712.33	3436	887.14
山西	2346	1174.62	102	155.23	722	557.56	1522	461.84
内蒙古	1128	420.32	91	77.60	217	142.43	820	200.29
辽宁	1596	532.25	146	95.49	299	190.22	1151	246.54
吉林	653	166.15	86	40.48	87	36.46	480	89.21
黑龙江	1037	332.19	78	56.70	75	42.82	884	232.68
上海	23	37.17		0.00	18	35.25	5	1.92
江苏	4755	4173.47	211	1735.93	1946	1741.61	2598	695.92
浙江	1659	2177.78	284	1376.08	507	642.74	868	158.96
安徽	2501	1638.62	443	517.38	921	775.48	1137	345.76
福建	1765	1005.98	257	470.00	407	307.33	1101	228.65
江西	1258	516.38	253	152.49	506	256.01	499	107.88
山东	4208	3313.32	293	928.26	2069	1945.05	1846	440.00
河南	4007	1799.70	85	96.65	1324	1134.07	2598	568.98
湖北	1921	1587.70	479	755.25	931	725.36	511	107.09
湖南	2102	1063.29	449	363.09	1141	593.91	512	106.28
广东	2912	3294.89	701	1722.26	710	1116.43	1501	456.20
广西	2710	1107.12	400	315.75	707	458.66	1603	332.71
海南	379	151.37	81	65.28	79	37.86	219	48.23
重庆	1825	466.52	266	102.69	748	244.57	811	119.26
四川	2697	1378.97	883	685.99	1197	531.35	617	161.63
贵州	1837	640.15	160	109.54	839	351.52	838	179.09
云南	1820	829.06	299	188.24	521	352.97	1000	287.85
西藏	19	4.38	7	1.94	3	0.58	9	1.85
陕西	1875	849.84	133	136.94	600	363.01	1142	349.89
甘肃	998	715.72	66	44.81	626	606.70	306	64.22
青海	480	198.02	48	28.23	245	147.45	187	22.34
宁夏	310	215.42	18	22.69	255	183.08	37	9.64
新疆	1193	872.23	83	106.52	813	710.51	297	55.20

附表 A41　省级行政区不同供水方式 200m³/d 规模以上工程数量和受益人口数量

行政区划	工程数量/处	受益人口/万人	供水到户		供水到集中供水点	
			工程数量/处	受益人口/万人	工程数量/处	受益人口/万人
全国	56510	33230.42	54480	31833.83	2030	1396.59
北京	1550	564.60	1542	562.53	8	2.07
天津	670	317.60	652	312.89	18	4.71
河北	4276	1685.61	4197	1664.33	79	21.28
山西	2346	1174.62	2231	1136.39	115	38.24
内蒙古	1128	420.32	1116	417.73	12	2.59
辽宁	1596	532.25	1588	529.31	8	2.94
吉林	653	166.15	653	166.15	0	0.00
黑龙江	1037	332.19	1027	327.75	10	4.44
上海	23	37.17	23	37.17	0	0.00
江苏	4755	4173.47	4721	4121.53	34	51.94
浙江	1659	2177.78	1594	2155.45	65	22.32
安徽	2501	1638.62	2482	1628.67	19	9.95
福建	1765	1005.98	1717	993.10	48	12.88
江西	1258	516.38	1191	489.45	67	26.92
山东	4208	3313.32	4121	3207.11	87	106.20
河南	4007	1799.70	3956	1785.38	51	14.32
湖北	1921	1587.70	1885	1557.89	36	29.81
湖南	2102	1063.29	2016	1013.91	86	49.37
广东	2912	3294.89	2557	2707.72	355	587.17
广西	2710	1107.12	2644	1068.50	66	38.61
海南	379	151.37	304	138.26	75	13.12
重庆	1825	466.52	1757	451.50	68	15.02
四川	2697	1378.97	2574	1304.13	123	74.84
贵州	1837	640.15	1620	591.07	217	49.08
云南	1820	829.06	1768	804.04	52	25.02
西藏	19	4.38	15	3.53	4	0.84
陕西	1875	849.84	1839	838.07	36	11.77
甘肃	998	715.72	955	706.07	43	9.65
青海	480	198.02	331	176.83	149	21.19
宁夏	310	215.42	287	206.83	23	8.59
新疆	1193	872.23	1117	730.53	76	141.70

附表 A42 省级行政区不同管理主体 200m³/d 规模以上工程数量 单位：处

行政区划	合计	县级水利部门	乡镇	村集体	企业	用水合作组织	其他
全国	56510	10195	12866	25790	4749	692	2218
北京	1550	36	157	1325	23	3	6
天津	670	68	83	468	46	0	5
河北	4276	504	246	3437	47	24	18
山西	2346	437	262	1548	51	11	37
内蒙古	1128	181	199	653	65	8	22
辽宁	1596	59	367	1085	74	1	10
吉林	653	129	160	299	50	0	15
黑龙江	1037	44	217	629	114	1	32
上海	23	0	22	0	1	0	0
江苏	4755	418	1070	1867	716	2	682
浙江	1659	58	319	875	287	11	109
安徽	2501	731	598	500	553	8	111
福建	1765	56	440	974	166	57	72
江西	1258	103	565	320	164	47	59
山东	4208	317	1055	2336	201	115	184
河南	4007	624	631	2564	41	98	49
湖北	1921	308	708	438	287	22	158
湖南	2102	628	779	422	184	21	68
广东	2912	195	784	1448	395	35	55
广西	2710	832	350	1150	239	37	102
海南	379	47	66	175	51	10	30
重庆	1825	502	444	446	316	70	47
四川	2697	1012	1007	227	277	24	150
贵州	1837	487	794	426	106	2	22
云南	1820	191	736	664	120	70	39
西藏	19	6	8	2	3	0	0
陕西	1875	380	322	1089	37	4	43
甘肃	998	611	90	241	28	2	26
青海	480	259	93	78	42	3	5
宁夏	310	233	12	7	31	5	22
新疆	1193	739	282	97	34	1	40

附表 A43 省级行政区农村不同类型分散式供水工程
数量和受益人口数量

行政区划	工程数量/处	受益人口/万人	分散供水井工程		引泉供水工程		雨水集蓄供水工程	
			工程数量/处	受益人口/万人	工程数量/处	受益人口/万人	工程数量/处	受益人口/万人
全国	57952075	26292.00	53385312	22753.92	1692086	2318.20	2874677	1219.88
北京	1893	1.47	1824	0.69	57	0.76	12	0.02
天津	10928	4.56	10914	4.55	0	0.00	14	0.00
河北	1986214	1051.55	1949426	987.61	6917	47.77	29871	16.17
山西	260139	175.87	102239	89.28	948	12.01	156952	74.59
内蒙古	1421184	594.12	1383584	583.15	206	1.52	37394	9.45
辽宁	3124308	1132.50	3120174	1118.05	2402	13.90	1732	0.55
吉林	2264319	835.19	2263048	833.69	72	1.10	1199	0.39
黑龙江	2126294	869.12	2126069	868.20	225	0.92	0	0.00
上海	0	0.00	0	0.00	0	0.00	0	0.00
江苏	1114681	417.67	1114632	416.24	49	1.43	0	0.00
浙江	186045	137.66	161702	80.61	20934	50.18	3409	6.87
安徽	6375346	2443.96	6301075	2372.38	62094	64.61	12177	6.97
福建	725233	477.12	605258	355.47	116338	118.72	3637	2.92
江西	3039628	1476.48	2896236	1345.62	119524	119.42	23868	11.44
山东	2941006	1118.67	2906308	1073.69	26325	38.24	8373	6.75
河南	8057695	3436.59	7989246	3358.26	12126	49.09	56323	29.24
湖北	2765803	1167.54	2553212	1033.05	83162	75.48	129429	59.01
湖南	5022953	2336.49	4516455	1913.36	482856	405.90	23642	17.23
广东	1877110	1173.46	1755037	951.20	111452	213.23	10621	9.03
广西	2067281	1403.95	1764055	1036.98	145811	266.60	157415	100.37
海南	516606	286.61	515761	285.19	27	0.81	818	0.62
重庆	1100067	410.33	993580	295.46	63143	65.84	43344	49.03
四川	6962284	3201.72	6595404	2808.40	275492	326.70	91388	66.62
贵州	367900	359.23	9813	19.61	72066	189.58	286021	150.04
云南	853873	470.28	395411	178.97	51655	136.92	406807	154.39
西藏	12987	36.05	10881	24.37	2084	11.57	22	0.11
陕西	1038713	540.23	780934	404.12	32180	55.53	225599	80.59
甘肃	1203185	525.30	272190	176.20	3283	40.21	927712	308.88
青海	52910	26.51	21906	13.07	190	5.09	30814	8.35
宁夏	360549	129.43	154138	75.00	408	4.24	206003	50.20
新疆	114941	52.34	114800	51.45	60	0.85	81	0.04

附表 A44 省级行政区塘坝工程主要指标

行政区划	工程数量/处	总容积/万 m³	2011 年实际灌溉面积/亩	供水人口/人
全国	4563417	3008928.27	75833167.73	22362938
北京	379	567.53	17247.50	6030
天津	160	2477.06	11863.00	0
河北	4555	9869.77	277797.13	305298
山西	1581	4263.38	135395.00	49675
内蒙古	1307	4005.24	82824.00	16513
辽宁	5318	11230.12	802353.00	137322
吉林	7094	14036.51	254852.18	9578
黑龙江	14155	27136.60	919977.00	7203
上海	0	0	0	0
江苏	175868	104281.32	1903825.64	148106
浙江	88201	75599.12	2942336.45	2292461
安徽	617226	481923.28	12828387.88	4787516
福建	13738	21514.59	904902.24	429752
江西	229726	289085.24	5436825.26	1547055
山东	51476	123012.00	4518524.08	476444
河南	146383	119749.91	3144817.57	764021
湖北	838113	415677.66	7825917.30	1006885
湖南	1663709	738788.79	13334034.36	3887187
广东	40140	86679.34	2879515.81	1277468
广西	40904	61047.24	2595839.43	408921
海南	1831	6981.61	283809.63	0
重庆	147955	73875.89	2208245.49	1322100
四川	400042	251970.24	8549183.82	1989323
贵州	19785	19658.83	1003395.13	367803
云南	38142	49486.45	1519993.57	713115
西藏	2655	1818.29	841668.01	47811
陕西	9603	7846.01	299715.85	102403
甘肃	2338	2704.47	107986.20	239308
青海	448	673.27	39735.00	2713
宁夏	229	2016.45	15377.00	56
新疆	356	952.06	146823.20	20871

附表 A45　　　　　　　　　　省级行政区窖池工程主要指标

行政区划	工程数量/处	总容积/m³	2011年实际抗旱补水面积/亩	总供水人口/人
全国	6892795	251417649	8721960	24260097
北京	5075	277731	38144	43379
天津	1746	73192	15015	40
河北	174655	4618681	175983	744957
山西	267012	9408459	51014	757806
内蒙古	47634	1684313	37032	149194
辽宁	2289	121049	21119	14404
吉林	1	12	15	0
黑龙江	0	0	0	0
上海	0	0	0	0
江苏	354	61738	18876	25505
浙江	9559	1371048	57680	452112
安徽	1001	166476	1873	21580
福建	19911	1345279	296577	299692
江西	8402	682547	35545	78463
山东	78981	3895609	197459	258915
河南	314904	7747391	175663	1439184
湖北	202836	8412354	146528	1153900
湖南	46031	3697985	135822	455735
广东	7997	604018	43614	156220
广西	235274	13397076	183957	1366230
海南	16	960	0	317
重庆	153244	16633008	303858	802731
四川	702262	52710804	1780781	1856592
贵州	478782	17901756	907804	2810034
云南	1784255	44057402	3269157	5042470
西藏	1580	237660	84075	63930
陕西	374250	8512067	180354	955518
甘肃	1545277	40174639	508681	4323810
青海	77152	1921211	4754	200805
宁夏	352293	11701827	50580	781420
新疆	22	1357	0	5154

附录 B　全国水资源分区表

一、松花江区

水资源分区名称			所涉及行政区	
一级区	二级区	三级区	省　级	地　　级
	8	18		
松花江	额尔古纳河	呼伦湖水系	内蒙古自治区	呼伦贝尔市、兴安盟、锡林郭勒盟
		海拉尔河	内蒙古自治区	呼伦贝尔市
		额尔古纳河干流	内蒙古自治区	呼伦贝尔市
	嫩江	尼尔基以上	内蒙古自治区	呼伦贝尔市
			黑龙江省	齐齐哈尔市、黑河市、大兴安岭地区
		尼尔基至江桥	内蒙古自治区	呼伦贝尔市、兴安盟
			黑龙江省	齐齐哈尔市、黑河市、绥化市
		江桥以下	内蒙古自治区	通辽市、兴安盟、锡林郭勒盟
			吉林省	松原市、白城市
			黑龙江省	哈尔滨市、齐齐哈尔市、大庆市、黑河市、绥化市
	第二松花江	丰满以上	辽宁省	抚顺市
			吉林省	吉林市、辽源市、通化市、白山市、延边朝鲜族自治州
		丰满以下	吉林省	长春市、吉林市、四平市、辽源市、松原市

续表

水资源分区名称			所涉及行政区	
一级区	二级区	三级区	省级	地级
松花江	松花江（三岔河口以下）	三岔河口至哈尔滨	吉林省	长春市、吉林市、松原市
			黑龙江省	哈尔滨市、大庆市、绥化市
		哈尔滨至通河	黑龙江省	哈尔滨市、齐齐哈尔市、伊春市、黑河市、绥化市
		牡丹江	吉林省	吉林市、延边朝鲜族自治州
			黑龙江省	哈尔滨市、七台河市、牡丹江市
		通河至佳木斯干流区间	黑龙江省	哈尔滨市、伊春市、佳木斯市、七台河市
		佳木斯以下	黑龙江省	鹤岗市、双鸭山市、佳木斯市
	黑龙江干流	黑龙江干流	黑龙江省	鹤岗市、伊春市、佳木斯市、黑河市、大兴安岭地区
	乌苏里江	穆棱河口以上	黑龙江省	鸡西市、牡丹江市
		穆棱河口以下	黑龙江省	鸡西市、双鸭山市、佳木斯市、七台河市
	绥芬河	绥芬河	吉林省	延边朝鲜族自治州
			黑龙江省	牡丹江市
	图们江	图们江	吉林省	延边朝鲜族自治州

注　1. 松花江区包括松花江流域及额尔古纳河、黑龙江干流、乌苏里江、图们江、绥芬河等国境内部分。

　　2. 分区名称中出现"以上"或"以下"，统一定义"以上"为包含，"以下"为不包含。如"尼尔基以上"为包含尼尔基。

　　3. 三级区"尼尔基至江桥"，含诺敏河、雅鲁河、绰尔河、讷谟尔河等诸小河。

　　4. 三级区"江桥以下"含乌裕尔河、双阳河、洮儿河、霍林河等诸小河。

二、辽河区

水资源分区名称			所涉及行政区	
一级区	二级区	三级区	省级	地级
	6	12		
辽河	西辽河	西拉木伦河及老哈河	河北省	承德市
			内蒙古自治区	赤峰市、通辽市、锡林郭勒盟
			辽宁省	朝阳市
		乌力吉木仁河	内蒙古自治区	赤峰市、通辽市、兴安盟、锡林郭勒盟
			吉林省	白城市
		西辽河下游区间（苏家堡以下）	内蒙古自治区	赤峰市、通辽市
			吉林省	四平市、松原市
	东辽河	东辽河	内蒙古自治区	通辽市
			辽宁省	铁岭市
			吉林省	四平市、辽源市
	辽河干流	柳河口以上	内蒙古自治区	通辽市
			辽宁省	沈阳市、抚顺市、阜新市、铁岭市
			吉林省	四平市
		柳河口以下	辽宁省	沈阳市、鞍山市、锦州市、阜新市、盘锦市
	浑太河	浑河	辽宁省	沈阳市、鞍山市、抚顺市、辽阳市、铁岭市
		太子河及大辽河干流	辽宁省	沈阳市、鞍山市、抚顺市、本溪市、丹东市、营口市、辽阳市、盘锦市

水资源分区名称			所涉及行政区	
一级区	二级区	三级区	省　级	地　级
辽河	鸭绿江	浑江口以上	辽宁省	抚顺市、本溪市、丹东市
			吉林省	通化市、白山市
		浑江口以下	辽宁省	本溪市、丹东市
	东北沿黄渤海诸河	沿黄渤海东部诸河	辽宁省	大连市、鞍山市、丹东市、营口市
		沿渤海西部诸河	河北省	承德市
			内蒙古自治区	赤峰市、通辽市
			辽宁省	锦州市、阜新市、盘锦市、朝阳市、葫芦岛市

注　1. 辽河区包括辽河流域、辽宁沿海诸河区以及鸭绿江流域国境内部分。
　　2. 三级区"柳河口以下"含柳河及绕阳河。

三、海河区

水资源分区名称			所涉及行政区	
一级区	二级区	三级区	省　级	地　级
	4	15		
海河	滦河及冀东沿海	滦河山区	河北省	唐山市、秦皇岛市、张家口市、承德市
			内蒙古自治区	锡林郭勒盟、赤峰市
			辽宁省	朝阳市、葫芦岛市
		滦河平原及冀东沿海诸河	河北省	唐山市、秦皇岛市
	海河北系	北三河山区（蓟运河、潮白河、北运河）	北京市	
			天津市	
			河北省	唐山市、张家口市、承德市

水资源分区名称			所涉及行政区	
一级区	二级区	三级区	省级	地级
海河	海河北系	永定河册田水库以上	山西省	大同市、朔州市、忻州市
			内蒙古自治区	乌兰察布市
		永定河册田水库至三家店区间	北京市	
			河北省	张家口市
			山西省	大同市
			内蒙古自治区	乌兰察布市
		北四河下游平原	北京市	
			天津市	
			河北省	唐山市、廊坊市
	海河南系	大清河山区	北京市	
			河北省	石家庄市、保定市、张家口市
			山西省	大同市、忻州市
		大清河淀西平原	北京市	
			河北省	石家庄市、保定市
		大清河淀东平原	天津市	
			河北省	保定市、沧州市、廊坊市、衡水市
		子牙河山区	河北省	石家庄市、邯郸市、邢台市
			山西省	太原市、大同市、阳泉市、朔州市、晋中市、忻州市
		子牙河平原	河北省	石家庄市、邯郸市、邢台市、沧州市、衡水市
		漳卫河山区	河北省	邯郸市
			山西省	长治市、晋城市、晋中市
			河南省	安阳市、鹤壁市、新乡市、焦作市
		漳卫河平原	河北省	邯郸市
			河南省	安阳市、鹤壁市、新乡市、焦作市、濮阳市
		黑龙港及运东平原	河北省	邯郸市、邢台市、沧州市、衡水市

续表

水资源分区名称			所涉及行政区	
一级区	二级区	三级区	省级	地级
海河	徒骇马颊河	徒骇马颊河	河北省	邯郸市
			山东省	济南市、东营市、德州市、聊城市、滨州市
			河南省	安阳市、濮阳市

四、黄河区

水资源分区名称			所涉及行政区	
一级区	二级区	三级区	省级	地级
	8	29		
黄河	龙羊峡以上	河源至玛曲	四川省	阿坝藏族羌族自治州
			甘肃省	甘南藏族自治州
			青海省	果洛藏族自治州、玉树藏族自治州
		玛曲至龙羊峡	甘肃省	甘南藏族自治州
			青海省	黄南藏族自治州、海南藏族自治州、果洛藏族自治州
	龙羊峡至兰州	大通河享堂以上	甘肃省	兰州市、武威市
			青海省	海东地区、海北藏族自治州、海西蒙古族藏族自治州
		湟水	甘肃省	兰州市、临夏回族自治州
			青海省	西宁市、海东地区、海北藏族自治州
		大夏河与洮河	甘肃省	定西市、临夏回族自治州、甘南藏族自治州
			青海省	黄南藏族自治州
		龙羊峡至兰州干流区间	甘肃省	兰州市、武威市、临夏回族自治州
			青海省	西宁市、海东地区、黄南藏族自治州、海南藏族自治州

水资源分区名称			所涉及行政区	
一级区	二级区	三级区	省 级	地 级
黄河	兰州至河口镇	兰州至下河沿	甘肃省	兰州市、白银市、武威市、定西市
			宁夏回族自治区	固原市、中卫
		清水河与苦水河	甘肃省	庆阳市
			宁夏回族自治区	吴忠市、固原市、中卫
		下河沿至石嘴山	内蒙古自治区	鄂尔多斯市、阿拉善盟
			宁夏回族自治区	银川市、石嘴山市、吴忠市、中卫
		石嘴山至河口镇北岸	内蒙古自治区	呼和浩特市、包头市、乌兰察布市、巴彦淖尔市、阿拉善盟
		石嘴山至河口镇南岸	内蒙古自治区	乌海市、鄂尔多斯市
	河口镇至龙门	河口镇至龙门左岸	山西省	大同市、朔州市、运城市、忻州市、临汾市、吕梁市
			内蒙古自治区	呼和浩特市、乌兰察布市
		吴堡以上右岸	内蒙古自治区	鄂尔多斯市
			陕西省	榆林市
		吴堡以下右岸	内蒙古自治区	鄂尔多斯市
			陕西省	渭南市、延安市、榆林市
	龙门至三门峡	汾河	山西省	太原市、阳泉市、长治市、晋城市、晋中市、运城市、忻州市、临汾市、吕梁市
		北洛河洑头以上	陕西省	铜川市、渭南市、延安市、榆林市
			甘肃省	庆阳市

水资源分区名称			所涉及行政区	
一级区	二级区	三级区	省 级	地 级
黄河	龙门至三门峡	泾河张家山以上	陕西省	宝鸡市、咸阳市、榆林市
			甘肃省	平凉市、庆阳市
			宁夏回族自治区	吴忠市、固原市
		渭河宝鸡峡以上	陕西省	宝鸡市
			甘肃省	白银市、天水市、定西市、平凉市
			宁夏回族自治区	固原市
		渭河宝鸡峡至咸阳	陕西省	西安市、宝鸡市、咸阳市、杨凌市
		渭河咸阳至潼关	陕西省	西安市、铜川市、咸阳市、渭南市、商洛市
		龙门至三门峡干流区间	山西省	运城市
			河南省	三门峡市
			陕西省	渭南市、延安市
	三门峡至花园口	三门峡至小浪底区间	山西省	晋城市、运城市、临汾市
			河南省	洛阳市、三门峡市、济源市
		沁丹河	山西省	长治市、晋城市、晋中市、临汾市
			河南省	焦作市、济源市
		伊洛河	河南省	郑州市、洛阳市、三门峡市
			陕西省	西安市、渭南市、商洛市
		小浪底至花园口干流区间	河南省	郑州市、洛阳市、新乡市、焦作市、济源市

水资源分区名称			所涉及行政区	
一级区	二级区	三级区	省级	地级
黄河	花园口以下	金堤河和天然文岩渠	河南省	安阳市、新乡市、濮阳市
		大汶河	山东省	济南市、淄博市、济宁市、泰安市、莱芜市
		花园口以下干流区间	山东省	济南市、淄博市、东营市、济宁市、泰安市、德州市、聊城市、滨州市、菏泽市
			河南省	郑州市、开封市、新乡市、濮阳市
	内流区	内流区	内蒙古自治区	鄂尔多斯市
			陕西省	榆林市
			宁夏回族自治区	吴忠市

五、淮河区

水资源分区名称			所涉及行政区	
一级区	二级区	三级区	省级	地级
	5	14		
淮河	淮河上游（王家坝以上）	王家坝以上北岸	安徽省	阜阳市
			河南省	平顶山市、漯河市、信阳市、驻马店市
		王家坝以上南岸	河南省	南阳市、信阳市
			湖北省	孝感市、随州市

水资源分区名称			所涉及行政区	
一级区	二级区	三级区	省 级	地 级
淮河	淮河中游 （王家坝至 洪泽湖出口）	王蚌区间 北岸	安徽省	蚌埠市、淮南市、阜阳市、亳州市
			河南省	郑州市、开封市、洛阳市、平顶山市、许昌市、漯河市、南阳市、商丘市、周口市、驻马店市
		王蚌区间 南岸	安徽省	合肥市、蚌埠市、淮南市、安庆市、滁州市、六安市
			河南省	信阳市
		蚌洪区间 北岸	江苏省	徐州市、淮安市、宿迁市
			安徽省	蚌埠市、淮北市、宿州市、亳州市
			河南省	商丘市
		蚌洪区间 南岸	江苏省	淮安市
			安徽省	合肥市、蚌埠市、滁州市
	淮河下游 （洪泽湖出 口以下）	高天区	江苏省	南京市、淮安市、扬州市、镇江市
			安徽省	滁州市
		里下河区	江苏省	南通市、淮安市、盐城市、扬州市、泰州市
	沂沭泗河	南四湖区	江苏省	徐州市
			安徽省	宿州市
			山东省	济宁市、菏泽市、枣庄市、泰安市
			河南省	开封市、商丘市
		中运河区	江苏省	徐州市、宿迁市
			山东省	枣庄市、临沂市

续表

水资源分区名称			所涉及行政区	
一级区	二级区	三级区	省 级	地 级
淮河	沂沭泗河	沂沭河区	江苏省	徐州市、连云港市、淮安市、盐城市、宿迁市
			山东省	淄博市、日照市、临沂市
		日赣区	江苏省	连云港市
			山东省	日照市、临沂市
	山东半岛沿海诸河	小清河	山东省	济南市、淄博市、东营市、潍坊市、滨州市
		胶东诸河	山东省	青岛市、烟台市、潍坊市、威海市、日照市、临沂市

注 淮河区包括淮河流域及山东半岛沿海诸河区。

六、长江区

水资源分区名称			所涉及行政区	
一级区	二级区	三级区	省 级	地 级
	12	45		
长江	金沙江石鼓以上	通天河	青海省	玉树藏族自治州、海西蒙古族藏族自治州
		直门达至石鼓	四川省	甘孜藏族自治州
			云南省	丽江市、迪庆藏族自治州
			西藏自治区	昌都地区
			青海省	玉树藏族自治州
	金沙江石鼓以下	雅砻江	四川省	攀枝花市、甘孜藏族自治州、凉山彝族自治州
			云南省	丽江市
			青海省	果洛藏族自治州、玉树藏族自治州

289

水资源分区名称			所涉及行政区	
一级区	二级区	三级区	省级	地级
长江	金沙江石鼓以下	石鼓以下干流	四川省	攀枝花市、乐山市、宜宾市、甘孜藏族自治州、凉山彝族自治州
			贵州省	毕节市
			云南省	昆明市、曲靖市、昭通市、丽江市、楚雄彝族自治州、大理白族自治州、迪庆藏族自治州
	岷沱江	大渡河	四川省	乐山市、雅安市、阿坝藏族羌族自治州、甘孜藏族自治州、凉山彝族自治州
			青海省	果洛藏族自治州
		青衣江和岷江干流	四川省	成都市、自贡市、内江市、乐山市、眉山市、宜宾市、雅安市、阿坝藏族羌族自治州、凉山彝族自治州
		沱江	重庆市	
			四川省	成都市、自贡市、泸州市、德阳市、绵阳市、内江市、乐山市、眉山市、宜宾市、资阳市
	嘉陵江	广元昭化以上	四川省	绵阳市、广元市、阿坝藏族羌族自治州
			陕西省	宝鸡市、汉中市
			甘肃省	天水市、定西市、陇南市、甘南藏族自治州
		涪江	重庆市	
			四川省	德阳市、绵阳市、广元市、遂宁市、南充市、资阳市、阿坝藏族羌族自治州

水资源分区名称			所涉及行政区	
一级区	二级区	三级区	省级	地级
长江	嘉陵江	渠江	重庆市	
			四川省	广元市、南充市、广安市、达州市、巴中市
			陕西省	汉中市
		广元昭化以下干流	重庆市	
			四川省	绵阳市、广元市、遂宁市、南充市、广安市、巴中市
			陕西省	汉中市
	乌江	思南以上	贵州省	贵阳市、六盘水市、遵义市、安顺市、铜仁市、毕节市、黔东南苗族侗族自治州、黔南布依族苗族自治州
			云南省	昭通市
		思南以下	湖北省	恩施土家族苗族自治州
			重庆市	
			贵州省	遵义市、铜仁市
	宜宾至宜昌	赤水河	四川省	泸州市
			贵州省	遵义市、毕节市
			云南省	昭通市
		宜宾至宜昌干流	湖北省	宜昌市、恩施土家族苗族自治州、神农架林区
			重庆市	
			四川省	泸州市、宜宾市、广安市、达州市
			贵州省	遵义市
			云南省	昭通市

水资源分区名称			所涉及行政区	
一级区	二级区	三级区	省 级	地 级
长江	洞庭湖水系	澧水	湖北省	宜昌市、恩施土家族苗族自治州
			湖南省	常德市、张家界市、湘西土家族苗族自治州
		沅江浦市镇以上	湖南省	邵阳市、怀化市、湘西土家族苗族自治州
			贵州省	铜仁市、黔东南苗族侗族自治州、黔南布依族苗族自治州
		沅江浦市镇以下	湖北省	恩施土家族苗族自治州
			湖南省	常德市、张家界市、怀化市、湘西土家族苗族自治州
			重庆市	
			贵州省	铜仁市
		资水冷水江以上	湖南省	邵阳市、永州市、怀化市、娄底市
			广西壮族自治区	桂林市
		资水冷水江以下	湖南省	邵阳市、常德市、益阳市、怀化市、娄底市
		湘江衡阳以上	湖南省	衡阳市、邵阳市、郴州市、永州市、娄底市
			广东省	清远市
			广西壮族自治区	桂林市
		湘江衡阳以下	江西省	萍乡市、宜春市
			湖南省	长沙市、株洲市、湘潭市、衡阳市、邵阳市、岳阳市、益阳市、郴州市、娄底市
		洞庭湖环湖区	江西省	九江市
			湖北省	宜昌市、荆州市
			湖南省	长沙市、岳阳市、常德市、益阳市

水资源分区名称			所涉及行政区	
一级区	二级区	三级区	省　级	地　级
长江	汉江	丹江口以上	河南省	洛阳市、三门峡市、南阳市
			湖北省	十堰市、神农架林区
			重庆市	
			四川省	达州市
			陕西省	西安市、宝鸡市、汉中市、安康市、商洛市
			甘肃省	陇南市
		唐白河	河南省	洛阳市、南阳市、驻马店市
			湖北省	襄阳市、随州市
		丹江口以下干流	河南省	南阳市
			湖北省	武汉市、十堰市、襄阳市、荆门市、孝感市、仙桃市、潜江市、天门市、神农架林区
	鄱阳湖水系	修水	江西省	南昌市、九江市、宜春市
		赣江栋背以上	福建省	三明市、龙岩市
			江西省	赣州市、吉安市、抚州市
			湖南省	郴州市
			广东省	韶关市
		赣江栋背至峡江	江西省	萍乡市、新余市、赣州市、吉安市、宜春市、抚州市
		赣江峡江以下	江西省	南昌市、萍乡市、新余市、吉安市、宜春市
		抚河	福建省	南平市
			江西省	南昌市、宜春市、抚州市
		信江	浙江省	衢州市
			福建省	南平市
			江西省	鹰潭市、抚州市、上饶市

续表

水资源分区名称			所涉及行政区	
一级区	二级区	三级区	省　级	地　级
长江	鄱阳湖水系	饶河	浙江省	衢州市
			安徽省	黄山市
			江西省	景德镇市、上饶市
		鄱阳湖环湖区	安徽省	池州市
			江西省	南昌市、九江市、鹰潭市、宜春市、抚州市、上饶市
	宜昌至湖口	清江	湖北省	宜昌市、恩施土家族苗族自治州
		宜昌至武汉左岸	湖北省	宜昌市、襄阳市、荆门市、荆州市、潜江市
		武汉至湖口左岸	河南省	信阳市
			湖北省	武汉市、荆门市、孝感市、黄冈市、随州市
		城陵矶至湖口右岸	江西省	九江市
			湖北省	武汉市、黄石市、鄂州市、咸宁市
			湖南省	岳阳市
	湖口以下干流	巢滁皖及沿江诸河	江苏省	南京市、扬州市
			安徽省	合肥市、安庆市、滁州市、巢湖市、六安市
			湖北省	黄冈市
		青弋江和水阳江及沿江诸河	江苏省	南京市、镇江市
			安徽省	芜湖市、马鞍山市、铜陵市、黄山市、池州市、宣城市
			江西省	九江市
		通南及崇明岛诸河	上海市	
			江苏省	无锡市、常州市、苏州市、南通市、扬州市、镇江市、泰州市

水资源分区名称			所涉及行政区	
一级区	二级区	三级区	省 级	地 级
长江	太湖水系	湖西及湖区	江苏省	南京市、无锡市、常州市、苏州市、镇江市
			浙江省	杭州市、湖州市
			安徽省	宣城市
		武阳区	上海市	
			江苏省	无锡市、常州市、苏州市
		杭嘉湖区	上海市	
			江苏省	苏州市
			浙江省	杭州市、嘉兴市、湖州市
		黄浦江区	上海市	

七、东南诸河区

水资源分区名称			所涉及行政区	
一级区	二级区	三级区	省 级	地 级
	7	11		
东南诸河	钱塘江	富春江水库以上	浙江省	杭州市、绍兴市、金华市、衢州市、丽水市
			安徽省	黄山市、宣城市
			福建省	南平市
			江西省	上饶市
		富春江水库以下	浙江省	杭州市、宁波市、绍兴市、金华市、台州市
	浙东诸河	浙东沿海诸河（含象山港及三门湾）	浙江省	宁波市、绍兴市、台州市
		舟山群岛	浙江省	舟山市

水资源分区名称			所涉及行政区	
一级区	二级区	三级区	省　级	地　级
东南诸河	浙南诸河	瓯江温溪以上	浙江省	温州市、金华市、丽水市
		瓯江温溪以下	浙江省	温州市、绍兴市、金华市、台州市、丽水市
	闽东诸河	闽东诸河	浙江省	温州市、丽水市
			福建省	福州市、南平市、宁德市
	闽江	闽江上游（南平以上）	浙江省	丽水市
			福建省	三明市、南平市、龙岩市
		闽江中下游（南平以下）	福建省	福州市、莆田市、三明市、泉州市、南平市、宁德市
	闽南诸河	闽南诸河	福建省	福州市、厦门市、莆田市、三明市、泉州市、漳州市、龙岩市
	台澎金马诸河	台澎金马诸河	福建省	泉州市
			台湾省	

八、珠江区

水资源分区名称			所涉及行政区	
一级区	二级区	三级区	省　级	地　级
	10	22		
珠江	南北盘江	南盘江	广西壮族自治区	百色市
			贵州省	六盘水市、黔西南布依族苗族自治州
			云南省	昆明市、曲靖市、玉溪市、红河哈尼族彝族自治州、文山壮族苗族自治州

水资源分区名称			所涉及行政区	
一级区	二级区	三级区	省 级	地 级
珠江	南北盘江	北盘江	贵州省	六盘水市、安顺市、黔西南布依族苗族自治州、毕节市
			云南省	曲靖市
	红柳江	红水河	广西壮族自治区	南宁市、柳州市、贵港市、来宾市、百色市、河池市
			贵州省	贵阳市、安顺市、黔西南布依族苗族自治州、黔南布依族苗族自治州
		柳江	湖南省	邵阳市、怀化市
			广西壮族自治区	柳州市、桂林市、河池市、来宾市
			贵州省	黔东南苗族侗族自治州、黔南布依族苗族自治州
	郁江	右江	广西壮族自治区	南宁市、百色市、河池市、崇左市
			云南省	文山壮族苗族自治州
		左江及郁江干流	广西壮族自治区	南宁市、防城港市、钦州市、贵港市、玉林市、百色市、崇左市
	西江	桂贺江	湖南省	永州市
			广东省	肇庆市、清远市
			广西壮族自治区	桂林市、梧州市、贺州市、来宾市
		黔浔江及西江（梧州以下）	广东省	茂名市、肇庆市、云浮市
			广西壮族自治区	桂林市、梧州市、贵港市、玉林市、贺州市、来宾市

续表

水资源分区名称			所涉及行政区	
一级区	二级区	三级区	省　级	地　级
珠江	北江	北江大坑口以上	江西省	赣州市
			湖南省	郴州市
			广东省	韶关市
		北江大坑口以下	广东省	广州市、韶关市、佛山市、肇庆市、河源市、清远市
			广西壮族自治区	贺州市
	东江	东江秋香江口以上	江西省	赣州市
			广东省	韶关市、梅州市、河源市
		东江秋香江口以下	广东省	深圳市、惠州市、东莞市
	珠江三角洲	东江三角洲	广东省	广州市、深圳市、惠州市、东莞市
		香港	香港特别行政区	
		西北江三角洲	广东省	广州市、珠海市、佛山市、江门市、肇庆市、阳江市、中山市、云浮市
		澳门	澳门特别行政区	
	韩江及粤东诸河	韩江白莲以上	福建省	三明市、漳州市、龙岩市
			江西省	赣州市
			广东省	梅州市、河源市
		韩江白莲以下及粤东诸河	广东省	汕头市、惠州市、梅州市、汕尾市、潮州市、揭阳市
	粤西桂南沿海诸河	粤西诸河	广东省	江门市、湛江市、茂名市、阳江市、云浮市
			广西壮族自治区	玉林市
		桂南诸河	广西壮族自治区	南宁市、北海市、防城港市、钦州市、玉林市
	海南岛及南海各岛诸河	海南岛	海南省	海口市、三亚市、海南省直辖行政单位
		南海各岛诸河	海南省	三沙市

注　珠江区包括珠江流域、华南沿海诸河区、海南岛及南海各岛诸河区。

九、西南诸河区

水资源分区名称			所涉及行政区	
一级区	二级区	三级区	省 级	地 级
	6	14		
西南诸河	红河	李仙江	云南省	玉溪市、楚雄彝族自治州、红河哈尼族彝族自治州、普洱市、大理白族自治州
		元江	云南省	昆明市、玉溪市、楚雄彝族自治州、红河哈尼族彝族自治州、文山壮族苗族自治州、大理白族自治州
		盘龙江	广西壮族自治区	百色市
			云南省	红河哈尼族彝族自治州、文山壮族苗族自治州
	澜沧江	沘江口以上	云南省	大理白族自治州、怒江傈僳族自治州、迪庆藏族自治州
			西藏自治区	昌都地区、那曲地区
			青海省	玉树藏族自治州
		沘江口以下	云南省	保山市、丽江市、普洱市、西双版纳傣族自治州、大理白族自治州、临沧市
	怒江及伊洛瓦底江	怒江勐古以上	云南省	保山市、大理白族自治州、怒江傈僳族自治州
			西藏自治区	昌都地区、那曲地区、林芝地区
		怒江勐古以下	云南省	保山市、普洱市、德宏傣族景颇族自治州、临沧市
		伊洛瓦底江	云南省	保山市、德宏傣族景颇族自治州、怒江傈僳族自治州
			西藏自治区	林芝地区

续表

水资源分区名称			所涉及行政区	
一级区	二级区	三级区	省级	地级
西南诸河	雅鲁藏布江	拉孜以上	西藏自治区	日喀则地区、阿里地区
		拉孜至派乡	西藏自治区	拉萨市、山南地区、日喀则地区、那曲地区、林芝地区
		派乡以下	西藏自治区	昌都地区、那曲地区、林芝地区
	藏南诸河	藏南诸河	西藏自治区	昌都地区、山南地区、日喀则地区、阿里地区、林芝地区
	藏西诸河	奇普恰普河	西藏自治区	阿里地区
			新疆维吾尔自治区	和田地区
		藏西诸河	西藏自治区	阿里地区

十、西北诸河区

水资源分区名称			所涉及行政区	
一级区	二级区	三级区	省级	地级
	14	33		
西北诸河	内蒙古内陆河	内蒙古高原东部	河北省	张家口市
			内蒙古自治区	赤峰市、锡林郭勒盟
		内蒙古高原西部	内蒙古自治区	呼和浩特市、包头市、乌兰察布市、巴彦淖尔市
	河西内陆河	石羊河	甘肃省	金昌市、白银市、武威市、张掖市
			青海省	海北藏族自治州
			宁夏回族自治区	吴忠市

水资源分区名称			所涉及行政区	
一级区	二级区	三级区	省 级	地 级
西北诸河	河西内陆河	黑河	内蒙古自治区	阿拉善盟
			甘肃省	嘉峪关市、张掖市、酒泉市
			青海省	海北藏族自治州
		疏勒河	甘肃省	张掖市、酒泉市
			青海省	海西蒙古族藏族自治州
		河西荒漠区	内蒙古自治区	阿拉善盟
	青海湖水系	青海湖水系	青海省	海北藏族自治州、海南藏族自治州、海西蒙古族藏族自治州
	柴达木盆地	柴达木盆地东部	青海省	果洛藏族自治州、海西蒙古族藏族自治州
		柴达木盆地西部	青海省	玉树藏族自治州、海西蒙古族藏族自治州
			新疆维吾尔自治区	巴音郭楞蒙古自治州
	吐哈盆地小河	巴伊盆地	新疆维吾尔自治区	哈密地区
		哈密盆地	新疆维吾尔自治区	哈密地区
		吐鲁番盆地	新疆维吾尔自治区	乌鲁木齐市、吐鲁番地区、哈密地区、巴音郭楞蒙古自治州
	阿尔泰山南麓诸河	额尔齐斯河	新疆维吾尔自治区	阿勒泰地区
		乌伦古河	新疆维吾尔自治区	阿勒泰地区
		吉木乃诸小河	新疆维吾尔自治区	阿勒泰地区

水资源分区名称			所涉及行政区	
一级区	二级区	三级区	省 级	地 级
西北诸河	中亚西亚内陆河区	额敏河	新疆维吾尔自治区	塔城地区
		伊犁河	新疆维吾尔自治区	巴音郭楞蒙古自治州、伊犁哈萨克自治州
	古尔班通古特荒漠区	古尔班通古特荒漠区	新疆维吾尔自治区	昌吉回族自治州、塔城地区、阿勒泰地区
	天山北麓诸河	东段诸河	新疆维吾尔自治区	昌吉回族自治州
		中段诸河	新疆维吾尔自治区	乌鲁木齐市、克拉玛依市、吐鲁番地区、昌吉回族自治州、巴音郭楞蒙古自治州、塔城地区、石河子市
		艾比湖水系	新疆维吾尔自治区	克拉玛依市、博尔塔拉蒙古自治州、伊犁哈萨克自治州、塔城地区
	塔里木河源	和田河	新疆维吾尔自治区	阿克苏地区、和田地区
		叶尔羌河	新疆维吾尔自治区	阿克苏地区、克孜勒苏柯尔克孜自治州、喀什地区、和田地区
		喀什噶尔河	新疆维吾尔自治区	克孜勒苏柯尔克孜自治州、喀什地区
		阿克苏河	新疆维吾尔自治区	阿克苏地区、克孜勒苏柯尔克孜自治州
		渭干河	新疆维吾尔自治区	阿克苏地区、伊犁哈萨克自治州
		开孔河	新疆维吾尔自治区	巴音郭楞蒙古自治州、阿克苏地区

水资源分区名称			所涉及行政区	
一级区	二级区	三级区	省 级	地 级
西北诸河	昆仑山北麓小河	克里亚河诸小河	新疆维吾尔自治区	巴音郭楞蒙古自治州、和田地区
		车尔臣河诸小河	新疆维吾尔自治区	巴音郭楞蒙古自治州
	塔里木河干流	塔里木河干流	新疆维吾尔自治区	巴音郭楞蒙古自治州、阿克苏地区
	塔里木盆地荒漠区	塔克拉玛干沙漠	新疆维吾尔自治区	巴音郭楞蒙古自治州、阿克苏地区、喀什地区、和田地区
		库木塔格沙漠	新疆维吾尔自治区	吐鲁番地区、哈密地区、巴音郭楞蒙古自治州
	羌塘高原内陆区	羌塘高原区	西藏自治区	拉萨市、日喀则地区、那曲地区、阿里地区
			青海省	玉树藏族自治州、海西蒙古族藏族自治州
			新疆维吾尔自治区	巴音郭楞蒙古自治州、和田地区

注 西北诸河区包括塔里木河等西北内陆河及额尔齐斯河、伊犁河等国境内部分。

附录 C 重点区域基本情况

一、重要经济区

《全国主体功能区规划》确定了我国"两横三纵"的城市化战略格局,包括环渤海地区、长三角地区、珠三角地区 3 个国家级优先开发区域和冀中南地区、太原城市群等 18 个国家层面重点开发区域。

国家优先开发区域是指具备以下条件的城市化地区:综合实力较强,能够体现国家竞争力;经济规模较大,能支撑并带动全国经济发展;城镇体系比较健全,有条件形成具有全球影响力的特大城市群;内在经济联系紧密,区域一体化基础较好;科学技术创新实力较强,能引领并带动全国自主创新和结构升级。

国家重点开发区域是指具备以下条件的城市化地区:具备较强的经济基础,具有一定的科技创新能力和较好的发展潜力;城镇体系初步形成,具备经济一体化的条件,中心城市有一定的辐射带动能力,有可能发展成为新的大城市群或区域性城市群;能够带动周边地区发展,且对促进全国区域协调发展意义重大。

3 个国家级优先开发区域和 18 个国家层面重点开发区域简称为重要经济区,共 27 个国家级重要经济区,涉及 31 个省级行政区、212 个地级行政区和 1754 个县级行政区。全国重要经济区国土面积 284.1 万 km²,占全国总面积的 29.6%;常住人口 9.8 亿,占全国总人口的 73%;地区生产总值 41.9 万亿元,占全国地区生产总值的 80%。全国重要经济区划分情况见表 C-1。

表 C-1 全国重要经济区划分情况表

序号	经济区名称	重点区域	所涉及的行政区		
			省级行政区	重 点 地 区	县级行政区数量/个
1	环渤海地区	京津冀地区	北京	城区、卫星城镇及工业园区	16
			天津	城区、卫星城镇及工业园区	16
			河北	唐山市、秦皇岛市、沧州市、廊坊市、张家口市、承德市	72

序号	经济区名称	重点区域	所涉及的行政区		
			省级行政区	重点地区	县级行政区数量/个
1	环渤海地区	辽中南地区	辽宁	沈阳市、鞍山市、辽阳市、抚顺市、本溪市、铁岭市、营口市、大连市、盘锦市、锦州市、葫芦岛市、丹东市	84
		山东半岛地区	山东	青岛市、烟台市、威海市、潍坊市、淄博市、东营市、滨州市	60
2	长江三角洲地区		上海	城区、卫星城镇及工业园区	18
			江苏	南京市、镇江市、扬州市、南通市、泰州市、苏州市、无锡市、常州市	65
			浙江	杭州市、湖州市、嘉兴市、宁波市、绍兴市、舟山市、台州市	54
3	珠江三角洲地区		广东	广州市、深圳市、珠海市、佛山市、肇庆市、东莞市、惠州市、中山市、江门市	47
4	冀中南地区		河北	石家庄市、保定市、邯郸市、邢台市、衡水市	95
5	太原城市群		山西	忻州市、阳泉市、长治市、太原市、汾阳市、晋中市	50
6	呼包鄂榆地区		内蒙古	呼和浩特市、包头市、鄂尔多斯市、乌海市	29
			陕西	榆林市	12
7	哈长地区	哈大齐工业走廊与牡绥地区	黑龙江	哈尔滨市、大庆市、齐齐哈尔市、牡丹江市	52
		长吉图经济区	吉林	长春市、吉林市、延吉市、松原市、图们市、龙井市	26
8	东陇海地区		山东	日照市	4
			江苏	连云港市、徐州市	15
9	江淮地区		安徽	滁州市、合肥市、安庆市、池州市、铜陵市、芜湖市、马鞍山市、宣城市	56
10	海峡西岸经济区		福建	福州市、厦门市、泉州市、莆田市、漳州市、宁德市、南平市、三明市、龙岩市	84
			浙江	温州市、丽水市、衢州市	26
			广东	汕头市、揭阳市、潮州市、汕尾市、梅州市	26
			江西	赣州市	18

序号	经济区名称	重点区域	所涉及的行政区		县级行政区数量/个
			省级行政区	重点地区	
11	中原经济区		河南	安阳市、鹤壁市、新乡市、焦作市、濮阳市、郑州市、开封市、平顶山市、许昌市、漯河市、商丘市、信阳市、周口市、驻马店市、洛阳市、三门峡市、济源市、南阳市、	157
			山西	晋城市、运城市	19
			安徽	宿州市、淮北市、阜阳市、亳州市、蚌埠市、淮南市	30
			山东	聊城市、菏泽市、泰安市	18
12	长江中游地区	武汉城市圈	湖北	武汉市、黄石市、黄冈市、鄂州市、孝感市、咸宁市、仙桃市、潜江市、天门市	47
		环长株潭城市群	湖南	长沙市、株洲市、湘潭市、岳阳市、益阳市、衡阳市、常德市、娄底市	64
		鄱阳湖生态经济区	江西	南昌市、九江市、景德镇市、鹰潭市、新余市、抚州市、宜春市、上饶市、吉安市	76
13	北部湾地区		广西	南宁市、北海市、钦州市、防城港市	24
			广东	湛江市	9
			海南	海口市、三亚市、琼海市、文昌市、万宁市、东方市、儋州市、三沙市	21
14	成渝地区	重庆经济区	重庆	19个市辖区及潼南、铜梁、大足、荣昌、璧山、梁平、丰都、垫江、忠县、开县、云阳、石柱12个县	31
		成都经济区	四川	成都市、德阳市、绵阳市、乐山市、雅安市、眉山市、资阳市、遂宁市、自贡市、泸州市、内江市、南充市、宜宾市、达州市、广安市	115
15	黔中地区		贵州	贵阳市、遵义市、安顺市、毕节地区和都匀市、凯里市2个县级市	39
16	滇中地区		云南	昆明市、曲靖市、楚雄市、玉溪市	42

续表

序号	经济区名称	重点区域	所涉及的行政区		
			省级行政区	重点地区	县级行政区数量/个
17	藏中南地区		西藏	拉萨市、日喀则市和那曲县及泽当、八一镇	12
18	关中-天水地区		陕西	西安市、咸阳市、宝鸡市、铜川市、渭南市、商洛市	59
			甘肃	天水市	7
19	兰州-西宁地区		甘肃	兰州市、白银市	12
			青海	西宁市和互助、乐都、平安等3县城镇、格尔木市	10
20	宁夏沿黄经济区		宁夏	银川市、吴忠市、石嘴山市、中卫市	13
21	天山北坡地区		新疆	乌鲁木齐市、昌吉市、阜康市、石河子市、五家渠市、克拉玛依市、博乐市、乌苏市、奎屯市、伊宁市及伊宁县、精河县、察布查尔、霍城、沙湾5县和霍尔果斯口岸	24

总计共 27 个国家级重要经济区，涉及 31 个省，212 个地级市，1754 个县

二、粮食主产区

粮食主产区是我国粮食生产的重点区域，担负着我国大部分的粮食生产任务。全国粮食主产区国土面积 273 万 km²，占全国国土总面积的 28%；总耕地面积 10.2 亿亩，约占全国耕地总面积的 56%；总灌溉面积 6.10 亿亩，占全国总灌溉面积的 61%。粮食总产量 4.05 亿 t，占全国粮食总产量的 74.1%。

根据《全国主体功能区规划》确定的"七区二十三带"为主体的农产品主产区中涉及的粮食主产区，结合黑龙江、辽宁、吉林、内蒙古、河北、江苏、安徽、江西、山东、河南、湖北、湖南、四川 13 个粮食主产省和《全国新增 1000 亿斤粮食生产能力规划（2009—2020 年）》所确定的 800 个粮食增产县，以及《现代农业发展规划（2011—2015 年）》所确定的重要粮食主产区等，综合分析确定全国粮食主产区范围为"七区十七带"，涉及 26 个省级行政区，220 个地级行政区，共计 898 个粮食主产县。粮食主产区划分情况见表 C-2。

表 C-2　　　　　　　　　　　粮食主产区划分情况表

序号	粮食主产区	粮食产业带	省级行政区	地级行政区数量/个	县级行政区数量/个
1	东北平原	三江平原	黑龙江省	7	23
		松嫩平原	黑龙江省	5	41
			吉林省	8	32
			内蒙古自治区	2	8
			小计	15	81
		辽河中下游区	辽宁省	13	37
			内蒙古自治区	2	14
			小计	15	51
		合计		37	155
2	黄淮海平原	黄海平原	河北省	10	79
			山东省	3	22
			河南省	5	25
			小计	18	126
		黄淮平原	江苏省	5	25
			安徽省	8	27
			山东省	3	20
			河南省	10	66
			小计	26	138
		山东半岛区	山东省	10	32
		合计		54	296
3	长江流域	洞庭湖湖区	湖南省	13	56
		江汉平原区	湖北省	11	36
		鄱阳湖湖区	江西省	10	42
		长江下游地区	江苏省	6	18
			浙江省	1	3
			安徽省	6	16
			小计	13	37
		四川盆地区	重庆市	2	11
			四川省	17	52
			小计	19	63
		合计		66	234

序号	粮食主产区	粮食产业带	省级行政区	地级行政区数量/个	县级行政区数量/个
4	汾渭平原	汾渭谷地区	山西省	7	25
			陕西省	7	24
			宁夏回族自治区	1	2
			甘肃省	3	8
		合计		18	59
5	河套灌区	宁蒙河段区	内蒙古自治区	5	13
			宁夏回族自治区	4	8
		合计		9	21
6	华南主产区	浙闽区	浙江省	1	3
			福建省	3	17
			小计	4	20
		粤桂丘陵区	广东省	2	5
			广西壮族自治区	5	15
			小计	7	20
		云贵藏高原区	贵州省	2	11
			云南省	5	20
			西藏自治区	4	10
			小计	11	41
		合计		22	81
7	甘肃新疆	甘新地区	甘肃省	5	11
			新疆维吾尔自治区	10	41
		合计		15	52
总计 7 个粮食主产区，17 个粮食主产带，涉及 26 个省				220	898

附录 D 主要名词解释

一、水库

（1）水库：指在河道、山谷或低洼地带修建挡水坝或堤堰形成的具有拦洪蓄水和调节水流功能的水利工程。本次普查对总库容 10 万 m^3 及以上的水库进行重点调查，并填写普查表，本次普查不含地下水库。

（2）水库规模：按照《水利水电工程等级划分及洪水标准》（SL 252—2000），水库可分为大型水库、中型水库和小型水库，具体划分标准如下。

1）大型水库：总库容 1 亿 m^3 及以上的水库。其中，总库容 10 亿 m^3 及以上的水库为大（1）型水库，总库容 1 亿（含）～10 亿 m^3 的水库为大（2）型水库。

2）中型水库：总库容 0.1 亿（含）～1 亿 m^3 的水库。

3）小型水库：总库容 0.001 亿（含）～0.1 亿 m^3 的水库。其中，总库容 0.01 亿（含）～0.1 亿 m^3 的水库为小（1）型水库，总库容 0.001 亿（含）～0.01 亿 m^3 的水库为小（2）型水库。

（3）总库容：指校核洪水位以下的水库容积。

（4）兴利库容：指正常蓄水位至死水位之间的水库容积。

（5）防洪库容：指防洪高水位至防洪限制水位之间的水库容积。

（6）山丘水库：指用拦河坝横断河谷，拦截河川径流，抬高水位形成的水库。包括山谷水库和丘陵区水库。

（7）平原水库：指在平原地区，利用天然湖泊、洼淀、河道，通过修建围堤和控制闸等建筑物形成的蓄水库。包含滨海区水库。

（8）工程任务：指水库所承担的开发任务，包括防洪、发电、供水、灌溉、航运、养殖和其他。

（9）坝型：指水库大坝的类型，包括两种分类方式，一种是按材料分为混凝土坝、土坝、浆砌石坝和堆石坝等；另一种是按结构分为重力坝、拱坝、均质坝、心墙坝和斜墙坝等。

1）混凝土坝指用混凝土浇筑或用预制混凝土块装配而成的坝。包括钢筋混凝土坝。

2）土坝指以土、砂、砂砾等当地材料为主填筑的坝。

3）浆砌石坝指用胶结材料将比较规则平整的石料砌筑而成的坝，又称圬工坝。

4）堆石坝指坝体绝大部分由石料经过抛填或碾压而成的坝。

5）重力坝指用混凝土或块石修建的，主要靠自重维持稳定的坝。

6）拱坝指通过拱的作用将大部分水平荷载传递至两岸岩体的坝。

7）均质坝指坝体的绝大部分由均一的土料填筑组成的坝。

8）心墙坝指在坝体中部设置心墙作为防渗体的土石坝。

9）斜墙坝指土质防渗体位于坝体中部且稍倾向上游坝壳的土石坝。

（10）坝高：指大坝建基面的最低点（不包括局部深槽、井或洞）至坝顶的高度。根据《碾压式土石坝设计规范》（SL 274—2001），按照坝的高度分为高坝、中坝和低坝 3 种类型。

1）高坝：坝高 70m 及以上。

2）中坝：坝高 30（含）～70m。

3）低坝：坝高 30m 以下。

（11）水库设计年供水量：指水库为满足全年供水任务所提供的总水量。

二、堤防

（1）堤防：指沿江、河、湖、海等岸边或行洪区、分洪区、围垦区边缘修筑的挡水建筑物。本次普查中，堤防级别 5 级及以上的堤防为规模以上工程，进行重点调查，填写普查表；5 级以下的堤防为规模以下工程，进行简单调查，只查清其数量和总长度。本次普查不包括生产堤、渠堤和排涝堤。

（2）堤防级别：依据《堤防工程设计规范》（GB 50286—98），堤防工程的级别根据其防洪标准按下表确定。

防洪标准（重现期/年）	100 及以上	50（含）～100	30（含）～50	20（含）～30	10（含）～20
堤防级别	1 级	2 级	3 级	4 级	5 级

（3）堤防长度：指堤顶中心线的长度。

（4）达标长度：指达到防洪（潮）标准的现状堤防长度。

（5）达标率：指已建堤防达标长度占已建堤防长度的百分比。

三、水电站

（1）水电站：指为开发利用水能资源，将水能转换为电能而修建的工程建筑物和机械、电气设备以及金属结构的综合体。本次普查中，装机容量500kW 及以上的水电站工程为规模以上工程，进行重点调查，填写普查表；

装机容量 500kW 以下的水电站工程为规模以下工程，进行简单调查，仅查清其数量和总装机容量。本次普查不含潮汐电站。

（2）装机容量：指水电站全部机组额定出力（铭牌容量）的总和。

（3）水电站规模：按照《水利水电工程等级划分及洪水标准》（SL 252—2000）或《水电枢纽工程等级划分及设计安全标准》（DL 5180—2003），水电站可分为大型水电站、中型水电站和小型水电站，具体划分标准如下：

1）大型水电站：装机容量 30 万 kW 及以上的水电站。其中，装机容量 120 万 kW 及以上的水电站为大（1）型水电站；装机容量 30 万（含）～120 万 kW 的水电站为大（2）型水电站。

2）中型水电站：装机容量 5 万（含）～30 万 kW 的水电站。

3）小型水电站：装机容量 5 万 kW 以下水电站，其中，装机容量 1 万（含）～5 万 kW 的水电站为小（1）型水电站；装机容量 1 万 kW 以下的水电站为小（2）型水电站。

（4）水电站的类型：按照水电站的开发方式，可分为闸坝式水电站、引水式水电站、混合式水电站和抽水蓄能电站 4 种类型。其中，闸坝式、引水式和混合式水电站又称为常规水电站。

1）闸坝式水电站指拦河筑坝或建闸，以集中天然河道的落差，在坝的上游形成水库，对天然径流进行再分配发电的水电站。

2）引水式水电站指上游引水渠首建低堰，以集中水量，通过明渠或有压隧洞引水至电站前池，以集中落差，通过压力管道至电站发电的水电站。

3）混合式水电站指前两种方式结合，即修筑大坝形成有调节径流能力的水库，再通过有压输水道至下游建厂发电的水电站。

4）抽水蓄能电站指用水泵将低水池或河流中的水抽至高水池蓄存起来，需要时用高水池存蓄的水通过水轮机发电，水回至低水池，循环运用的水电站。

（5）水头：水电站上游引水进口断面和下游尾水出口断面之间的单位重量水体所具有的能量差值，常以米（m）计量。一般以两处断面的水位差值表示，称为水电站毛水头。本文中所指水头为水电站的额定水头，指为满足水轮发电机组发足额定出力，设计水轮机各项参数（转轮直径、转速、流量等）所采用的水头（过去称设计水头）。按照水头大小分类，可分为高水头、中水头和低水头，具体划分标准如下。

1）高水头：水头 200m 及以上。

2）中水头：水头 40（含）～200m。

3）低水头：水头 40m 以下。

（6）多年平均年发电量：指水电站在多年期间各年发电量的平均值。

四、水闸

（1）水闸：指建在河道、湖泊、渠道、海堤上或水库岸边，具有挡水和泄（引）水功能的调节水位、控制流量的低水头水工建筑物。本次普查中，过闸流量 $5m^3/s$ 及以上的水闸工程为规模以上工程，进行重点调查；过闸流量 1（含）～ $5m^3/s$ 之间的水闸工程为规模以下工程，进行简单调查，仅查清其数量和总过闸流量；过闸流量 $1m^3/s$ 以下的水闸工程本次不调查。橡胶坝工程归为水闸类普查，全部进行重点调查。本次普查不含船闸、工作闸及挡水坝枢纽上的泄洪闸和冲沙闸。

（2）水闸规模：按照《水闸设计规范》（SL 265—2001），水闸可分为大型水闸、中型水闸和小型水闸，具体划分标准如下。

1）大型水闸：过闸流量 $1000m^3/s$ 及以上。其中，过闸流量 $5000m^3/s$ 及以上的水闸为大（1）型水闸；过闸流量 1000（含）～ $5000m^3/s$ 的水闸为大（2）型水闸。

2）中型水闸：过闸流量 100（含）～ $1000m^3/s$ 的水闸。

3）小型水闸：过闸流量 $100m^3/s$ 以下的水闸。其中，过闸流量 20（含）～ $100m^3/s$ 的水闸为小（1）型水闸；过闸流量 $20m^3/s$ 以下的水闸为小（2）型水闸。

（3）水闸类型：根据水闸承担的工程任务，可分为引（进）水闸、节制闸、排（退）水闸、分（泄）洪闸和挡潮闸 5 种类型。

1）引（进）水闸指修建在河、湖、水库的岸边，用来引水，以满足灌溉、发电、航运等用水需要的水闸。

2）节制闸指拦河、渠建造，控制闸前水位和过闸流量，以满足上游取水或通航要求的水闸。

3）排（退）水闸指修建在江河沿岸、渠道末端、重要渠系建筑物或险工渠段上游，排除江河两岸低洼地区积水，洪水期防止江河洪水倒灌，或用以安全泄空渠水的水闸。

4）分（泄）洪闸指建于河道一侧，分泄河道容纳不下的洪水入沿岸的湖泊、洼地或其他河道，以削减洪峰的水闸。

5）挡潮闸指建在河流入海的河口段，防止涨潮时海水倒灌成灾的水闸。

海堤上的闸具有挡潮和纳潮的作用，本次普查将海堤上的闸纳入挡潮闸一项。

（4）橡胶坝：指向锚固于混凝土底板上的横贯河床的橡胶坝袋内充水

（气）所形成的挡水结构物，又称纤维坝。

（5）引水能力：指引（进）水闸的设计年引水量。

五、泵站

（1）泵站：指由泵和其他机电设备、泵房以及进出水建筑物组成，建在河道、湖泊、渠道上或水库岸边，可以将低处的水提升到所需的高度，用于排水、灌溉、城镇生活和工业供水等的水利工程。本次普查中，装机流量 $1m^3/s$ 及以上或装机功率 50kW 及以上的泵站工程为规模以上工程，进行重点调查；装机流量 $1m^3/s$ 且装机功率 50kW 以下的泵站工程为规模以下工程，进行简单调查，仅查清其数量和总规模。本次普查包括引泉泵站工程。

（2）泵站规模：按照《泵站设计规范》（GB/T 50265—97），泵站可分为大型泵站、中型泵站和小型泵站，具体划分标准如下。

1）大型泵站：装机流量 $50m^3/s$ 及以上或装机功率 1 万 kW 及以上泵站。其中，装机流量 $200m^3/s$ 及以上或装机功率 3 万 kW 及以上的泵站为大（1）型泵站；装机流量 50（含）～$200m^3/s$ 或装机功率 1 万（含）～3 万 kW 的泵站为大（2）型泵站。

2）中型泵站：装机流量 10（含）～$50m^3/s$ 或装机功率 0.1 万（含）～1 万 kW 的泵站。

3）小型泵站：装机流量 $10m^3/s$ 以下或装机功率 0.1 万 kW 以下的泵站。其中，装机流量 2（含）～$10m^3/s$ 或装机功率 0.01 万（含）～0.1 万 kW 的泵站为小（1）型泵站；装机流量 $2m^3/s$ 以下或装机功率 0.01 万 kW 以下的泵站为小（2）型泵站。

（3）设计扬程：指泵站水源、出水池出口设计水位的差值与水力损失之和。

六、农村供水工程

（1）农村供水工程：农村供水工程又称村镇供水工程，指向广大农村的镇区、村庄等居民点和分散农户供给生活和生产等用水，以满足村镇居民和企事业单位日常用水需要为主的供水工程。

（2）集中式供水工程：集中式供水人口大于等于 20 人，且有输配水管网的供水工程。

（3）分散式供水工程：除集中式供水工程以外的，无输配水管网，以单户或联户为单元的供水工程。

（4）$200m^3/d$（或 2000 人）及以上集中式供水工程：设计供水规模大于等

于 200m³/d 或设计供水人口大于等于 2000 人的集中式供水工程。

（5）城镇管网延伸工程：依靠城市或乡镇供水管网向周边村镇通过管网延伸的供水工程。

（6）联村工程：在村庄（含居民点）、乡（集）镇、建制镇修建的永久性供水工程，包括跨乡镇集中式供水工程和跨行政村的集中式供水工程。

（7）单村工程：单个行政村或自然村的集中式供水工程。

（8）供水到户：输配水管道通到村镇居民、企事业单位用户的供水方式。

（9）供水到集中供水点：指输配水管道未直接通到村镇居民、企事业单位用户，而是配水管路终端集中在公共取水点的供水方式。

（10）分散供水井工程：包括筒井、手压井、拉管井等形式。

（11）引泉供水工程：无动力引地下水为水源的供水工程。

（12）雨水集蓄供水工程：通过兴建水窖、水柜等集雨设施，利用集蓄的雨水作为生活用水水源的供水工程。

七、塘坝及窖池

（1）塘坝工程：是指在地面开挖（修建）或在洼地上形成的拦截和贮存当地地表径流，用于农业灌溉、农村供水的蓄水工程。

本次普查容积 500m³ 及以上的塘坝工程。不包括：①不进行农业灌溉或农村供水的鱼塘；②不进行农业灌溉或农村供水的荷塘；③因水毁、淤积等原因而报废的塘坝工程。

（2）窖池工程：是指在地面开挖（修建）或在洼地上形成的拦截和贮存当地地表径流，用于农业灌溉、农村供水的蓄水工程。

本次普查容积在 10m³ 及以上、500m³ 以下的窖池工程。不包括水毁、淤积等原因而报废的窖池工程。

附图 E1　全国大型水库分布示意图

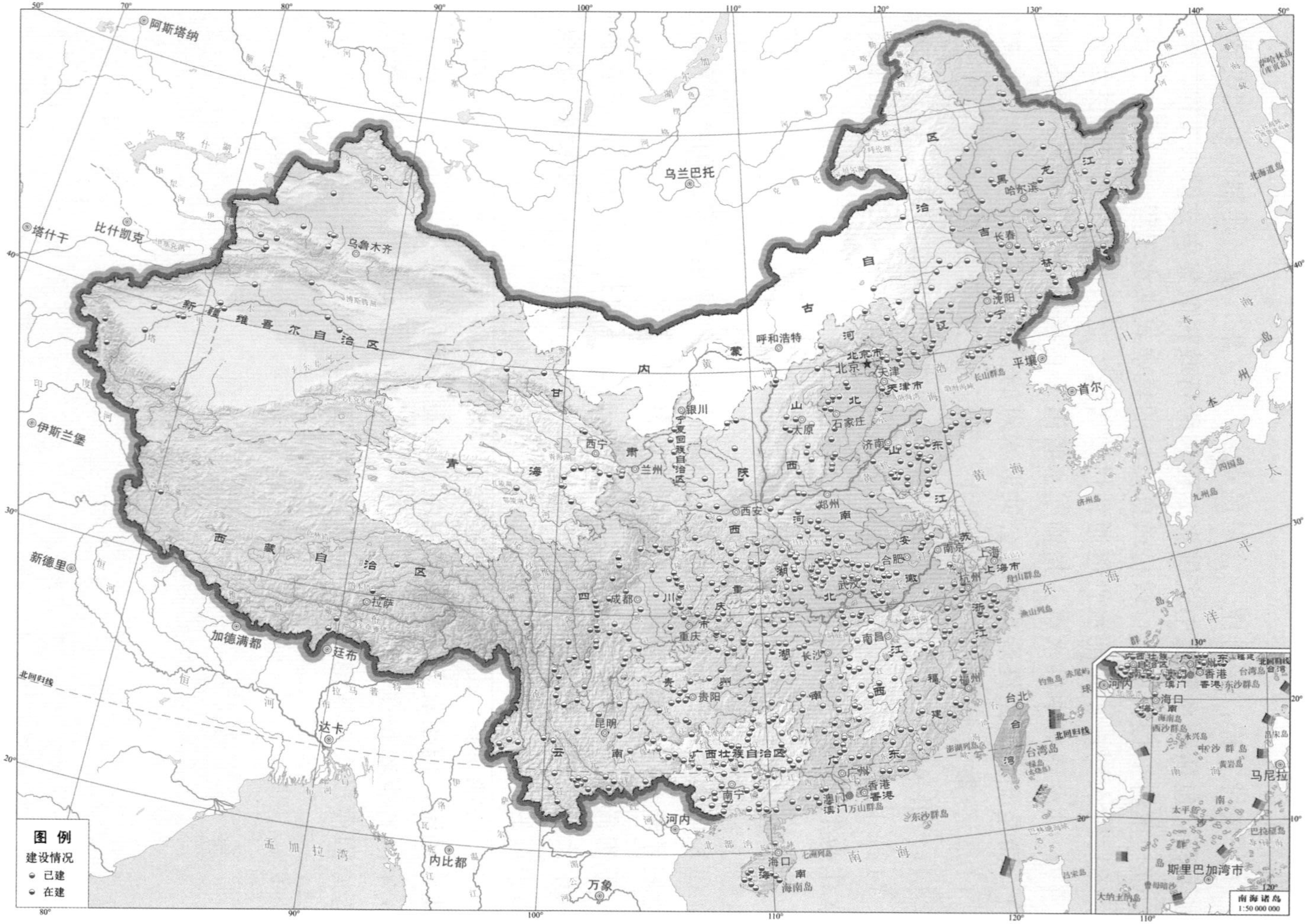

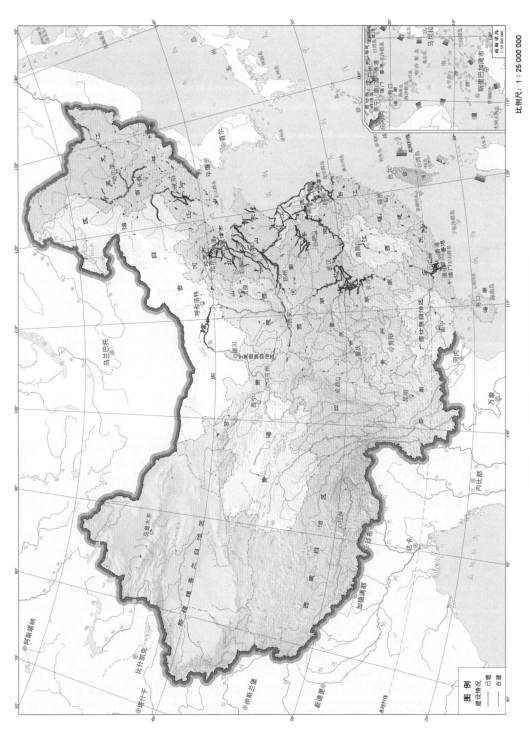

附图 E2 全国 1、2 级堤防分布示意图

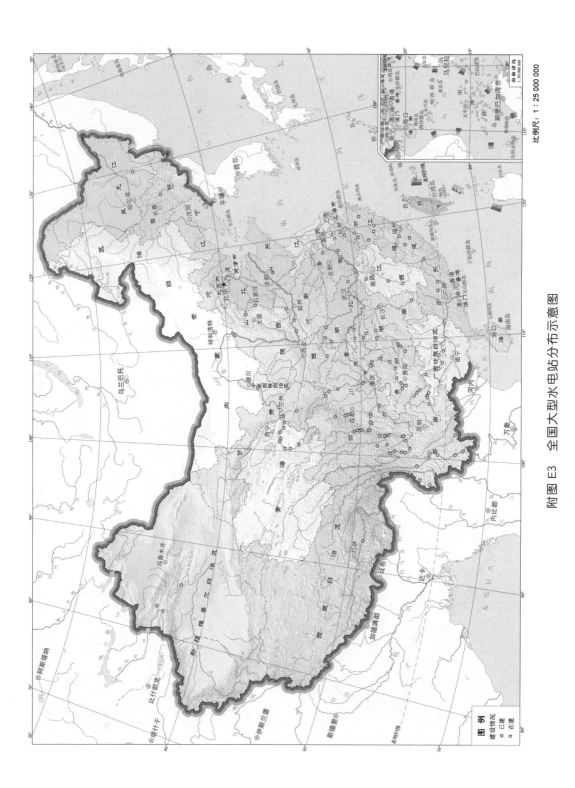

附图 E3 全国大型水电站分布示意图

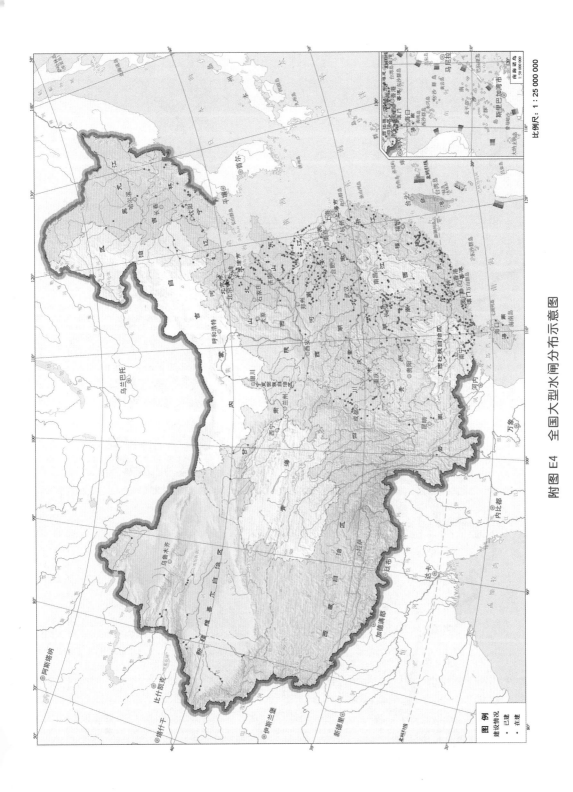

附图 E4　全国大型水闸分布示意图

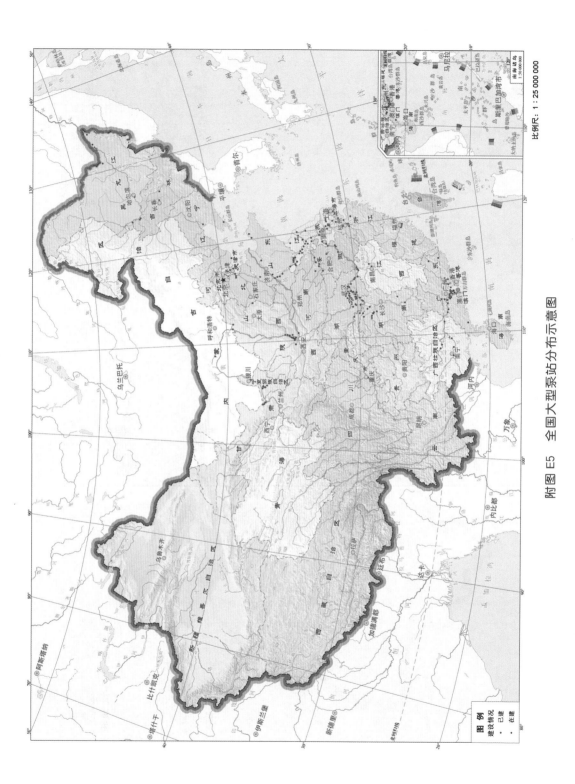

附图 E5 全国大型泵站分布示意图

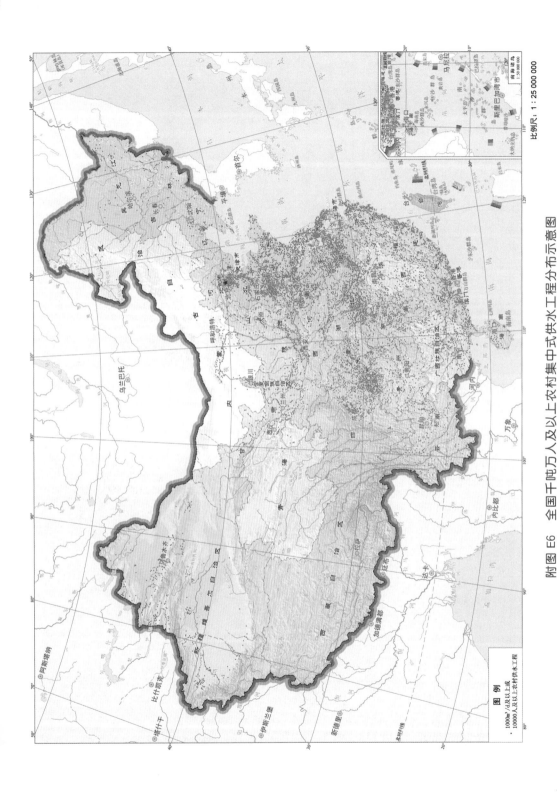

附图 E6 全国千吨万人及以上农村集中式供水水工程分布示意图